"十二五"普通高等教育本科国家级规划教材
普通高等教育"十一五"国家级规划教材

机床数控技术

第 4 版

胡占齐　杨　莉　编著
臧怀泉　肖定国　主审

机 械 工 业 出 版 社

本书系统地介绍了数控机床的组成、数控装置和伺服系统的工作原理及设计基础等关于数控系统方面的基本知识；同时介绍了零件加工程序的编制方法、机床数控化改造的基本方法等数控技术应用方面的基本知识；最后结合一个实例，介绍了机床数控化改造的基本内容和方法。希望本书有助于读者解决数控机床的选型、使用和研发过程中遇到的工程实际问题。书中包含了编著者在数控系统开发和应用方面的教学科研成果，在计算机辅助编程、数控装置的开发和机床数控化改造方面独具特色。

本书可作为工科高校机械设计制造及其自动化等相关专业的“数控技术及应用”课程的教材，也可供从事数控机械设计和应用的工程技术人员参考。

本书配有电子课件，欢迎选用本书作为教材的教师登录 www. cmpedu. com 注册下载。

图书在版编目(CIP)数据

机床数控技术/胡占齐，杨莉编著. —4 版. —北京：机械工业出版社，2022. 7（2025. 1 重印）

“十二五”普通高等教育本科国家级规划教材 普通高等教育“十一五”国家级规划教材

ISBN 978-7-111-70934-3

Ⅰ. ①机… Ⅱ. ①胡…②杨… Ⅲ. ①数控机床-高等学校-教材 Ⅳ. ①TG659

中国版本图书馆 CIP 数据核字(2022)第 096703 号

机械工业出版社（北京市百万庄大街 22 号 邮政编码 100037）
策划编辑：吉 玲 责任编辑：吉 玲 章承林
责任校对：潘 蕊 张 薇 封面设计：张 静
责任印制：郜 敏
中煤（北京）印务有限公司印刷
2025 年 1 月第 4 版第 4 次印刷
184mm×260mm · 13. 5 印张 · 331 千字
标准书号：ISBN 978-7-111-70934-3
定价：42. 00 元

电话服务 网络服务
客服电话：010-88361066 机 工 官 网：www. cmpbook. com
010-88379833 机 工 官 博：weibo. com/cmp1952
010-68326294 金 书 网：www. golden-book. com
 机工教育服务网：www. cmpedu. com

前 言

数控技术是20世纪制造技术的重大成就之一，是吸收了计算机技术、自动控制技术、检测技术和机械加工技术精华的交叉和综合技术领域。计算机数控技术的核心是由计算机实现加工过程中信息的处理和控制，进而实现加工过程自动化。随着微电子技术、计算机技术、传感器技术和机械加工技术的发展，20世纪70年代以后，计算机数控技术获得了突飞猛进的发展，数控机床和其他数控装备在工程实践中获得了越来越广泛的应用。同时，计算机数控技术的发展又极大地推动了计算机辅助设计和辅助制造（CAD/CAM）、柔性制造（FM）、计算机集成制造（CIM）和智能制造（IM）技术的发展，以数控技术为核心的先进制造技术群在制造技术发展的历史长河中开启了数字化制造的新时代。

我国机械制造业正面临着前所未有的机遇与挑战——迎接第四次工业革命的到来。用以数控技术为基础的先进制造技术装备机械制造业，是在新技术革命中取胜的重要条件之一，因此，在我国推广应用数控技术有着特别重要的意义。借助先进制造技术的翅膀，实现从中国制造到中国创造的飞跃，是当代我国机械制造业从业者的历史使命。

本书第1版于2002年出版，为了适应工科高校机械工程类专业“数控技术及应用”课程的教学需要，书中写进了我们对数控技术的理解，也写进了自己所做的部分工作。伴随着数控技术快速发展的脚步，在教学与科研实践中，对这门课程的理解也在逐步深化，使用中不断对书中的一些纰漏和过时的内容进行了补正。借第4次出版的机会，对内容做了部分改动，删除了部分过时的内容，吸收了最新的素材，丰富了实用案例，改进了教学课件。希望经过这些年的磨砺，能够奉献给读者一本准确、简明、实用的数控技术入门参考书。

本书第1、2、4、7章由胡占齐完成，第3、5、6章由杨莉完成。燕山大学臧怀泉教授和北京理工大学肖定国教授担任本书主审。在修订过程中吸收了王加春、陈继刚等使用过本书的教师们很多有益的建议，在此一并致谢。

我们向本书中所用到的参考文献的作者们表示感谢，正是他们的工作推动了数控技术的发展，我们也希望加入到这一行列中来。

数控技术涉及内容广泛，发展变化迅速。尽管我们尽自己最大的努力去完成本书，但受能力所限，书中还是难免会有疏漏之处，期待着读者的批评指正。

本书配有电子课件，欢迎选用本书作为教材的教师登录www.cmpedu.com注册下载。

作 者

于燕山大学

目 录 Contents

第 1 章 概 述

本章提要

本章主要介绍数控技术和数控机床的基本概念，讲解数控机床的组成和分类，为后续章节打下基础，并初步解决在工程实际中怎样选择数控机床的问题。本章还简要介绍了数控机床的发展历程以及数控技术与机械制造自动化之间的关系。

1.1 数字控制与数控机床

1.1.1 数字控制的基本概念

数字控制（Numerical Control，NC）技术是用数字化信息对机械的运动及工作过程进行控制的方法，也称数控技术。对数控机床来说，这个控制对象就是金属切削机床，数字化信息是指系统内部控制信息的性质。实现数字控制任务的设备称为数控系统，装备了数控系统的机床称为数控机床。数字控制是相对于模拟控制而言的，数字控制系统中的控制信息是数字量，而模拟控制系统中的控制量是模拟量。数字控制与模拟控制相比有很多优点，例如，数字信号易于存储、加密、传输和再现，数字系统抗干扰性强、可靠性高、集成度高等。虽然发明数控机床的初衷是为了加工各种复杂形状的曲面，但是几十年来数控技术在应用和发展过程中表现出来的多方面的卓越性能，已经引起了制造技术的革命性变革。

在数控机床上加工一个零件的过程如下（见图 1-1）：首先由编程人员按照零件的几何形状和工艺要求将加工过程编制成零件加工程序；数控装置读入加工程序后，将其翻译成机器能够理解的控制指令，周期性地送给伺服系统；再由伺服系统将其变换和放大后驱动机床上的主轴电动机和进给伺服电动机转动，进而带动机床的工作台移动，实现加工过程。可以看出，在这个过程中，数控系统实质上是完成了手工加工中操作者的部分工作。

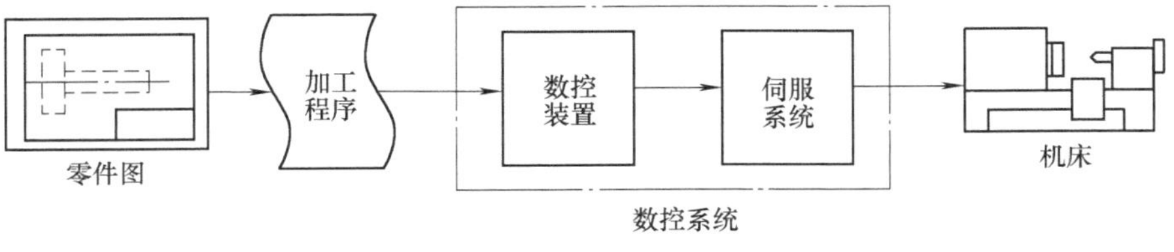

图 1-1 数控机床的加工过程

在数控系统中，数控装置是实现数控技术的关键。数控装置完成零件加工程序的读入和解释，并根据加工程序的要求对机床进行运动控制和逻辑控制。在早期的数控装置中，所有这些工作都是由数字逻辑电路实现的，现在称之为硬件数控。现代数控系统中，数控装置的工作是由计算机系统来完成的。将计算机系统作为数控装置构成的数控系统称为计算机数控（Computer Numerical Control，CNC）系统。CNC 系统的数字信息处理功能主要由软件实现，因而十分灵活，并可以处理数字逻辑电路难以处理的复杂信息，使数控系统的功能大大提高。现在使用的数控系统，几乎都是计算机数控系统。

数控技术最早是被应用到金属切削机床上，因此，通常会将数控技术与数控机床联系在一起，其实数控技术可以用于各种机械设备。可以把机床理解成广义的，除了金属切削机床外，还可以是冶金机械、锻压机械、轻工机械、纺织机械、包装机械等。为了说明方便，本书仍以金属切削机床为主来介绍数控技术，但所有的内容都可以用于其他机械设备中。

1.1.2 数控机床的组成

为了更好地理解数控机床的工作原理，将图 1-1 中的数控系统部分细化为图 1-2 所示的数控机床的逻辑组成框图。数控机床一般由输入/输出装置、操作面板、数控装置、主轴和进给伺服单元及相应的电动机、PLC 及其输入/输出接口、位置检测装置和机床本体等部分组成。除了机床本体以外的部分统称为数控系统，数控装置是数控系统的核心。下面简要介绍各组成部分的功能。

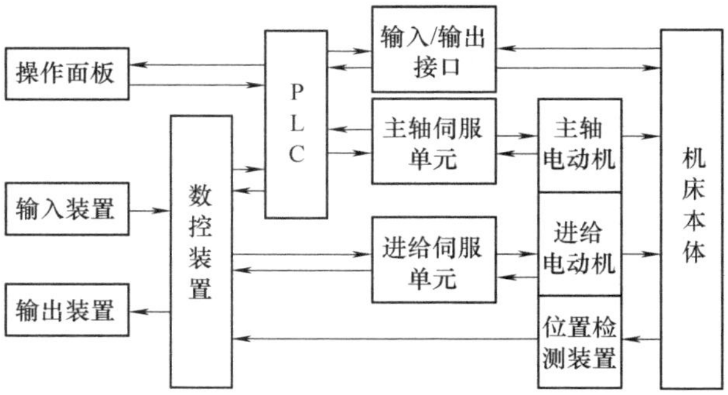

图 1-2 数控机床的逻辑组成框图

1. 输入/输出装置

数控机床在开始加工前，必须读入零件加工程序，在加工过程中，要把机床的工作状态展示给操作人员，以便操作人员了解机床的工作情况，及时处理加工中出现的各种问题。这些功能由输入/输出装置实现。最常用的输入装置是键盘，操作人员可以通过键盘输入、编辑和修改零件加工程序。纸带阅读机是最早的输入装置，现在已经很少用。最常见的输出装置是显示器，数控装置通过显示器为操作人员提供必要的信息，一般显示的信息包括正在编辑或运行的程序、当前的切削用量、刀具位置、各种故障信息和操作提示等。高档数控系统还可以用图形的方式显示工作中的刀具位置，这样看起来更加直观；简易数控系统的显示装置可能只是几个数码管，只能提供很有限的信息。

串行通信接口是计算机数控装置中常用的输入/输出装置，用来以串行通信的方式与上级计算机或其他数控机床间传递零件加工程序和其他数据。随着计算机数控技术的发展，计算机技术逐渐融入数控系统，计算机中的所有输入/输出手段都将出现在数控系统中。

2. 操作面板

操作面板主要用于输入手动控制指令，如手动进给、回零、开关切削液、更换刀具、夹紧工件等。另外，操作面板上还有一些表示机床工作状态的指示灯，如电源、手/自动状态显示、工件夹紧状态和故障信息等。操作面板与输入/输出装置的区别在于，操作面板是与 PLC 控制器相连的，可以通过接口电路直接操作机床电器；而输入/输出装置是与数控装置直接交流信息，通过输入设备输入的指令要经过数控装置的解释才能被执行。

3. 数控装置

数控装置是数控系统的核心，现代数控系统普遍采用计算机作为数控装置的硬件系统，因而包括了微机系统的基本组成部分：CPU、存储器、局部总线以及输入/输出接口等；软件部分就是通常所说的数控系统软件。数控装置的基本功能是读入零件加工程序，根据加工程序所指定的零件形状，计算出刀具中心的移动轨迹，并按照程序指定的进给速度，求出每个微小的时间段（插补周期）内刀具应该移动的距离（位移指令），并把位移指令送给进给伺服单元；同时，数控装置还将程序中的开关量控制指令送给 PLC 模块；在闭环系统中，还要完成位置闭环控制功能。数控装置的控制原理将在第 3、4 章里详细介绍。

4. 伺服系统

伺服系统包括主轴伺服系统和进给伺服系统两部分，每套伺服系统由伺服单元和伺服电动机组成。主轴伺服单元接收来自 PLC 的转向和转速指令，经过译码和功率放大后驱动主轴电动机转动。进给伺服单元在每个插补周期内接收数控装置的位移指令，经过译码和功率放大后驱动进给电动机转动，同时完成速度控制和位置控制功能。根据所选电动机的不同，进给伺服单元可以是步进电动机伺服单元、直流电动机伺服单元或交流电动机伺服单元，每种伺服单元的性能和工作原理都不同。步进电动机系统是最简单的伺服系统，随着交流电动机调速技术的逐步完善，交流伺服系统的应用已越来越普遍。伺服系统的工作原理将在第 6 章详细介绍。

5. 可编程序逻辑控制器（PLC）

PLC 和数控装置配合共同完成数控机床的控制任务。数控装置主要完成与数字运算、运动控制和与管理有关的功能，如零件加工程序的输入、译码、插补运算、位置控制等。PLC 主要实现对开关量的控制，如主轴的起动和停止、刀具的更换、切削液的开关等一些辅助功能。它能将零件加工程序中的 M 代码、S 代码、T 代码等顺序动作信息，译码后转换成对应的控制信号，控制辅助装置完成机床的相应开关动作；还能接收机床操作面板的指令，直接控制机床的动作。

用于数控机床的 PLC 一般分为两类：一类是数控系统生产厂家为实现数控机床的顺序控制，而将数控装置和 PLC 集成设计，称为内装型（或集成型）PLC，它是数控装置的一部分；另一种是用 PLC 专业生产厂家的 PLC 控制器来实现顺序控制功能，称为独立型（或外置型）PLC。

6. 输入/输出接口

进出 PLC 控制器和数控装置的信号一般不能和机床电器直接连接，中间的过渡部分称为输入/输出接口。接口是连接数控装置和机床电器的桥梁，其具体功能包括模/数（数/模）转换、电平转换、光电隔离等。输入/输出接口和 PLC 的详细内容见第 4 章。

7. 位置检测装置

位置检测装置通常安装在机床的工作台或电动机轴上，用来检测工作台的实际位移或电动机的实际转角。在闭环或半闭环数控系统中，这个实际的位移或转角要反馈给数控装置，由数控装置计算出实际位置或转角与指令位置或转角之间的差值，并根据这个差值的方向和大小控制机床，使其朝着减小误差的方向运动。位置检测装置的精度是影响数控机床加工精度的主要因素之一。位置检测装置的详细内容见第 5 章。

8. 机床本体

数控机床的本体是指数控机床的机械部分。和普通机床相比，数控机床的机械部分具有以下特点：

1）数控机床的机械部分结构简单，因而可以做得刚度较大，允许的切削用量通常较普通机床大。

2）数控机床的导轨和丝杠要采取防止爬行的措施，以提高动态响应性能，如采用滚动导轨或塑料涂层导轨，丝杠一般采用滚珠丝杠。

3）数控机床的机械传动链要尽量短，齿轮传动副和丝杠螺母副要采取消除间隙措施，以减小传动误差，获得较好的动态性能。

4）对加工精度要求较高的数控机床，还应采取减小热变形、提高抗振性、变形补偿等提高机床加工精度的措施。

1.1.3 数控机床的特点

和普通机床比较，数控机床具有以下优点。

1. 适应性强

由于市场对产品的需求逐渐趋向于多样化，实现单件、小批量产品的生产自动化是制造业的当务之急。以传统机床为主的制造系统中，需要更换产品时，往往要更换许多工装或设备，费时费力。由于数控机床的零件制造信息是记录在介质上的加工程序，因此，更换零件时只要改变加工程序就可以在短时间内加工出新的零件。因而用数控机床作为制造装备的生产准备周期短、灵活性强，为多品种小批量生产和新产品的研制提供了便利条件。

2. 加工精度高、质量稳定

普通机床是靠人工控制切削用量，靠经常测量来保证加工精度的，因此工件的加工精度和操作者的技术水平有很大的关系。数控机床的切削用量是由加工程序指定，并由数控系统自动控制机床来实现的，避免了人为的经验不足和操作失误以及每一次加工过程中参数控制的不一致。因此，数控机床能够达到较高的加工精度，特别是加工精度的一致性。现代数控系统还可以利用控制软件补偿机床本身的系统误差、利用自适应控制消除各种随机误差，从而获得更高的加工精度。

3. 生产率高、经济效益好

数控机床的主轴转速和进给量的变化范围较大，因而在每道工序中都能选用最佳的切削用量。另外，数控机床的机械结构简单、刚性通常较大，可以使用较大的切削用量，从而可获得较高的生产率。数控机床的生产率高，还因为它可以减少加工过程的辅助时间。对于复杂的零件，可以用计算机辅助编程软件迅速编制加工程序；数控机床加工中通常使用较简单的夹具，减少了生产准备时间和工件装夹时间；尤其是使用带有刀具库和自动换刀装置的加工中心时，工件往往在一次装夹中就能完成多个表面的加工，减少了半成品的周转时间，生产率的提高更加明显。同时，由于减少了样板、靠模和钻模板等专用工装的制造，也使生产成本降低了。

4. 减轻操作者的劳动强度、操作简单

数控机床是由程序控制机床工作的，操作者一般只需装卸工件和更换刀具并监督机床的运行，因而大大减轻了操作者的劳动强度，减少了对熟练技术工人的需求。

5. 有利于生产管理的现代化

用数控机床加工零件时，能准确计算零件的加工工时，并简化了检验、工装和半成品的管理工作，这些特点都有利于实现生产管理的现代化。

6. 具有故障诊断和监控能力

CNC 系统一般具有用软件查找故障的功能，数控系统的故障可以通过诊断程序自动查找出来并显示在屏幕上，而且可以诊断出故障的种类，极大地提高了检修的效率。现代 CNC 系统还可以通过网络将数控机床的工作状态和故障信息传给远方的数控机床维修中心或生产厂家，帮助诊断一些疑难故障，在维修中心或生产厂家的指导下更快地修复数控机床。

另一方面，数控机床在使用中也暴露出一些问题，主要有：

1）造价较高。

2）控制系统复杂，故障率高，调试和维修比较复杂。

3）对编程人员的技术水平要求较高，应具有 CAD 和 CAM 方面的基础知识。

分析这些问题之后可知，数控系统的造价将随着技术的进步逐渐下降，最终会达到人们能够接受的程度。后两个问题说明，数控系统和机床的售后服务、操作人员的培训是数控技术推广应用中的重要环节，是需要多方共同努力来解决的问题。只有解决了这些问题，数控技术才能真正起到降低企业成本、提高经济效益和企业竞争能力的作用，数控技术本身才具有更广阔的发展前景。

机械工程实践对从事机械设计及制造工作的工程师们的数控技术能力提出了三方面的要求，即数控机床的合理选择、数控机床的正确使用、数控机床的优化设计。合理选择是指在选择加工设备的时候，根据加工要求合理地选择数控机床的类型和技术参数；正确使用是指能够根据具体工件的加工要求，正确地编写零件加工程序，高效率地加工出合格的工件；优化设计是指了解数控机床设计的基本步骤，掌握关键的设计计算方法，能够设计一般的数控加工机械。帮助初学者尽快入门，尽快达到这三方面的要求，是编写本书的目的。

1.2　数控机床的分类

对数控机床可以从不同的角度进行分类，对不同的使用目的，可以用不同的分类方法。数控机床的结构不同，实现进给运动的方式也不同，有的是刀具运动，也有的是工件运动。为了叙述方便，以下提到进给运动时只讲刀具做进给运动的情况，也可以理解为刀具相对于工件的运动。

1.2.1　按照插补运动控制轨迹分类

1. 点位控制数控机床

点位控制数控机床只能够控制刀具进给运动的起点和终点位置，而由起点到终点间的运动轨迹由系统设定，一般用于在移动过程中不进行任何加工的场合。这类数控机床主要有数控钻床、数控坐标镗床、数控压力机和数控测量机等。

2. 直线控制数控机床

直线控制数控机床在控制刀具进给运动的起点和终点位置的同时，还能够控制刀具沿着直线运动规律从起点运动到终点，而且在刀具从起点进给到终点的同时能够进行切削加工。这类数控机床包括简易数控车床、数控铣床等。

3. 轮廓控制数控机床

轮廓控制数控机床在控制刀具进给运动的起点和终点位置的同时，还能够控制刀具沿着指定的运动规律从起点运动到终点，而且在刀具从起点进给到终点的同时能够进行切削加工。这里指定的运动规律可能是直线、圆弧、二次曲线或样条曲线。轮廓控制数控机床的例子有数控铣床、可以加工复杂回转面的数控车床、加工中心等。现代数控机床绝大部分都能够控制一种以上的曲线运动规律。这种分类方法如图 1-3 所示。

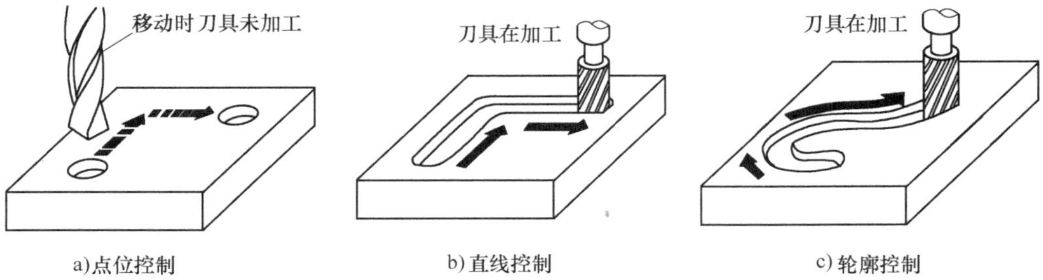

图 1-3　按照插补运动控制轨迹的数控机床分类方法

1.2.2　按照伺服系统的控制原理分类

1. 开环控制数控机床

这类数控机床没有检测反馈装置，数控装置发出的指令信号流程是单向的，其精度主要取决于伺服单元和伺服电动机及进给系统机械环节的性能。开环控制数控机床所用的电动机主要是步进电动机。这类机床的性能比较稳定，调试方便，适用于经济型、中小型机床。图 1-4 为开环控制数控机床示意图。

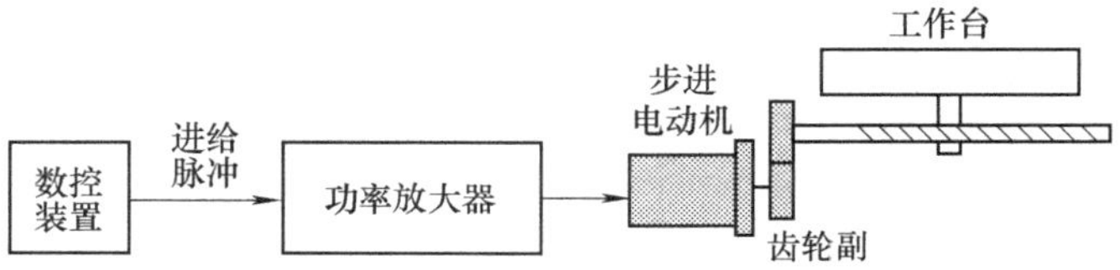

图 1-4　开环控制数控机床示意图

2. 闭环控制数控机床

这类机床的数控装置能够将数控装置发出的指令信号与表示工作台实际位置的反馈信号进行比较，根据其差值不断控制机床运动，进行误差修正，直至差值被消除为止。采用闭环控制的数控机床理论上可以消除传动件制造误差给加工过程带来的影响，从而获得很高的加工精度。但是，由于很多机械传动环节包括在闭环控制的环路内，各部件的摩擦特性、刚性以及间隙等都是非线性量，直接影响伺服系统的调节参数，闭环系统的设计和调整都有较大的难度，设计或调整得不好，容易造成系统不稳定。闭环控制数控机床主要用于一些精度要求很高的镗铣床、超精车床、精密磨床等。图 1-5 为闭环控制数控机床示意图。

3. 半闭环控制数控机床

大多数数控机床采用半闭环控制系统，它的检测装置装在电动机或丝杠的端部。这种系

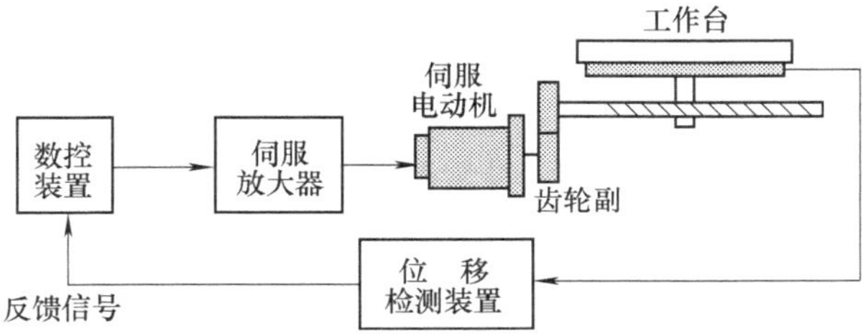

图 1-5　闭环控制数控机床示意图

统的闭环环路内不包括机械传动环节，因此可以获得稳定的控制特性。如果采用高分辨率的测量元件，则可以获得比较令人满意的精度与速度。图 1-6 为半闭环控制数控机床示意图。

1.2.3　按照系统的功能水平分类

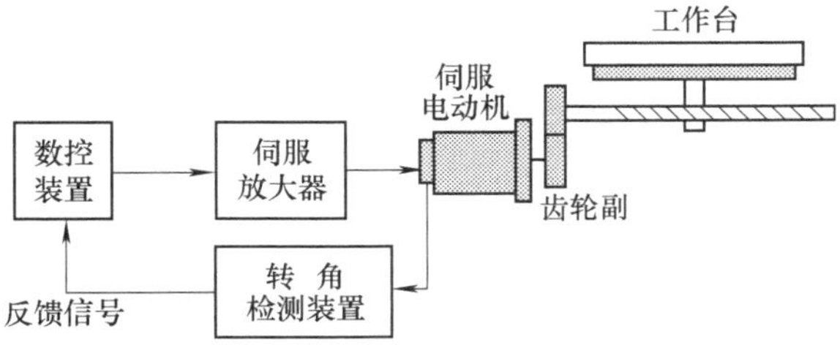

图 1-6　半闭环控制数控机床示意图

数控系统的水平决定数控机床的水平，按功能水平可以把数控系统分为高级型、普及型和经济型三种。这种分类方法没有明确的定义和确切的界限，而且数控系统的水平也在不断提升之中。通常可以用下列指标作为参考条件：主 CPU 档次、分辨率和进给速度、联动轴数、通信功能、显示功能等。

1. 高级型数控系统

高级型数控系统一般采用 32 位或更高性能的 CPU，联动轴数在 5 轴以上，分辨率不大于 0.1μm，进给速度一般不小于 24m/min（分辨率为 1μm 时）或 10m/min（分辨率为 0.1μm 时），采用数字化交流伺服电动机驱动，具有制造自动化协议（Manufacturing Automation Protocol，MAP）等高性能通信接口，有联网功能，具有三维动态图形显示功能。

2. 普及型数控系统

普及型数控系统一般采用 16 位或更高性能的 CPU，联动轴数在 5 轴以下，分辨率为 1μm，进给速度不大于 24m/min，采用交、直流伺服电动机驱动，具有 RS-232 或 DNC 通信接口，有 CRT 字符显示和图形显示功能。

3. 经济型数控系统

经济型数控系统一般采用 8 位或 16 位单片机系统作为数控装置，联动轴数在 3 轴以下，分辨率为 10μm，进给速度为 6～8m/min，采用步进电动机驱动，具有简单的 RS-232 通信功能，用数码管或简单 CRT 显示字符。

1.3　数控机床的选型

数控机床的选型包括两方面的问题：首先是什么情况下应该选择数控机床作为加工设备，然后是应该选择什么型号的数控机床。

1.3.1　机床类型的选择

金属切削机床按照其自动化程度和适用范围，可以分为通用机床、专用机床和数控机床三大类，每种类型的机床有其特定的应用范围。图 1-7 定性地表明了三种机床的适用范围。

图 1-7a 说明数控机床主要适用于中等批量且零件复杂程度较高的情况，这是因为对于简单零件，如果批量很小，编写零件加工程序占用的时间较多，浪费工时，而零件批量很大时又不需要经常变换零件加工程序，这两种情况下都不能充分发挥数控机床的优越性，因此应该选用通用机床或专用机床。图 1-7b 所示为随着零件批量的提高，采用通用机床、专用机床和数控机床加工时，生产成本的增加情况。综合图 1-7a、b 可知，在多品种、中小批量且零件复杂程度较高时，选用数控机床才能获得较高的经济效益。需要强调的是，以上只是定性的说明。一般来说，随着技术水平的提升、数控机床的普及，越来越多的比较简单的零件也开始选用数控机床作为加工设备，即图 1-7a 中的曲线会向左移。

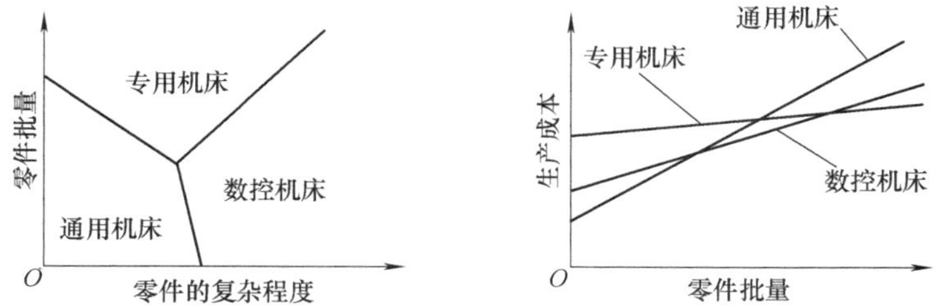

a) 三种机床的适用范围　　b) 生产成本与零件批量的关系

图 1-7　三种机床的适用范围

1.3.2　数控机床的性能参数及其选择

在确定了选择数控机床作为加工设备后，接下来便是应该选择什么型号的数控机床的问题。数控机床型号的选择，实际上是选择数控机床的性能参数。下面简要介绍数控机床的性能参数及其选择原则。

1. 控制轴数和联动轴数

控制轴数是指数控机床所配备的数控装置能够控制的独立运动的进给运动轴数，包括移动进给轴和回转进给轴。通常用 X、Y、Z 表示三个相互垂直的移动进给轴，A、B、C 分别表示绕 X、Y、Z 回转的进给轴。联动轴数是指控制轴数中可按一定的规律同时协调运动的进给轴数。联动轴数与控制轴数是两个不同的概念，一台数控机床的联动轴数可能小于或等于控制轴数。联动轴数越多，说明数控装置加工复杂空间曲面的能力越强，当然编程也越复杂。

数控机床的控制轴数和联动轴数应该按照机床的类型和所加工零件的要求选择。例如，车床一般是两轴两联动，而铣床的控制轴数一般是 3～5 轴，根据加工零件的复杂程度不同，联动轴数可以是 2～5 轴。

2. 插补功能

插补功能是指直线控制和轮廓控制的数控机床所配备的数控装置能够按照什么样的运动规律协调控制多个进给轴的运动。简单的数控装置只能实现直线和圆弧插补，高档的数控装置除直线和圆弧外，还具有抛物线、螺旋线、样条函数等复杂曲线或曲面的插补功能。插补运动所在坐标系也从直角坐标系扩展到极坐标系、圆柱坐标系等。

插补功能越多，说明机床所配备的数控装置的运算速度越快。插补功能应按照零件的加工要求选择，对于一般的车、铣加工，只要求具有直线和圆弧插补功能即可；而对于某些有特殊要求的复杂曲面，则要求数控装置具有样条插补等高级插补功能。

3. 脉冲当量

脉冲当量是指若不考虑机械传动误差，机床数控装置每发出一个进给脉冲，刀具沿相应的进给运动方向应该移动的距离。脉冲当量与机床数控装置的运算精度和数控机床机械部分的传动比有关，反映了数控机床的加工精度，也称为控制分辨率。一般来说，脉冲当量越小，数控机床的加工精度越高。

数控机床的脉冲当量按照零件的加工精度选择，一般为所加工零件公差带的1/10～1/5。

4. 定位精度和重复定位精度

定位精度是指刀具实际位置与指令位置的一致程度，用定位误差表示，定位误差是指在一次定位操作中，系统达到稳定状态以后实际位置和指令位置之差。定位误差越小，定位精度越高。重复定位精度是指在相同的条件下，操作方法不变，进行规定次数的定位操作所得到的刀具实际位置的一致程度，其最大不一致量为重复定位误差。重复定位误差越小，重复定位精度越高。定位精度和重复定位精度与脉冲当量有关，也受机床机械部分传动精度的影响，是影响零件加工精度的重要指标，一般按照零件的加工精度要求选择。

5. 行程

行程表示机床数控装置能够控制的刀具或工作台的进给运动范围。行程的大小反映了数控装置内部数据位数的多少。行程应根据所加工零件的尺寸大小选择。

6. 主轴转速和进给速度及其调节范围

主轴转速和进给速度范围根据加工所需要的主运动速度和进给速度选择。大部分机床操作面板上设计有倍率调节旋钮，可以在程序给定的主轴转速和进给速度基础上手动调节。

7. 数控机床的指令系统

数控机床的指令系统是指数控机床能够识别并执行的数控指令的集合。数控指令以控制字为单位，一般分为准备功能、辅助功能、刀具功能等几类，以不同的字地址来区别。例如，准备功能的字地址为G，辅助功能的字地址为M。一般来说，机床能够识别和执行的数控指令越多，其功能就越强。数控机床指令系统的选择以满足零件的加工要求为原则。

8. 程序的编辑、管理和控制功能

程序的编辑功能是指用什么样的方式输入和修改零件加工程序，编辑功能越灵活，用户使用越方便。程序的管理功能是指零件加工程序的数量、每条程序的长度以及程序调用方式等以程序为单位的操作功能，主要取决于数控装置的存储器容量。程序控制功能是指对程序运行方式的控制，如分段执行功能、加工仿真功能、屏蔽不需要的辅助功能等，控制功能越丰富，机床的运行越灵活。

9. 误差补偿功能

加工过程中，机械传动链中的各种误差会导致实际加工出的零件尺寸和程序指定的尺寸不一致，造成加工误差。现代数控装置一般具有反向间隙补偿和螺距误差补偿功能，把相应的误差补偿量输入数控装置指定的存储地址中，数控装置就能按误差补偿量修正刀具的位置坐标，可以保证在机床机械部分存在误差的情况下，仍能加工出符合要求的零件。

10. 加减速控制功能

为保证机床工作台在起动、停止或速度改变时不产生冲击、丢步、超程或振荡，必须对送到伺服电动机的进给脉冲频率或电压的变化幅度进行控制。具体方法是在电动机起动、停止或速度大幅度变化时，控制加在伺服电动机上的进给脉冲频率或电压，使其逐渐变化。具有加减速控制功能的数控机床能够平稳地实现较高的进给速度。加减速控制的方法不同，工作台运动的平稳程度和能够实现的最大速度也不同。

11. 逻辑控制功能

逻辑控制功能是指数控装置控制机床上开关量的方法、数量及开关量接口形式。数控机床上开关量的控制方法有内装型 PLC 和独立型 PLC 两种，当要控制的开关量个数较少时，可以选用内装型 PLC。开关量接口是指机床上的开关量连接到数控装置的方式，要注意数控装置说明书中接口信号的连接说明。这项功能只在选择数控装置时才需要考虑。

12. 通信方式

机床数控系统中可能用到的通信方式：RS-232 接口用于数控机床之间或数控机床和计算机之间离线传输信息；DNC 接口用于上位机和数控机床之间实时传送零件加工程序；MAP 接口用于将数控机床联入工厂的通信网络，以适应 FMS、CIMS 的要求。现代计算机数控系统还支持 TCP/IP，可以直接联入互联网。

13. 故障诊断功能

数控机床的故障诊断功能有在线诊断、离线诊断和远程诊断三种方式：在线诊断是指数控机床在运行过程中发现故障，给出提示；离线诊断是指数控机床运行独立的故障诊断程序，发现问题；远程诊断是指数控机床通过互联网直接和机床生产厂家互通信息，发现并消除故障。

以上性能指标可以作为选择数控机床或数控装置时的参考。随着数控技术的发展，数控机床和数控装置的功能不断丰富，性能不断提高。但一般来说，功能的丰富也伴随着价格的提高，所以对用户来说并不一定要一味地追求高性能，而应该根据自己的实际需要，综合考虑性能和价格因素，做出经济实用的选择。

1.4 数控技术的发展

1.4.1 数控技术的产生和发展历程

1952 年，美国麻省理工学院为解决复杂零件的自动化加工问题，研制成功世界上第一台三轴联动、利用脉冲乘法器原理的试验性数字控制系统，并把它装在一台立式铣床上。它的控制装置由大约 2000 个电子管组成，体积约有一间普通教室那么大。尽管现在看来这套控制系统体积庞大、功能简单，但它在制造技术的发展史上却有着划时代的意义，它标志着机床数字控制时代的开始。

数控技术是机械技术和电子技术相结合的产物，因此，机械技术、电子技术特别是计算机技术的每一点进步都在推动数控技术向前发展。1959 年，晶体管元件的出现使电子设备的体积大大减小，数控系统中广泛采用晶体管和印制电路板，数控技术的发展进入第二代。1965 年，出现了集成电路并被用于数控系统，它体积小、功耗低，使数控系统的可靠性得以进一步提高，被称为第三代数控系统。以上三代数控系统中，所有功能都是靠硬件实现的，其灵活性差，可靠性难以进一步提高，现在称之为硬件数控（NC）。

1970年，在美国芝加哥国际机床展览会上，首次展出了一台以通用小型计算机作为数控装置的数控系统。这种数控系统的最大特征是，许多数控功能可以由软件来实现，系统变得灵活、通用性好，被称为第四代数控系统。第四代数控系统的意义在于开创了计算机数控系统（CNC）的新时代，但由于成本等方面的原因，其发展缓慢，实际应用不多。1974年开始出现的以微处理器为核心的数控系统使计算机数控技术的发展突飞猛进，获得了广泛的应用，被人们誉为第五代数控系统。这主要是因为微处理器实现了计算机核心部件的高度集成，不但可靠性高、功能强、速度快，而且价格便宜，满足了数控系统的特殊要求。几十年来，装备微处理器数控系统的数控机床得到了飞速发展和广泛应用。

20世纪80年代，微处理器完成了由16位向32位的过渡，通用化的个人计算机（Personal Computer，PC）发展迅速，开始在全世界范围内普及应用。PC进入数控技术领域，产生了基于PC的数控系统，也称为第六代数控系统。PC数控是自数控技术诞生以来最具深远意义的一次飞越。它和第五代数控系统的最大不同之处在于，PC数控系统的硬件及软件平台是完全通用的，可以毫无障碍地借鉴PC的全部资源和最新发展成果，使计算机数控技术的发展走上了更加坚实、宽广、快速的道路。

数控技术经过数十年的发展，从控制单机到生产线以至整个车间、整个工厂。目前，数控系统的平均故障率已经下降到0.01次/（月·台），平均无故障时间已达到100个月，数控系统的性能大大提高。以FANUC公司为例，该公司1991年开发成功的FS15系统与1971年开发的FS220系统相比，体积减小了90%，加工精度提高了10倍，加工效率提高了20倍，可靠性提高了30倍以上。数控技术的发展推动了数控机床的发展，数控技术水平和机床的数控化率已经成为衡量一个国家制造业水平的标志之一，数控技术作为先进制造技术的基础和关键技术，也推动着制造自动化技术的快速发展。与此同时，人们已经在构思和开发下一代数控技术产品。

伴随着世界上数控技术前进的脚步，我国的数控技术及数控机床产业也取得了令人鼓舞的成就。“十五”期间，国家投入研发资金5.42亿元，先后开展了20种技术难度较大、进口价格很高，以及对我国限制进口的“高精尖”大型数控设备的研制；通过竞争择优支持了一批中档数控机床和数控系统生产基地的产业化支撑技术研究；开展了数控系统与伺服驱动技术、高速主轴等关键功能部件的研究，以及可靠性增长技术、工业造型等一批基础共性技术的研究与应用。“十一五”期间开始的“高档数控机床与基础制造装备”科技重大专项是《国家中长期科学和技术发展规划纲要2006—2020》规定的16项重大科技专项之一。该项目集中了国内主要高校和机床企业，对制约我国高档数控机床的关键和共性技术及重大技术装备展开研究。这些项目的实施，已经取得了阶段性成果。目前制约我国数控机床产业快速发展的主要问题是，缺少关键功能部件专业化生产和社会化配套体系，中高档数控机床的技术水平与世界先进水平还有较大的差距。要提高数控机床的整体技术水平，还要开展大量的研究和开发工作。

1.4.2　数控技术的发展趋势

随着微电子技术和计算机技术的发展，数控系统的性能日益完善，数控技术的应用领域日益扩大；不同的应用领域对数控技术提出的新的使用要求，又促进了数控技术的发展。总的发展趋势可以归纳为高速高精度、智能化、开放式、网络化、提高可靠性和数控装备的复合化等几个方面。

1. 高速高精度

对金属切削理论的研究显示，一般情况下，切削温度随切削速度的提高而升高，但当切削速度超过一定范围后，切削温度反而会随着切削速度的提高而有所降低。而较低的切削温度对于提高加工效率、加工精度和刀具寿命都有很大的好处，因此，高速切削是机械加工技术的发展方向之一，近年来切削速度的提高更为明显，如图1-8所示。高速切削对于数控机床的要求主要是主轴转速和进给速度的提高，同时应提高机床的刚度和抗振性。

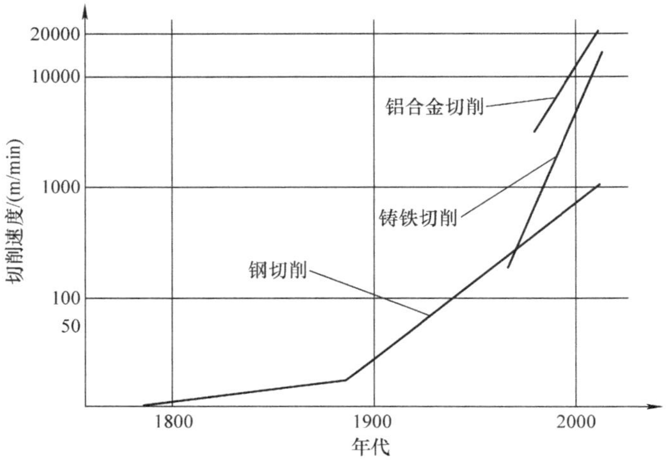

图1-8 数控机床切削速度的提高历程

机械加工精度可以用加工误差表示，加工误差越小，加工精度越高，图1-9所示为近年来机械加工精度不断提高的历程。精密加工涉及精密加工机床、精密加工刀具和精密加工检测等技术领域，对精密加工机床的要求主要是提高运动控制精度并应用误差补偿技术。

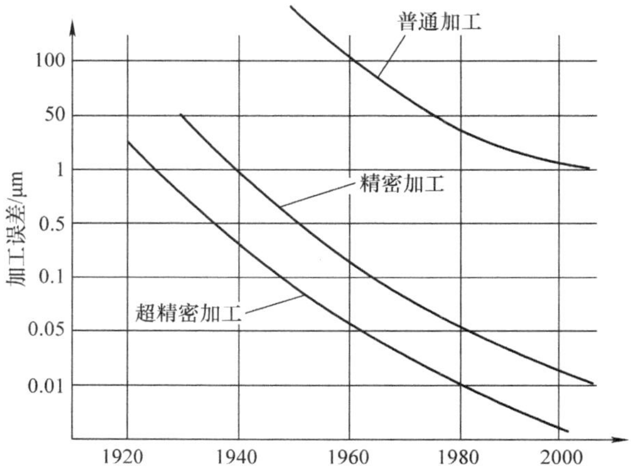

图1-9 数控机床加工精度的提高历程

目前，高档数控机床的主转转速已达到20000r/min，进给速度最高可达100m/min，加速度为1g，能够实现1～10μm精密加工级高速加工，表面粗糙度值可达0.02～0.4μm，用于钢铁加工的铣削速度可达400～500m/min。

2. 智能化

数控系统和数控装备的智能化，不仅有助于减轻操作者的劳动强度，而且能够提高数控加工质量和效率。因而，智能化也是数控技术发展的重要方向之一。智能化主要体现在以下几个方面：

（1）智能化适应控制　通常的数控系统只能按照预先编好的程序工作，考虑到加工过程中的不确定因素，如毛坯尺寸和硬度的变化、刀具磨损状态的变化等，编程中一般采用比较保守的切削用量，从而降低了加工效率。具备智能化适应控制功能的数控系统可以在加工过程中随时测量主轴转矩、功率、切削力、切削温度、刀具磨损等参数，并根据测量结果，实时调整主轴转速和进给量的大小，确保加工过程处于最佳状态。

（2）智能化编程　有了高性能的数控机床以后，高质量、高效率地编制零件加工程序就成了提高数控加工效率的关键问题。数控编程技术经历了手工编程、数控语言编程和图形编程几个阶段，编程的效率和质量不断提高，同时也降低了对编程人员技术水平的要求。智能化编程一般是指在数控系统软件和编程软件中嵌入专家系统，建立专家知识库和工艺数据库，从而实现自动选择刀具、合理计算切削用量、确定最佳走刀路线，最终实现加工过程最优化，提高加工质量和效率。

应用图像处理和计算机视觉技术，使数控机床能够根据零件的一幅或几幅图像，自动提取三维信息，进而生成零件加工程序，加工出合格工件，就像给机床装上“眼睛”一样。这也是数控编程智能化的体现，称为实物映射加工。

（3）智能化加工过程监控和故障诊断　将人工智能技术和现代传感器技术与数控技术相结合，开发具有人工智能的在线监控和故障诊断系统。对加工过程的一些关键环节和因素，如刀具磨损状态、主轴运行状态等进行智能化监控，对数控系统或数控机床的故障进行自动诊断，并自动或指导维修人员快速排除故障。

（4）智能寻位加工　通过模仿人类智能的途径，主动感知工件信息，自动分析求解工件的实际状态，并根据工件的实际状态进行位姿自适应加工，从而消除对精密夹具的依赖，有效缩短生产周期。

3. 开放式数控系统

传统的计算机数控系统是专用的封闭式计算机系统，即系统的功能模块和模块间的接口都是专用的。封闭式系统的缺点是，不同厂家生产的数控系统不兼容，一旦出现故障，往往要找生产厂家来维修，很不方便；而且难以升级换代，一般要落后于通用计算机技术的发展。所谓开放式系统就是系统设计模块化，模块间的接口标准化。一般认为，开放式系统的特征为：采用分布式控制原则和系统、子系统、模块的分级式控制结构，其构造是可移植和透明的；可根据需要方便地重构和编辑，实现同一系统多种用途；系统中的各个模块相互独立，数控系统生产厂、机床厂及最终用户都可以很容易地对一些专用功能和其他个性化模块进行独立开发，为此，模块间的接口协议要明确；具有较好的通信和接口协议，以便相对独立的各功能模块通过通信实现满足实时性要求的信息交换。总之，开放式数控系统应该是一个软硬件都实现了模块化、可重构、可扩充的自动控制系统。

4. 网络数控技术

与信息技术融合的网络化通信和网络化控制也是数控技术发展的重要方向。数控技术的网络化主要体现在以下两方面：一方面是基于 Internet 或工业以太网的数控机床与上层计算机的联网技术；另一方面是基于现场总线网络的数控机床内部功能模块（伺服系统、主轴单元、PLC、机床传感器等）间的网络化通信技术。

5. 提高数控系统的可靠性

数控机床由于增加了数控装置和伺服系统，使用了大量的电气、液压、气动元件和机电装置，出现故障的概率远高于普通机床。因此，可靠性是数控机床用户最为关注的问题，可靠性的提高也是数控技术要解决的重要问题之一。数控机床的可靠性一般用平均无故障时间（MTBF）来衡量，现代数控系统的平均无故障时间为10000～72000h。提高数控系统的可靠性可以通过提高线路的集成度、精简外部连线、提高元器件的抗干扰能力、提高零部件的标准化程度等措施来实现。

6. 数控装备的复合化

数控装备复合化的含义是尽可能在一台机床上实现从毛坯到产品的全部机械加工内容。复合加工设备包括跨加工类别的工艺复合数控机床，如车铣加工中心和铣削-激光加工复合机床等；多面多轴联动的工序复合机床，如并联机床等。复合加工设备能够提高工序的集成度，缩短加工过程链，提高多品种、单件小批量产品的生产率。这是因为复合加工设备减少了在不同机床间进行工序转换而引起的等待时间及多次上下料的时间，通常这些时间占零件整个生产周期的40%～60%。

1.4.3 数控技术与机械制造自动化和智能化的关系

机械制造自动化技术始终是机械制造学科最活跃的一个研究领域，机械制造自动化分为设备级自动化和系统级自动化两个层次。机械制造自动化的目标是用现代化制造装备代替人类的体力和脑力劳动，使制造过程的时间更短、质量更优、成本更低、服务更令人满意、环境更友善。机械制造自动化技术自20世纪20年代出现以来，经历了刚性自动化、柔性自动化和综合自动化三个阶段。综合自动化常常与计算机辅助制造、计算机集成制造等概念相联系，它是制造技术、控制技术、现代管理技术和信息技术的有机融合，旨在全面提高制造企业的劳动生产率和对市场的响应速度。

数控技术和机械制造自动化技术是密不可分的。对于设备级自动化来说，数控装置是一台设备的控制中枢，就像人的大脑一样。对于系统级自动化来说，每台数控加工设备是制造系统的基础和组成部分，系统自动化是建立在单机自动化基础之上的。因此可以说，数控技术在机械制造自动化领域具有十分重要的地位，是先进制造技术的核心技术。

智能制造是机械制造技术的发展趋势，智能制造技术体系包括制造智能、智能制造装备、智能制造系统和智能制造服务四大组成部分。和数控机床相关的智能制造装备是具有感知、决策和执行能力的制造装备，具体地说，就是对装备运行的状态和环境的实时感知、处理和分析能力；根据装备运行状态变化进行自主规划、控制和决策的能力；对故障的自诊断和自修复能力；对自身性能劣化的主动分析和维护能力；参与网络集成和网络协同的能力。

智能制造装备一般由智能感知部分、智能控制部分和执行部分组成。智能感知部分主要由各种传感器组成，其中应用最多的是视觉传感器、力传感器和温度传感器。视觉传感器主要用于零件外形尺寸检测、几何位置和姿态检测、运动监视、工件和刀具形状识别、表面粗糙度检测、加工过程检测、加工设备状态检测和环境监测等。力传感器主要用于机器人负载力检测和数控机床上的切削力检测，以及数控机床关键部位的受力检测。温度传感器用于检测工作过程中工件和刀具的温度。智能控制部分主要由专家系统和控制部分组成，将各种传感器得到的信号通过信息转换变换成专家系统可以接收的符号信息，然后利用专家系统中的推理机制，得出要采用的控制信息。执行部分的功能主要是加工、装卸和测量操作，并完成装配和其他辅助性操作。

智能制造装备是数控机械发展的高级阶段，是建立在传统数控机械基础之上的。没有传统数控机械，就不可能出现智能制造装备。因此，“中国制造2025”专门将高档数控机床和机器人列为其中一项内容：要求开发一批精密、高效、柔性数控机床与基础制造装备及集成制造系统，加快高档数控机床、增材制造等前沿技术和装备的研发，以提高可靠性、精度保持性为重点，开发高档数控系统、伺服电动机、轴承、光栅等主要功能部件及关键应用软件，加快实现产业化。

复习思考题

1. 数控技术和智能制造的关系是什么？
2. 数控机床由哪几部分组成？各组成部分的功能是什么？
3. 简述闭环数控机床的控制原理，它与开环数控机床有什么区别？
4. 选择数控机床的时候应该考虑哪几方面的问题？
5. 数控技术的发展趋势表现在哪几个方面？
6. 试述数控技术在机械制造自动化系统中的地位和作用。
7. 试述开放式数控系统的基本概念。

第 2 章

零件加工程序的编制

本章提要

如何正确、快速地编制零件加工程序是数控机床使用中的核心问题。本章主要介绍数控编程的基本知识、数控加工工艺的基础知识、数控加工指令及典型零件加工程序的编写方法，简要介绍实践中常用的自动编程软件的基本功能及使用过程。本章的主要目的是解决实践中如何正确使用数控机床加工出合格工件的问题，也为数控系统软件和 CAM 软件的开发和应用打下基础。

2.1　数控编程的基本知识

在数控机床上加工零件之前，必须把加工工艺过程的全部信息，包括工序的设计、切削用量、走刀路线和全部辅助动作（换刀、开关切削液、夹紧工件等），按照动作的顺序，用所选数控机床规定的指令代码和程序格式编制成零件加工程序。加工时，将所编程序输入数控机床中，数控机床将严格按照程序中的指令顺序工作。

由此可见，数控编程是数控加工过程中一项十分重要的工作，理想的加工程序不仅应能保证加工出符合图样要求的合格工件，同时应能使数控机床的功能得到合理的利用和充分的发挥，安全、可靠、高效地工作。要编制出高水平的零件加工程序，除了应熟悉数控机床的指令系统和机床性能外，更重要的是要对机械加工过程有深刻的理解；数控编程也不是简单地写程序，更重要的是对零件加工工艺过程的设计。

2.1.1　数控编程过程及方法

1. 数控编程过程

编制零件加工程序的过程如图 2-1 所示，对各环节简要说明如下。

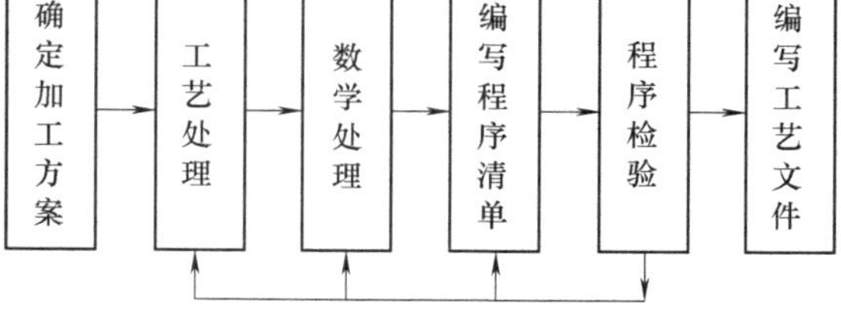

图 2-1　编制零件加工程序的过程

（1）确定加工方案　加工方案是对加工方法的设计。首先分析零件图样，根据零件的材料，毛坯和热处理状况，加工部位的形状、尺寸、精度等确定合理的加工方案，并选择能够实现该方案的机床、刀具、夹具和装夹方法。

（2）工艺处理　工艺处理是对加工过程的详细设计，工艺处理是否正确合理，对加工过程影响极大。工艺处理的内容包括设定编程坐标系的位置、选择起刀点、确定走刀路线和切削用量。编程坐标系是加工过程中刀具进给运动的参考坐标系，程序中的所有坐标值都是在编程坐标系中指定的，关于坐标系的概念，将在下一小节内详细说明。起刀点是零件加工程序开始运行前刀具所处的位置，应选在容易操作和检查的位置。走刀路线是指加工过程中刀具的运行路线，走刀路线应满足零件加工精度和表面粗糙度的要求，应尽量地短，尽量减少空行程，以提高生产率；应有利于简化编程过程中的数值计算，减少程序段数目和编程工作量。切削用量包括切削速度、进给量和背吃刀量，可参考有关切削加工手册并结合实际经验来确定。

（3）数学处理　数控机床是按照刀具的坐标位置控制刀具进给运动的，因此，编写加工程序时需要知道每个程序段的起点、终点的坐标和轮廓线型，而零件图样中给出的一般是零件的几何特征尺寸，如长、宽、高、直径等。数学处理的主要任务就是根据图样上给出的特征数据求出编程所需的坐标数据。另外，一般数控系统只能加工直线和圆弧，当工件表面由其他复杂曲线或曲面构成时，首先要用直线和圆弧去拟合工件轮廓，然后才能开始编写零件程序。对于复杂的零件表面如自由曲面，或某些特殊的加工设备如四坐标线切割机床，这个过程很复杂，一般需要计算机辅助计算。对于那些没有刀具补偿功能的数控系统，数学处理还包括刀具中心坐标的计算。数学处理是否合理准确，对加工精度影响很大，是编程过程中的重要环节。

（4）编写程序清单　根据对加工过程的设计和计算出的刀具运动轨迹的几何信息，编程人员要按照所选用数控装置的指令系统、程序段格式，逐段编写零件加工程序。同时还要附上必要的加工示意图和刀具安装图，以便机床操作者对刀和了解工序内容。

（5）程序检验　对编好的加工程序，在正式运行前一般要进行检验。现代数控技术提供了多种检验加工程序的方法。例如，可以使用数控加工仿真软件在显示器上模拟显示加工过程中刀具的运动轨迹；可以用不装毛坯，快速空走刀的方法验证刀路的设计；也可以用石蜡、塑料等易切材料试切的方法。经过检验特别是试切，不仅可以确认走刀路线正确与否，还可以知道加工精度是否符合要求。当发现不符合要求的情况时，应该返回适当的环节修改工序设计、修改程序或采取补偿措施。

（6）编写工艺文件　最后，将以上工作的结果写入工艺文件，作为加工过程中执行、检查和质量控制的依据。工艺文件的种类随具体的数控设备和企业的不同而有所不同，一般包括数控加工工序卡、数控刀具调整卡、机床调整卡和零件加工程序单。

2. 数控编程方法

编制零件加工程序的方法有手工编程、数控语言编程和图形编程三种，后两种又称自动编程方法。

（1）手工编程　人工完成程序编制过程的全部工作，包括用通用计算机进行数值计算，这种方法称为手工编程。对于点位加工或几何形状简单的零件，程序段不多，用手工编程比较经济。对于形状复杂的零件，特别是空间曲面零件，或者当程序量很大时，手工编程既繁琐费时，又容易出错，常会出现编程速度跟不上数控加工的情况。据统计，采用手工编程方法时，编程时间和加工时间之比平均为30∶1。因此，为了减少编程时间，提高数控机床利用率，对复杂零件必须采用自动编程方法。

（2）数控语言编程　数控语言编程是早期自动编程方法之一。数控语言是编制数控加工程序时的专用计算机语言，和其他编程语言一样，由基本符号系统和一套语法规则组成。

用数控语言编程的过程：编程人员首先用数控语言编写“零件源程序”，在零件源程序中定义零件的几何元素、工艺参数和刀具运动轨迹；零件源程序输入计算机后，由数控语言的编译程序自动完成刀具运动轨迹计算、编写程序清单等工作；用文本编辑器检查所编程序，有错误时可以人工编辑修改，直至程序正确为止。

由于数控语言接近自然语言，且数控语言编译系统完成了主要的数学处理工作，因此，数控语言编程一般比手工编程效率高。随着计算机图形技术和计算机辅助制造技术的发展，数控语言编程方法逐渐失去了它的实用功能，但数控语言仍然是许多图形编程系统的内部数据结构。

（3）图形编程　图形编程是实践中广泛使用的自动编程方法。图形编程方法完全抛开了抽象的符号语言，是一种通过人机对话，通过菜单采取图形交互方式进行编程的自动编程方法。其特点是图形元素的输入、加工路线的编辑和工艺参数的设定等工作完全采用图形方式，以人机交互的方法进行，编程人员几乎不需要记忆任何抽象的指令语言，使编程过程变得更加简单，易学易用。编制零件加工程序是 CAM 系统的主要功能。

2.1.2　数控机床的坐标系

数控机床是按照坐标位置控制刀具进给运动的，同样的进给运动在不同坐标系中的表达形式是不同的。因此，数控编程中坐标系的选择至关重要，合理地选择坐标系可以使数学处理过程简单、程序简洁。

1. 机器坐标系

数控机床出厂前，机床生产厂家已经为机床定义了坐标轴的方向和原点位置，称为机器坐标系。机器坐标系是数控装置控制刀具运动时，内部数据运算所依据的坐标系，一经定义不再改变。为了使同一零件加工程序在不同厂家生产的同类机床上顺利运行，它们的机器坐标系定义必须相同。因此，数控机床机器坐标系的定义必须遵循统一的原则。图 2-2 所示为常用数控机床的机器坐标系方向的定义。

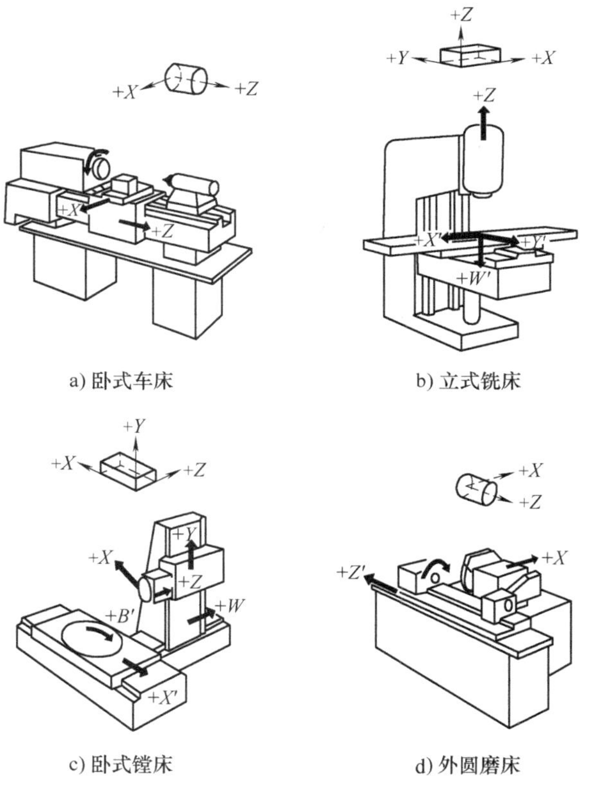

图 2-2　常用数控机床的机器坐标系方向的定义

定义机器坐标系的一般原则：采用右手直角坐标系，*X*、*Y*、*Z* 为移动坐标，*A*、*B*、*C* 分别为绕 *X*、*Y*、*Z* 轴正向转动的旋转坐标。*Z* 轴为平行于机床主轴的坐标轴。对于刀具回转类机床，*X* 轴为水平方向平行于工件装夹平面的坐标轴；对于工件回转类机床，*X* 轴一般为工件径向。一般定义刀具远离工件的方向为坐标轴的正方向。*Y* 轴的方向根

据 X、Z 轴的方向按右手法则确定。实际数控机床的进给运动有的由刀具完成，有的由工作台实现，在定义坐标轴正方向时，一般都假设成刀具在运动。

装有增量检测装置的数控机床开机时，一般都要手动或自动地执行回参考点操作，回参考点的目的就是设定机器坐标系。为了正确地建立机器坐标系，通常在每个坐标轴的移动范围内设置一个参考点，并通过机床参数指定该参考点在机器坐标系中的坐标。进行回参考点操作时，机床工作台自动移动到该参考点处，并将机床参数中的参考点坐标赋予数控装置中相应的当前位置寄存器，操作完成后，就相当于确定了机器坐标系的位置。

机床参考点的设置一般采用微动开关配合反馈元件标记脉冲的方法来完成。通常，光栅尺每 50mm 产生一个标记脉冲，旋转编码器每转产生一个标记脉冲。数控机床回参考点时先沿指定方向向微动开关靠近，压下微动开关后，以慢速向前运动，直到接收到第一个标记脉冲后，再慢速移动到一个定值，这时的位置就是机床参考点的准确位置，知道了参考点的位置，也就知道了该坐标方向的原点位置，如图 2-3 所示。找到了每个方向的原点位置，也就建立起了机器坐标系。因为定义参考点的微动开关位置和参考点坐标值都是由机床生产厂家设计的，所以机器坐标系相当于是机床生产厂家在机床出厂前设置的。

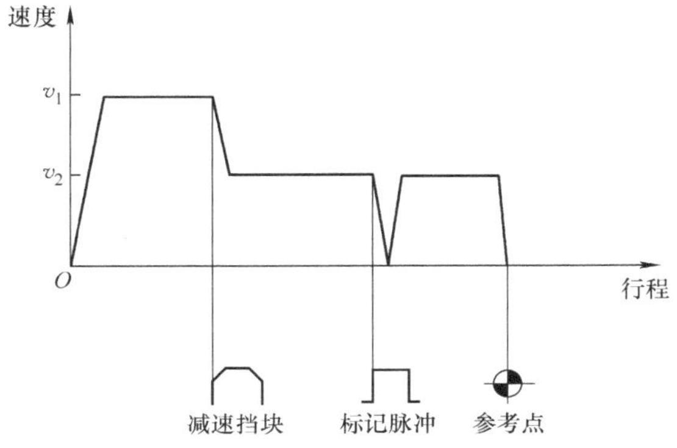

图 2-3　回参考点速度图

回参考点是数控机床的重要功能之一，能否正确地回参考点，将直接影响零件的加工质量。同时，由于数控机床是多刀作业，每一把刀具的刀位点安装位置不可能处于同一坐标点上，因此就需要用刀具补偿值来校正。每一把刀具安装到数控机床上以后，都要输入相应的刀尖位置和刀具长度补偿值。

2. 编程坐标系

在一台机床上加工同样的零件，将零件放在同一机器坐标系中的不同位置时，轮廓上各点的坐标不同，坐标值的计算很不方便。为了编程方便，用户在编写零件加工程序前，应根据需要设置编程坐标系，编程时的坐标计算完全在编程坐标系里进行，加工过程中数控装置自动地将其换算成机器坐标系中的坐标值进行运动控制。合理地选择编程坐标系的位置，可以减少编程计算量，使程序简洁易读。

编程坐标系的坐标轴一般与机器坐标系的相应坐标轴平行，因此，只需定义编程坐标系原点在机器坐标系中的位置。一般可以同时设定六个编程坐标系，分别用 G54 ~ G59 表示，同时要指定其中的一个为当前坐标系，编程时的所有坐标计算都是在当前编程坐标系里进行的。设定编程坐标系和选择当前编程坐标系的指令在不同的数控装置中可能不同，常用的设定编程坐标系的指令有 G92、TRANS（SIEMENS 系统）等，选定当前坐标系的指令是G54 ~ G59。编程坐标系原点的选择要尽量满足使编程简单、尺寸换算少、引起的加工误差小等条件。一般情况下，以坐标标注尺寸的零件，编程原点一般选在尺寸标注的基准点；中心对称零件或平面对称零件的编程原点一般选在对称点或对称线上。对于铣削加工，Z 方向的编程原点一般选在零件的上表面。

为了使编程更加灵活，还可以在编程坐标系里再设定一个局部坐标系，局部坐标系一经设定，在所有的编程坐标系里都有效。设置局部坐标系相当于把所有编程坐标系的原点都偏移了一个距离，设置局部坐标系后，程序中出现的坐标值均为局部坐标系中的坐标值。常用的设定局部坐标系的指令是G52。图2-4所示为机器坐标系、编程坐标系和局部坐标系的关系。

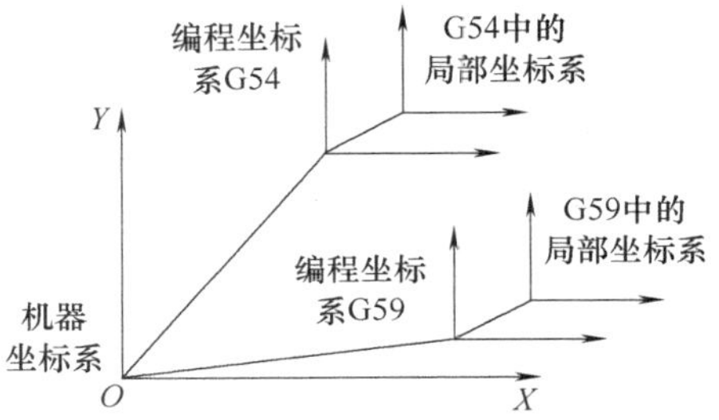

图2-4 机器坐标系、编程坐标系和局部坐标系的关系

2.1.3 数控编程中的数学处理问题

数学处理就是根据被加工零件的几何信息，利用数学方法，得到数控加工所需要的坐标信息的过程。一般情况下，根据零件图所给出的形状、尺寸和公差，直接通过解析几何的方法就可计算出编程所需要的坐标数据。但在一些情况下，按照零件图给出的信息不能直接计算出编程所需要的坐标数据，此时就必须根据所采用的具体工艺方法和机床的条件，对零件图及相关尺寸进行必要的处理和改动，然后才可以进行坐标数据的计算和编程工作。数学处理是数控编程的重要准备工作之一，简单的数学处理可以由手工完成，复杂曲面的数学处理必须借助计算机才能实现。数学处理主要包括以下四方面的内容：

（1）基点坐标的计算　零件轮廓是由许多不同的几何元素，如直线、圆弧、二次曲线等组成的，各几何元素的衔接点称为基点，基点一般是零件加工程序中程序段的起点和终点，是编程中必需的重要数据。例如，在图2-5所示的零件轮廓上，点A、B、C、D、E就是基点。在图示坐标系中，点A、B、D、E的坐标值很容易从零件图上获得，而点C的坐标值则要通过直线BC和圆弧CD的方程联立求交点才能得到。这种简单零件的基点计算已经很麻烦了，可以推断，对于复杂的零件，其基点计算量将非常大。为了提高编程效率，计算机辅助编程是必不可少的。

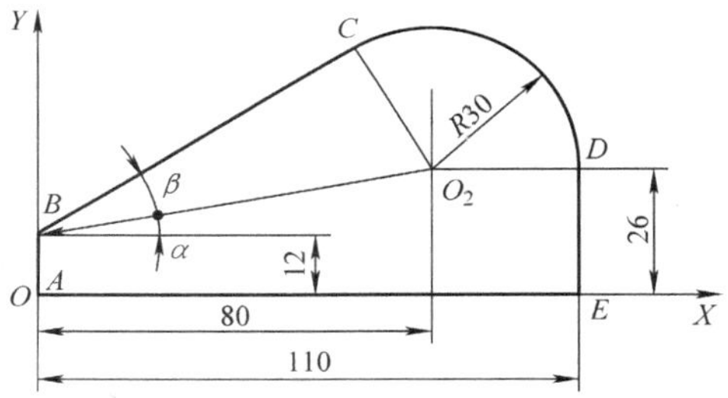

图2-5 零件的基点

（2）非圆曲线的处理　目前，绝大多数数控系统只具有直线和圆弧插补功能，对于那些由渐开线、抛物线或其他非圆曲线构成的轮廓，必须用若干段直线和圆弧去拟合非圆曲线，如图2-6所示。用来拟合非圆曲线的直线或圆弧与原来曲线间的交点称为节点，两相邻节点间的非圆曲线与用来拟合这段非圆曲线的直线或圆弧间的最大距离称为拟合误差。根据所选用数控机床的插补功能，可以选择只用直线或用直线加圆弧去拟合非圆曲线。选择节点的原则是，保证拟合误差小于加工允许的轮廓误差，考虑到工艺系统其他误差的影响，一般可选拟合误差为被加工零件轮廓误差的1/5～1/3。

（3）列表曲线的处理　在实际生产中，还有一些零件的轮廓是通过试验或者测量的方法获得的，这类曲线往往是用一系列离散点的坐标值来表示的，称为列表曲线。图2-7所示就是用列表曲线表示的飞机旋翼测量样板的曲线。列表曲线的特点是曲线上各坐标点之间没

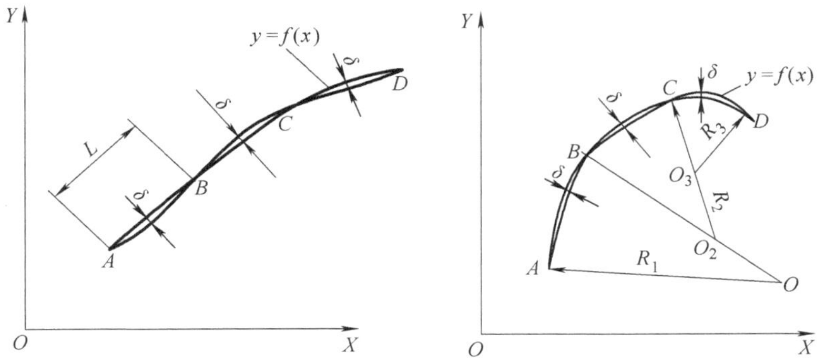

a) 直线逼近曲线　　b) 圆弧逼近曲线

图 2-6　非圆曲线的处理

有确定的连接规律，在加工中往往要求曲线能平滑地通过各坐标点，并满足给定的加工精度。对列表曲线的数学处理通常包括插值、拟合和光顺三个步骤。

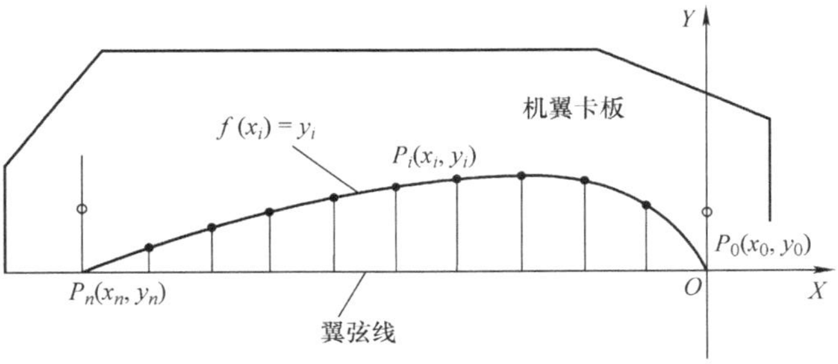

图 2-7　列表曲线的处理

1）插值。设组成列表曲线的离散点坐标值为$[x_i, f(x_i)=y_i]$ $(i=0,1,2,\cdots,n)$，或表达成x_i与y_i对应的数据表，把这种用数据表格形式给出的函数$y=f(x)$称为列表函数。一般情况下，只用直线把这些离散点连接起来所形成的折线满足不了加工精度的要求，这时必须在相邻离散点之间再插入一些中间点，这就是通常所说的“插值”。插值的基本思路是先根据列表函数给出的离散点构造一个简单函数$y=P(x)$，作为列表曲线的近似表达式，然后再计算$P(x)$的值来得到$f(x)$的近似值。常见的插值方法有拉格朗日插值法、牛顿插值法和样条插值法等。

2）拟合。拟合也称逼近，在实际工程中，因实验数据常带有测试误差，前述插值方法若要求所得曲线通过列表曲线上的所有离散点，反而会使曲线保留着一切测试误差，特别是当个别误差较大时，会使插值效果变得很不理想。因此，在解决实际问题时，可以考虑放弃拟合曲线通过所有离散点这一要求，而采用其他方法构造近似曲线，只要求它尽可能反映出所给数据的走势即可。例如，最小二乘法就是寻求使拟合误差的二次方之和达到最小值来对曲线进行近似拟合的。除了最小二乘法之外，目前常用的还有圆弧样条、双圆弧样条和 B 样条等拟合列表曲线的方法。

3）光顺。为了减小物体在流体中运动时受到的阻力，除了一般意义上的光滑连续之外，还要符合流体动力学的要求，这就对用来拟合离散点的拟合曲线提出了更高的要求。光顺的概念在数学上就是要求二阶以上的导数连续。要求连续的导数阶数越高，用来拟合列表曲线的样条函数越复杂，计算量也越大。光顺问题已经成为计算机辅助设计与制造中的专门课题。

上面提到的插值、拟合过程等，在数控加工编程工作中一般均被称为第一次拟合。受数控机床插补控制功能的限制，第一次拟合所得到的结果一般都不能直接用于编程，而必须将这些曲线作为非圆曲线进行第二次拟合，得到逼近样条曲线的直线或圆弧数据。目前，一些高档数控系统已经具有列表曲线插补功能，实际上是将列表曲线的数学处理过程集成到了数控系统中，这是数控技术的发展趋势之一。

（4）复杂曲面的处理　工程中常见的复杂曲面大致分为两类：解析曲面和用离散点表示的列表曲面。解析曲面（如抛物面、椭球面和一部分直纹面）的处理相对简单，对于行切刀路设计，可以先用一系列包含走刀方向的平面去截所要加工的解析曲面，截得的结果是一系列平面的解析曲线，然后按照平面非圆曲线的处理方法，就可以得到直接用于数控编程的直线和圆弧数据，如图 2-8 所示。

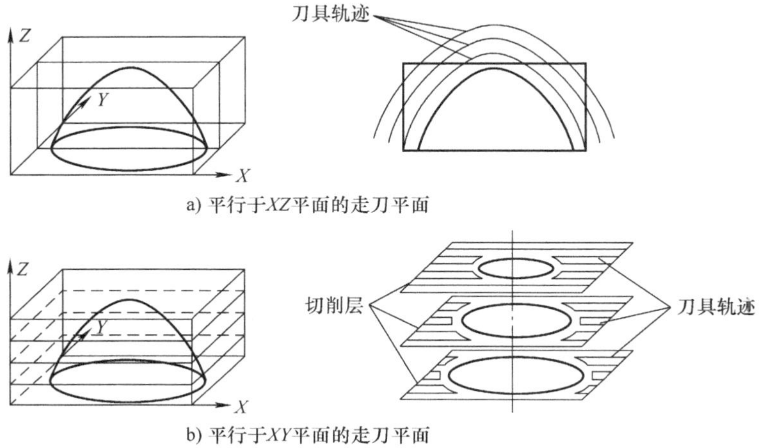

图 2-8　复杂曲面的数学处理

列表曲面的数学处理是最复杂的，其基本思路是：首先用样条曲面对列表曲面进行一次拟合，然后按照走刀路线的设计将样条曲面代之以一系列的样条曲线，再按照样条曲线的处理方法，就可以得到用于编程的直线和圆弧数据。对于五轴加工机床，还要计算曲线上每个节点和基点的法线方向；对于由多个曲面片构成的复杂曲面，还要对曲面片间的衔接部分进行光顺处理，计算量庞大，必须借助计算机才有可能完成。样条曲面和样条曲线的理论和计算方法是 CAD/CAM 系统的重要数学基础，已经超出本书范围，可参考数值计算方法中的样条函数部分。

刀路计算的其他内容，如绝对坐标和增量坐标的换算，在零件轮廓之外还要增加切入和切出段设计，以及进给速度的换算等。这些内容比较简单，不再赘述。

2.1.4　编程中的特征点

特征点是指编程过程中用到的一些有特定意义的坐标点。数控编程中所用到的特征点有程序原点、刀位点、对刀点、起刀点和换刀点。

程序原点是指编程坐标系的原点，程序原点的选择应该尽量和设计基准或工艺基准重合，程序原点可以在工件上，也可以在工件之外。刀位点是指刀具的特征点在加工过程中的位置，因此，刀位点是运动的点，数控系统控制刀具进给运动的过程实际上是控制刀具上的特征点按照一定的顺序经过一系列连续的刀位点的过程。对刀点是指调整刀具时，确定工件和刀具的初始位置时所用的点，对刀点一般是用来设定编程坐标系位置的。起刀点是零件开始加工前，刀具所在的刀位点。起刀点和对刀点可以是同一个点，这时对刀完成后可直接运行零件加工程序；两者也可以是不同的点，这时对刀完成后需要用手动操作的方式将刀具移动到起刀点，然后再运行零件加工程序。换刀点是指零件加工过程中如果需要更换刀具，执行换刀操作时刀具所在的刀位点。

合理地选择对刀点、起刀点和换刀点，是编制零件加工程序时需要考虑的问题之一。对刀点应尽量选在零件的设计基准或工艺基准上，同时应考虑对刀操作和加工过程中检查的方便性。例如，以孔定位的零件一般选孔的中心作为对刀点比较合适；以直线或平面定位的零件，可选择与直线或平面有一定距离的点作为对刀点。对刀点可以选在零件上，也可以选在夹具上。起刀点应尽量和对刀点重合，如果不能重合，可选择尽量接近工件的位置，应该和刀路的切入切出段同时考虑，并沿着零件轮廓的切向切入和切出。换刀点应该尽量和起刀点重合，同时应避免换刀操作时换刀机构或刀具与机床或零件发生干涉。特征点的选择实例如图 2-9 所示。

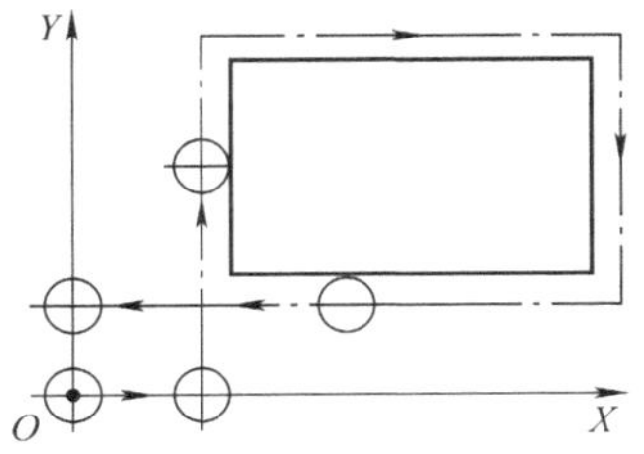

a) 程序原点

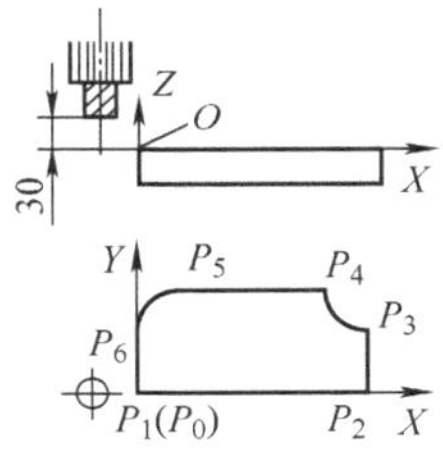

b) 对刀点

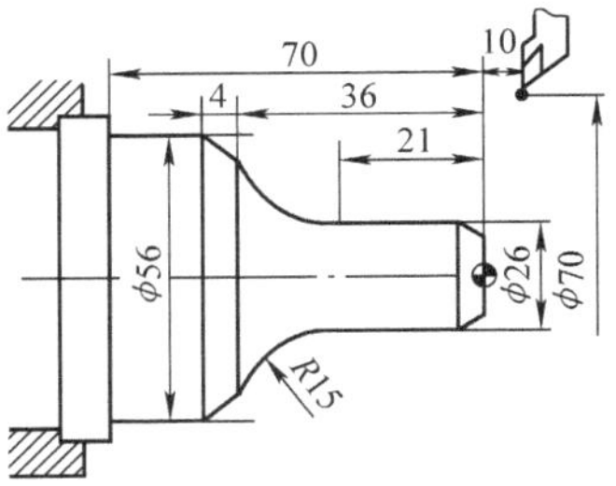

c) 起刀点

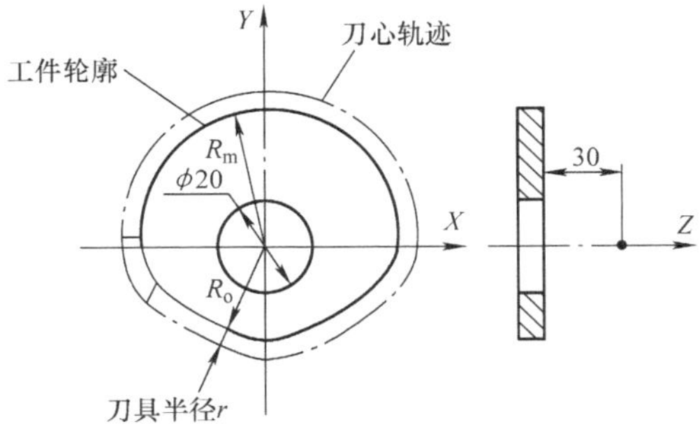

d) 换刀点

图 2-9 加工过程中特征点的选择

2.2 数控加工工艺基础

2.2.1 数控加工工艺设计的特点

工艺设计是对加工方法、加工过程和工艺参数的设计，只有在正确、合理的工艺设计的基础上，才能编制出高水平的零件加工程序。数控加工工艺设计的基本原则和普通机床的加工工艺设计基本相同，如先粗后精原则、先主后次原则、先基准后一般原则及切削用量的选择原则等。但由于数控加工过程是在程序控制下自动进行的，因而又有其特点：

1）数控加工的工序内容比普通机床的工序内容复杂。数控机床一般用于加工复杂程度比较高的零件或完成普通机床上几道工序才能完成的工艺内容，如自由曲面加工、多个表面加工或复合加工。这些加工过程都是在普通机床上难以实现的。

2）需要考虑的工序内容细节更多。数控加工过程是自动进行的，因此，许多在人工操作的普通机床上无须考虑的问题，在数控加工工艺设计时都不能忽略，如工序内工步的安排、对刀点和换刀点的选择、切入切出过程的设计等。

3）工艺文件的内容不同。数控加工工艺文件包括工序卡、刀具调整卡、数控机床调整卡和加工程序单。其中，数控机床调整卡的内容与普通机床调整卡差别较大，而加工程序单是普通机床加工时所没有的。数控机床调整卡中主要增加了输入刀具补偿值和编程坐标系零点设定两部分内容。数控加工程序单中除了加工程序代号外，还应附加所用设备号、对刀点、零件安装位置及选用刀具等方面的说明。

2.2.2 零件的数控加工工艺性

零件的数控加工工艺性是零件设计过程中需要考虑的问题，好的结构设计可以减少编程过程中的数据处理工作量，有助于提高零件的加工精度和效率。下面仅从尺寸标注和结构工艺性两方面简要说明在零件设计阶段如何考虑数控加工的工艺性。详细内容参见机械设计课程的相关内容。

1. 考虑数控加工的尺寸标注

一般来说，在零件图上从同一基准出发标注尺寸并直接标注坐标尺寸有利于数控编程。这种标注方法可以减少编程过程中数据处理的计算量，有利于编程者设定编程坐标系的位置。图2-10所示为这种标注方法的比较。

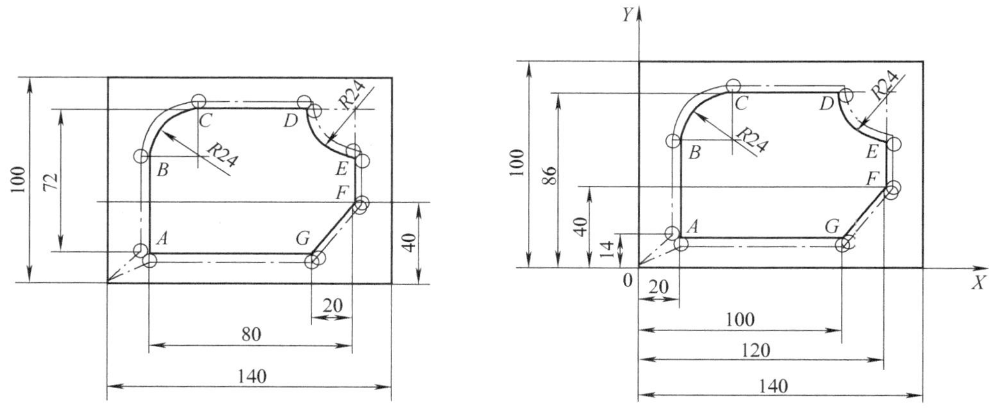

a) 特征尺寸标注方法　　b) 坐标标注方法

图2-10　特征尺寸标注和坐标标注方法

另一方面，构成零件轮廓的几何元素的约束条件应该充分。由于数控编程过程中经常会遇到计算几何元素间的交点或切点的问题，如果图样上给出的条件不充分或互相矛盾，将会使编程者无从下手。

对刀基准是工件上对刀所用的表面，对刀基准的选择和设计，在数控加工过程中十分重要。如果零件本身有合适的孔，则最好用孔做定位基准。如果零件上没有合适的定位孔，有时可以设计专门的工艺孔作为数控加工的基准孔。如果零件上无法做出工艺孔，可以考虑以零件轮廓的基准边定位，或在毛坯上增加定位用的凸台等结构，待加工完成后再将其去除。

2. 加工部位的结构工艺性

零件内槽的圆角大小决定着刀具直径的大小，因而内槽圆角半径 R 不应过小，且应尽量一致，以减少刀具的数量，并可以采用大直径的立铣刀加工。一般内槽圆角半径以大于铣刀切削高度 H 的 20% 为宜，如图 2-11a 所示。

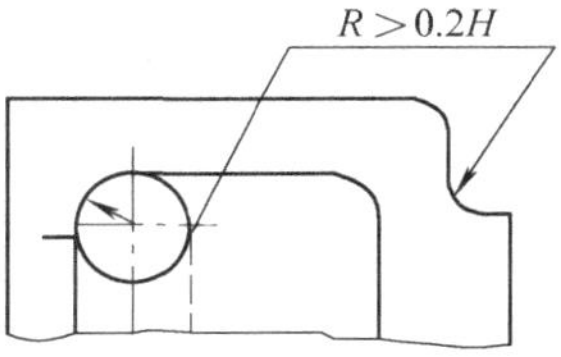

a) 内槽圆角

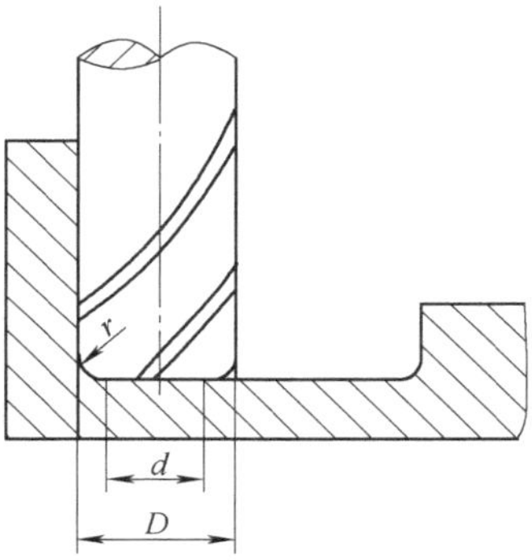

b) 底面圆角

图 2-11 零件的结构工艺性

铣削零件底面时，槽底圆角半径 r 不宜过大。因为工件底部圆角 r 越大，立铣刀相应的圆角也越大，立铣刀端面刃铣削平面的能力就越差，效率也越低。当 r 大到一定程度时，必须用球头铣刀加工，如图 2-11b 所示。另外，零件设计中应尽量避免薄壁结构，以减少加工过程中零件的变形，尽量减少必须用五坐标联动加工的曲面，以降低加工成本。

数控加工过程是由计算机自动控制的，可以加工出手工控制时很难加工出的结构特征。例如加工螺纹时，为了退刀方便，通常会在螺纹的一端设计出退刀槽，这主要是考虑在普通机床上加工螺纹时，主轴的停止需要一定的时间，人工控制的径向退刀也需要有一定的反应时间。退刀槽结构的副作用就是机械零件的强度特别是疲劳强度受到削弱，而数控机床可以精确地控制主轴转速和退刀速度，使用螺纹加工固定循环指令，还可以实现斜线方向退刀，使螺纹深度逐渐变小，大大减轻了应力集中现象。图 2-12 所示为两种方法加工出的螺纹的比较。数控加工的最大特色是可以加工复杂曲面，因此设计零件时，可以根据零件的功能要求设计各种复杂曲面结构而较少受到加工方法的限制。

2.2.3 加工方案的设计

加工方案的设计包括机床的选择、刀具的选择、切削用量的选择、夹具及装夹方法的选择几方面内容。

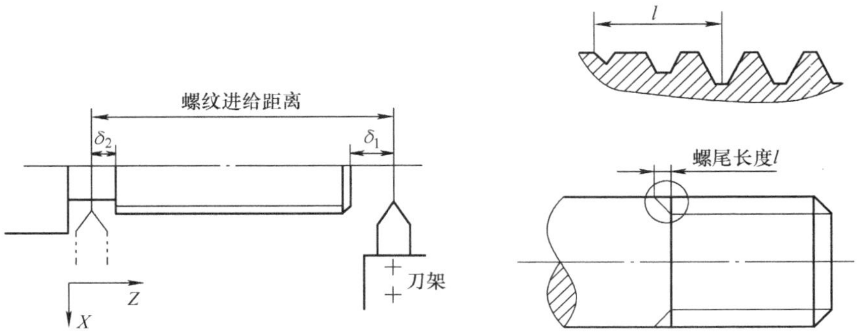

a) 带退刀槽的螺纹　　b) 不带退刀槽的螺纹

图 2-12　两种方法加工出的螺纹的比较

选择机床时考虑的主要因素有零件毛坯的材料和性能、零件的轮廓形状和复杂程度、尺寸大小、加工精度、零件数量、热处理要求等。机床的选用要满足以下几方面要求：①保证零件的加工精度和技术要求；②较高的生产率；③较低的生产成本。

刀具应依据机床的加工能力、工件材料的切削加工性能、工序内容、切削用量等因素选择，选择的原则是适用、安全、经济。适用是指所选择的刀具应能完成工序要求的加工内容，例如，粗加工时要求快速去除余量，形状精度不必太高，可选较大尺寸的刀具；精加工时要求准确加工出每个细微结构，应选小尺寸的刀具。安全是指去除材料的同时，刀具不会产生碰撞、折断等情况。经济是指应能以最低成本完成加工内容，这里的最低成本并非指最便宜的刀具，而是综合考虑生产率、刀具寿命和刀具价格后的综合成本。除此之外，选择刀具时还要考虑到刀柄的安装形式和规格。

合理地选择切削用量对于发挥数控机床的效益至关重要。选择切削用量的原则是：粗加工时，一般以提高生产率为主，兼顾经济性和加工成本；半精加工和精加工时，应在保证加工质量的前提下，兼顾切削效率、经济性和加工成本。切削用量包括切削速度、进给量和背吃刀量三个要素，根据加工要求选择好切削用量后，要换算成数控机床指定的主轴转速、进给速度等编程所需要的数据。选择切削用量的参考材料除了机床说明书、刀具说明书、切削用量手册外，编程者的经验也是很重要的依据。

夹具及装夹方法应根据机床能够提供的装夹方式和工件毛坯的情况适当选择。

2.2.4　走刀路线的确定

走刀路线是刀具在加工过程中相对于工件的运动轨迹，是编写零件加工程序的重要依据之一。确定走刀路线时最好画一张工序简图，将已经拟定出的走刀路线画上去（包括进刀、退刀路线），这样可为编写程序带来不少方便。

在机械加工过程中，工序是指在同一地点或同一台设备上连续完成的工艺过程，一道工序中可能包含一个以上的工步。工步是指用同一把切削刀具，对同一工件表面所进行的加工过程，一个工步又可分为若干次走刀，每次走刀切削用量不变，刀具连续进给一次。严格地说，走刀路线是指在一次走刀过程中刀具相对于工件的运动轨迹。关于工序设计的详细内容，可参考“机械制造工艺学”中的工艺规程制定部分，本节只介绍数控编程过程中，设计刀具走刀路线时所遵循的一些基本原则。

1. 应能保证零件的加工精度和表面粗糙度要求

如图2-13a所示，铣削平面零件外轮廓时，一般采用立铣刀侧刃切削。刀具切入零件时，应避免沿零件外廓的法向切入，而应沿外廓曲线延长线方向或切线方向切入，以避免在切入处产生切痕而影响表面质量，保证零件外廓曲线平滑过渡。同理，在切离零件时，也应避免在零件轮廓处直接退刀，而应该沿零件延长线的切向逐渐切离零件。

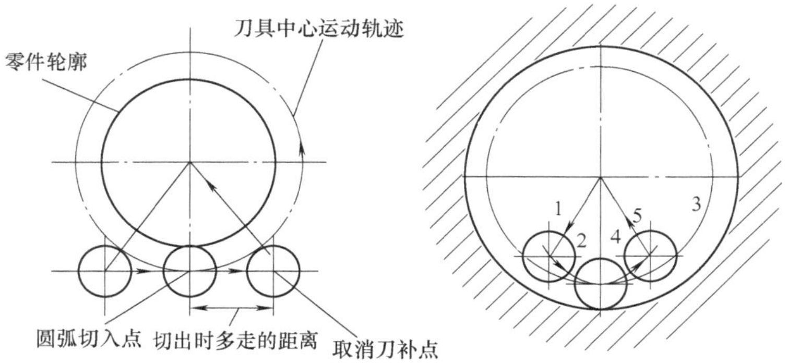

a) 外轮廓　　b) 内轮廓

图2-13　曲线轮廓的切入和切出

铣削封闭的内轮廓表面时，若内轮廓曲线允许外延，则应沿延长线方向切入切出。若内轮廓曲线不允许外延，如图2-13b所示，刀具的切入切出点应尽量选在内轮廓曲线两几何元素的交点处，或沿着内轮廓的内切圆切入切出。

车削曲面时，常用车刀以行切法进行加工。所谓行切法是指刀具运行轨迹的主体是平行直线段，如图2-14a所示，而行间的距离是按零件加工精度的要求确定的。

对于边界敞开的曲面的加工，可采用两种走刀路线。当圆柱表面是直纹面，采用图2-14b中沿素线方向进给的加工方案时，每次沿直线加工，刀位点计算简单，程序少，加工过程符合直纹面的形成原理，可以准确地保证素线的直线度。当采用图2-14b中沿圆周方向进给的加工方案时，符合这类零件数据给出情况，便于加工后检验，叶形的准确度较高，但程序内容较多。由于曲面零件的边界是敞开的，没有其他表面限制，因此边界曲面可以延伸，应由边界外开始加工。

图2-15a、b所示分别为行切法和环切法加工凹槽时的走刀路线，而

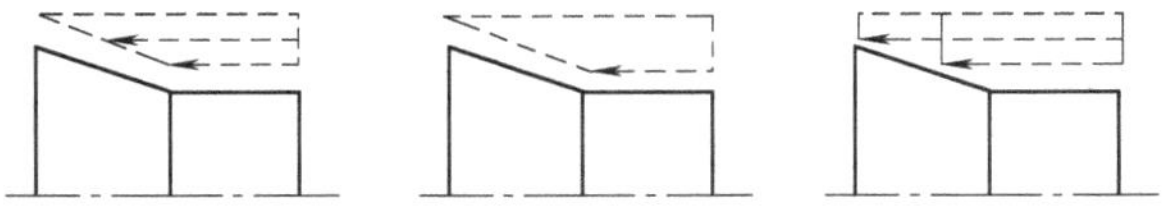

a) 车削走刀路线设计

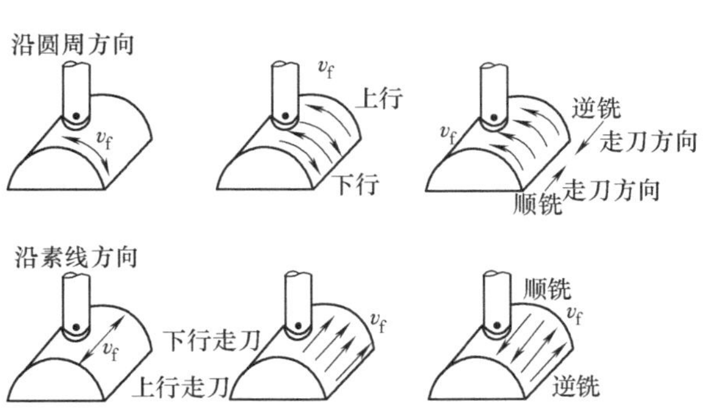

b) 直纹面铣削走刀路线设计

图2-14　直纹面行切加工

图 2-15c所示为先用行切法，最后环切一刀光整轮廓表面。三种方案中，图 2-15a 所示方案的加工表面质量最差，在周边留有大量余量；图 2-15b、c 所示方案加工后均能保证精度，但图 2-15b 所示方案采用环切法，走刀路线稍长，而且编程计算工作量大。

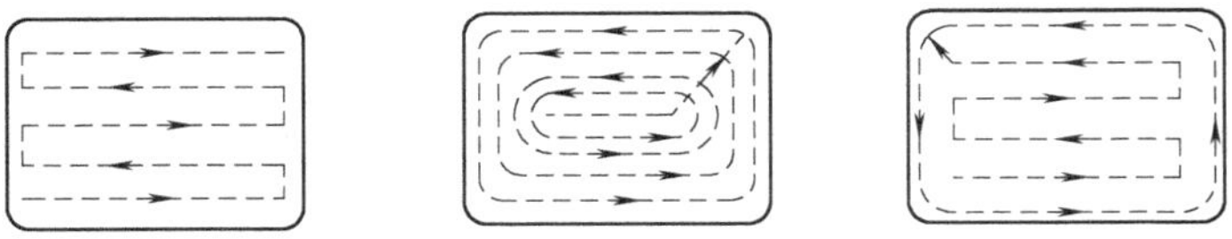

a) 行切　　b) 环切　　c) 复合切削

图 2-15　凹槽的加工

此外，轮廓加工中应避免进给停顿。因为加工过程中的切削力的变化会使工艺系统产生弹性变形，正常切削时，切削力和工艺系统的弹性变形抗力处于平衡状态；进给停顿时，切削力突然减小会改变系统的平衡状态，刀具会在进给停顿处的零件轮廓上留下切痕。

为提高工件表面的形状精度和减小表面粗糙度值，可以采用多次走刀的方法，精加工余量一般以 0.2 ~ 0.5mm 为宜。而且精铣时宜采用顺铣，以降低零件加工表面的表面粗糙度值。

2. 应使走刀路线最短，减少刀具空行程时间，提高加工效率

图 2-16 所示是正确选择钻孔走刀路线的例子。按照一般习惯，总是先加工均布于同一圆周上的八个孔，再加工另一圆周上的孔，如图 2-16a 所示。但是，对点位控制的数控机床而言，要求定位精度高，定位速度尽可能快，因此这类机床应按空行程最短来安排走刀路线，如图 2-16b 所示，以节省时间。

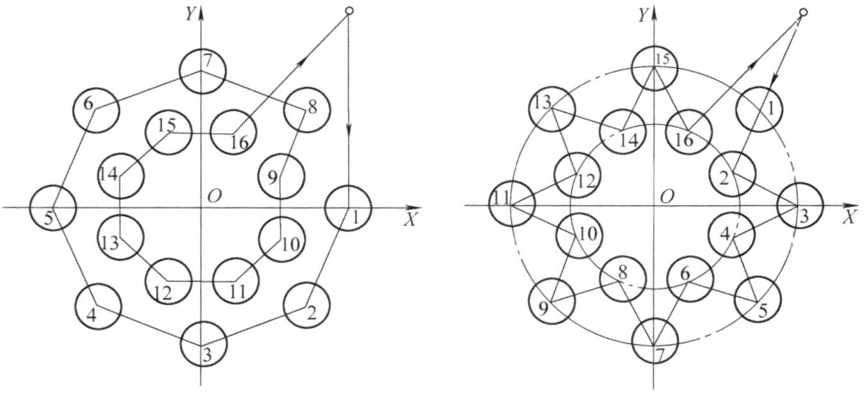

a) 走刀路线1　　b) 走刀路线2

图 2-16　钻孔时的走刀路线

2.2.5　数控代码的检验

1. 检验数控代码的目的和方法

不管是手工编程还是自动编程，都不能保证写出的代码完全正确，如果程序中有错误，在自动运行的过程中会出现不可预测的后果。因此，对编程产生的数控代码，在实际加工前一定要进行检验。检验数控加工程序的方法通常有以下三种：

1）在具有图形仿真功能的数控机床上模拟运行，在显示器上观察刀具运行轨迹，该法简单易行。

2）试切。即用尼龙、石蜡等易切削材料，以较高的进给速度进行加工，检测试切件以确认程序的正确性。

3）利用专门的数控加工仿真软件或CAM系统自带的仿真模块对数控代码进行检验。

利用仿真软件进行数控代码的检验是切实可行的方法，一个完整的数控加工仿真软件系统应包括以下功能：

① 数控代码的翻译和检查。

② 毛坯和零件图形的输入和显示。

③ 刀具的定义和图形显示。

④ 刀具运动及余量去除过程的动态图形显示。

⑤ 刀具碰撞及干涉检查。

⑥ 仿真结果报告。

2. 车削仿真

车削属于二维加工，所以车削仿真也可以在二维环境中进行。通常在数控车床系统中都集成了在线加工仿真功能，图2-17a所示是某数控车床加工仿真功能示意图。该系统在不产生真实的刀具进给运动的情况下，计算刀位点的运动轨迹，并显示在屏幕上，操作者可借此判断工件轮廓是否与零件图中所给定的轮廓形状一致。当然，这种判断只能是一种定性的判断，目的是判断车削过程中是否会产生严重的干涉情况。至于工件的尺寸误差是否在规定的公差范围内，还要对加工出的零件进行测量后才能确定。

3. 铣削仿真

铣削是三维加工，铣削加工仿真在模型复杂程度、运算速度要求、图形显示要求等方面都远远高于车削。数控铣床上一般也都采用线框模型显示加工刀路，图2-17b所示是某数控铣床的加工刀路仿真功能图形。图中①是刀路中切入段与切削部分的过渡；②是刀路上两条直线间的过渡，在刀路中采用圆弧过渡的方法有助于提高切削过程的稳定性。

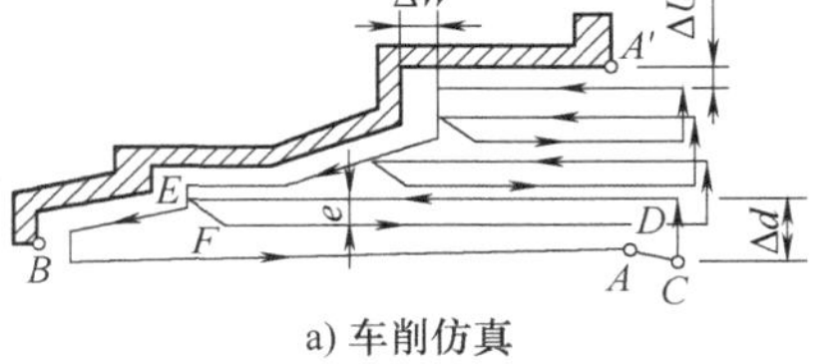

a) 车削仿真

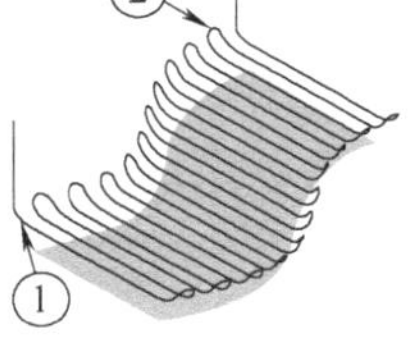

b) 铣削仿真

图2-17　车削和铣削加工的在线仿真

4. 数控加工的在线实时仿真

数控加工过程中，操作者需要经常观察加工状态，以决定下一步的操作。但现代数控机床多为封闭式结构，且加工过程中一般需要浇注切削液，因此操作者很难直接观察到加工情况，需要观察的时候不得不停机。而加工过程中经常停机不仅会影响加工效率，还会在工件表面上留下痕迹，影响工件表面质量。如果数控系统能够以实时动态仿真的方式，在屏幕上显示加工过程的实况，则会给数控机床的操作带来极大的方便。

图 2-18 所示为某数控凸轮磨床系统中在线实时仿真功能的图形界面。该系统是在 Windows 操作系统下，基于 OpenGL 开发的。该方法使操作者可以在数控系统的显示器上观察到与实际加工过程一致的模拟加工过程，不必经常停机观察，减少了辅助时间。

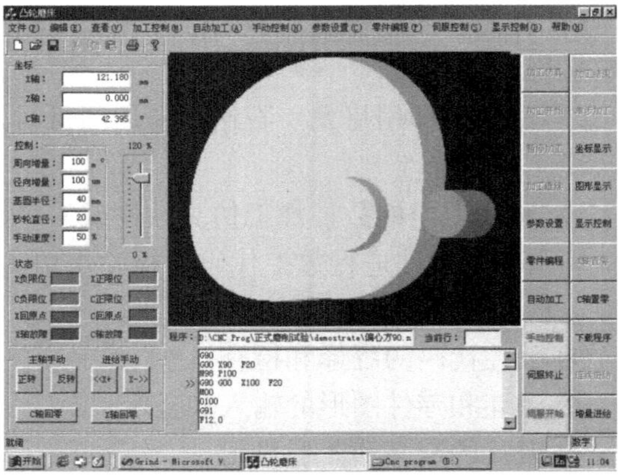

图 2-18　数控凸轮磨床在线实时仿真功能的图形界面

目前，数控代码的检验还有两个问题未得到解决：一是还无法精确地预测工件的尺寸，二是还不能检测除了刀具之外的机床运动部件与固定部件间的干涉。这些问题的解决还有赖于数控加工的物理仿真技术的研究，以及高效率的运动实体干涉检验方法的开发。

2.3　数控加工指令

零件加工程序是以行（也称段）为单位的，每一行由若干个字组成。字是基本的指令单位，由一个英文字母和后面的数字组成，该英文字母称为字地址。常用的字地址有 G、M、F、S、X、Y、Z、A、B、C 等。以 G 为字地址的指令称为准备功能指令，其基本含义是通知数控机床，为插补运算做好准备；以 M 为字地址的指令称为辅助功能指令，其用途是控制除插补运算之外的辅助功能，如主轴的起停、切削液的开关等；以 F 为字地址的指令是进给速度指令，用于指定刀具的进给运动速度；以 S 为字地址的指令为主轴速度指令，用于指定主轴转速。以 X、Y、Z、A、B、C 为字地址的指令一般为坐标字，用于指定坐标值。

一个数控系统能够识别和执行的全部数控代码的集合，称为该数控系统的指令系统，不同数控系统的指令系统既有相同的部分也有不同的部分。为了方便学习数控编程，表 2-1 和表 2-2 列出了其中相同的部分，本书也尽量使用这两张表中的内容。读者自己设计数控指令系统时，应该优先选用表中的指令，以提高系统的通用性；使用数控系统时，应以所用机床编程手册中定义的指令系统为准。本节仅就其中功能比较一致的常用指令做简要介绍。建议读者对常用数控指令有一定的了解后，再通过下节的编程实例进一步掌握数控代码的使用方法。

表 2-1　常用准备功能字的含义

G 功能字	FANUC 系统	SIEMENS 系统
G00	快速点定位	快速点定位
G01	直线插补	直线插补
G02	顺时针圆弧插补	顺时针圆弧插补
G03	逆时针圆弧插补	逆时针圆弧插补
G04	暂停	暂停
G05		通过中间点的圆弧插补

（续）

G 功能字	FANUC 系统	SIEMENS 系统
G17	*XY* 平面选择	*XY* 平面选择
G18	*ZX* 平面选择	*ZX* 平面选择
G19	*YZ* 平面选择	*YZ* 平面选择
G28	通过中间点回参考点	
G32	螺纹切削	
G33		恒螺距螺纹切削
G40	刀具补偿注销	刀具补偿注销
G41	刀具半径补偿（左）	刀具半径补偿（左）
G42	刀具半径补偿（右）	刀具半径补偿（右）
G43	刀具长度补偿（正）	
G44	刀具长度补偿（负）	
G49	刀具长度补偿注销	
G50	主轴最高转速限制	
G54 ~ G59	加工坐标系设定	加工坐标系设定
G65	用户宏指令	
G70	精加工循环	英制
G71	外圆粗切循环	米制
G72	端面粗切循环	
G73	封闭切削循环	
G74	深孔钻削循环	
G75	外径切槽循环	
G80	撤销固定循环	撤销固定循环
G81	定点钻孔循环	固定循环
G90	绝对坐标编程	绝对坐标编程
G91	增量坐标编程	增量坐标编程
G94	每分钟进给量	直线进给率
G95	每转进给量	旋转进给率
G96	恒线速度控制	恒线速度切削
G97	恒线速度控制取消	注销恒线速度切削
G98	返回起始平面	
G99	返回 *R* 平面	

表 2-2　常用辅助功能字的含义

M 功能字	含义	M 功能字	含义
M00	程序暂停	M07	2 号切削液开
M01	选择性程序停止	M08	1 号切削液开
M02	程序终止	M09	切削液关
M03	主轴正转	M30	程序停止并返回开始处
M04	主轴反转	M98	调用子程序
M05	主轴停止	M99	子程序返回
M06	换刀		

2.3.1 常用准备功能指令

准备功能指令由字地址 G 和其后的两位数字组成，从 G00 ~ G99 共有 100 种。该指令的作用主要是指定数控机床的运动方式，为数控系统的插补运算做好准备。G 指令分为模态指令和非模态指令两类，非模态指令只在该指令所出现的程序行中有效；而模态指令一经使用，将持续有效，其功能一直保持到被同一模态组的其他指令取代为止。下面介绍常用的 G 指令。

1. 快速点定位指令 G00

该指令命令刀具以点位控制方式和快速进给速度，从当前位置移动到目标位置。因为它只是快速定位，所以对运动轨迹没有要求。其运动轨迹按照数控系统设定的方式运行，图 2-19所示为从起点 *A* 到终点 *B* 的三种可能路径。G00 指令的使用方法为：

G00 X __ Y __；

其中，X、Y 给定终点坐标。

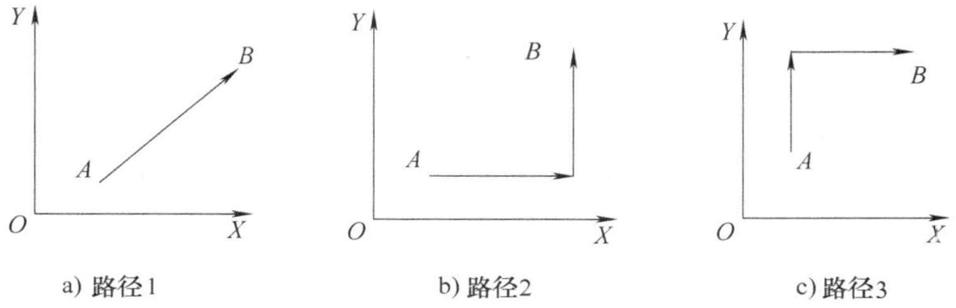

图 2-19 G00 指令的运动轨迹

2. 直线插补指令 G01

该指令用于产生直线运动，命令刀具以程序指定的进给速度，从当前位置开始，沿直线轨迹移动到目标位置。G01 产生的平面运动轨迹相当于图 2-19a 中的路径。G01 指令的使用方法为：

G01 X __ Y __ F __；

其中，X、Y 给定终点坐标；F 给定进给运动速度。

3. 圆弧插补指令 G02、G03

该指令命令刀具在指定坐标平面内，以程序指定的进给速度，沿圆弧轨迹进给到终点位置。G02 为顺时针圆弧插补指令，G03 为逆时针圆弧插补指令。使用圆弧插补指令前，必须使用平面选择指令，指定插补运动平面。圆弧插补指令的运动轨迹如图 2-20所示。指令的使用方法为：

G02（G03）X __ Y __ I __ J __ F __；

其中，X、Y 给定圆弧终点的坐标；I、J 给定圆心相对于圆弧起点的坐标增量；F 给定进给运动速度。圆弧方向以逆着编程坐标第三根坐标轴的方向看去所判别的顺逆方向

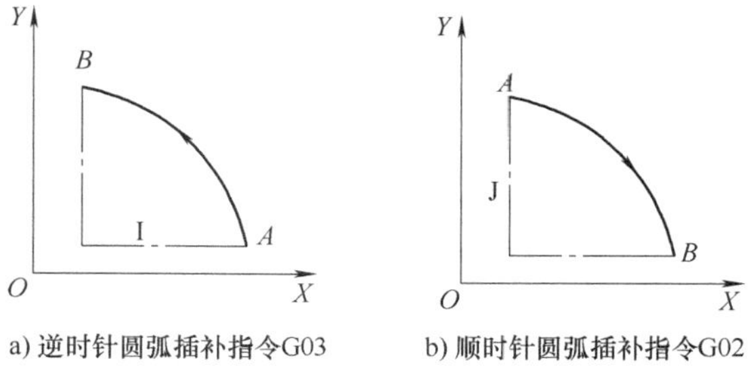

图 2-20 圆弧插补指令的运动轨迹

为准。

4. 暂停指令 G04

G04 指令用于暂时停止刀具的进给运动，不影响主轴的转动。暂停指令可用于下述情况：在棱角加工中，保证棱角尖锐；在不通孔加工中，保证孔深尺寸准确；在车床上倒角或钻中心孔时，保证加工表面平整。G04 指令的使用方法为：

G04 P __；

其中，P 给定暂停时间，单位是 ms。

5. 圆弧插补平面选择指令 G17、G18、G19

G02 和 G03 指定的圆弧插补，只能在平行于某一个坐标平面的平面内进行，G17、G18 和 G19 指令分别指定平行于 *XY*、*ZX* 和 *YZ* 坐标平面为圆弧插补平面，通常默认值为 G17。在其他平面内进行圆弧插补时，必须在圆弧插补指令前使用相应的插补平面选择指令。

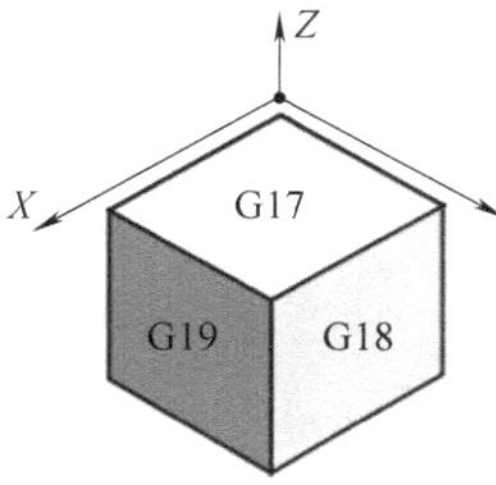

a) 对圆弧插补的影响

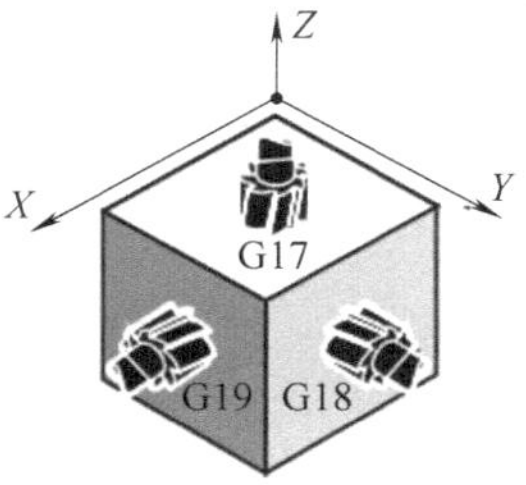

b) 对刀具补偿功能的影响

图 2-21　插补平面选择指令的定义

另外，这组指令也会影响到数控系统的刀具补偿功能，因此在使用刀具补偿指令前也必须指定插补平面。使用这组指令后，刀具的半径补偿只能在所选坐标面内进行，刀具的长度补偿只能在与所选坐标面垂直的方向进行。这三个指令所对应的坐标面如图 2-21 所示。

6. 刀具半径补偿指令 G40、G41、G42

具有刀具半径补偿功能的数控装置为程序编制提供了方便。编程时，不需要计算刀具中心的轨迹，只要按零件轮廓编程，在程序中加入刀具半径补偿指令，并在控制面板上利用刀具拨码盘或键盘输入刀具半径值，数控装置便能自动地计算出刀具中心轨迹，并控制刀具，按照刀具中心轨迹运动。刀具磨损或重磨后，半径将变小，只需输入改变后的刀具半径，而不必修改零件加工程序。G41 表示左刀补，G42 表示右刀补，G40 表示撤销刀补功能。使用刀补指令后，刀心运动轨迹的变化如图 2-22 所示。

刀具半径补偿指令 G40、G41、G42 一般出现在切入和切出程序段，并且只能和直线插补指令 G00 或 G01 配合使用。刀具半径补偿指令 G42 对切入过程中刀心轨迹的影响如图 2-23所示，G40 指令对切出过程的影响如图 2-24 所示。半径补偿值一般由刀具参数指定，在不同的数控系统中有不同的指定方法。

7. 刀具长度补偿指令 G43、G44

G43、G44 用于补偿刀具长度的变化。具体补偿方法是在程序执行过程中，在刀具轴线方向加上或减去一个补偿值。刀具的半径补偿值和长度补偿值应在程序运行前，以刀具参数的形式保存在系统中。

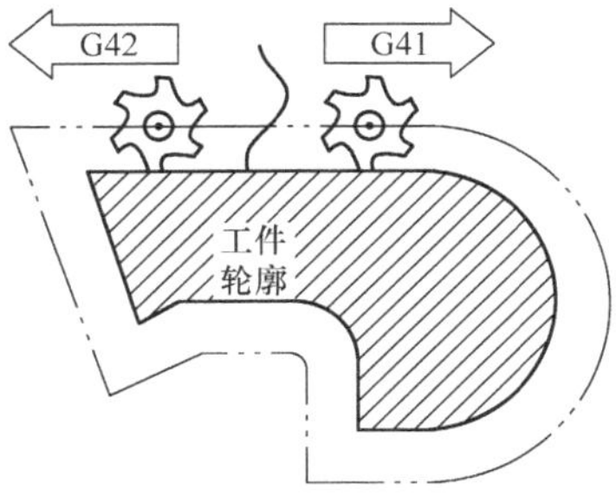

图 2-22　刀具的半径补偿

8. 设定当前编程坐标系指令 G54 ~ G59

这组指令将六个编程坐标系之一指定为当前坐标系，

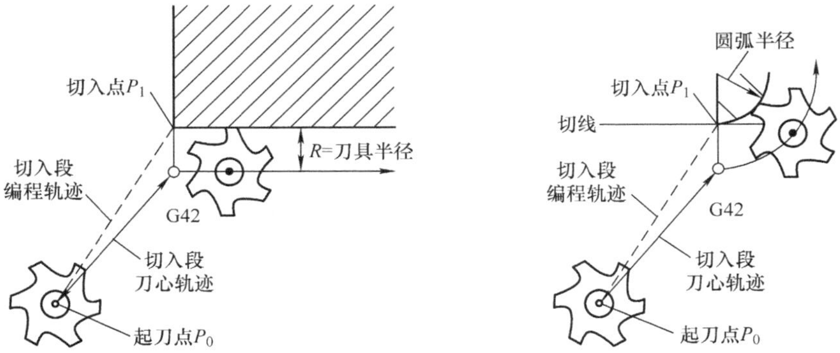

a) 直线轮廓　　b) 圆弧轮廓

图 2-23　半径补偿功能对切入过程的影响

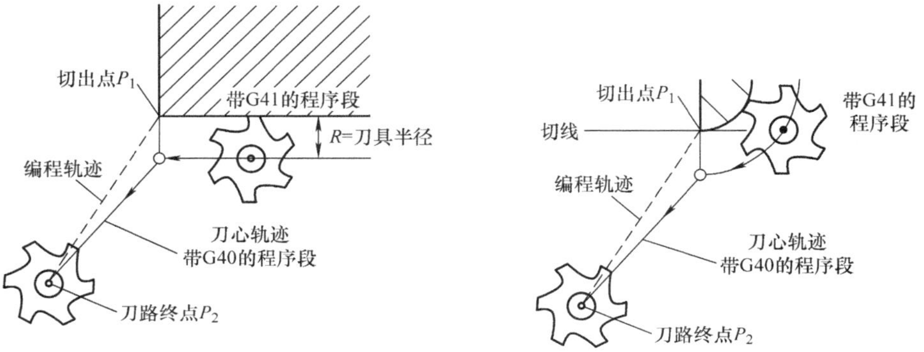

a) 直线轮廓　　b) 圆弧轮廓

图 2-24　半径补偿功能对切出过程的影响

在其后出现的所有坐标值均为当前坐标系中的坐标。该指令也用于设定编程坐标系的位置。编程坐标系的设置为编程带来了极大的方便。如图 2-25 所示，在长方形工件上钻一个孔，不管这个工件放在工作台上的什么位置，被加工孔在编程坐标系中的坐标值都是相同的，因此可以用同一段程序加工。只要在工件装到机床工作台上之后，将编程坐标系的位置告诉数控机床就可以了。确定编程坐标系位置的操作，在数控加工技术中称为“对刀”。对刀操作是数控机床操作者应掌握的基本技能之一。

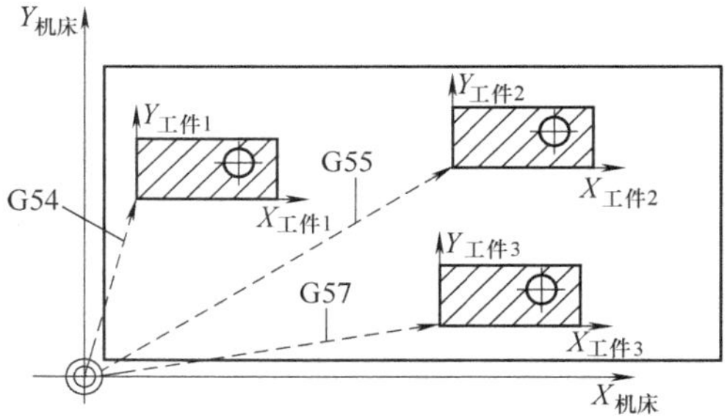

图 2-25　编程坐标系的设置

9. 绝对坐标及增量坐标编程指令 G90、G91

G90 表示其后程序段中出现的所有坐标值均为绝对坐标，G91 则表示其后程序段中的坐标值均为增量坐标。绝对坐标是以当前坐标系的原点为基准的坐标值，而增量坐标是以上一个程序段终点为基准的坐标值。绝对坐标和增量坐标的意义如图 2-26 所示。假设刀具的当前位置在 A 点，以下两段代码的功能是一样的：

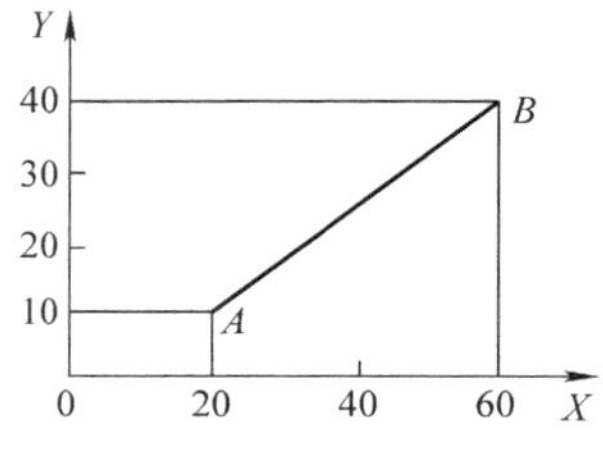

图 2-26　绝对坐标和增量坐标的意义

G00 G90 X60.0 Y40.0;

G00 G91 X40.0 Y30.0;

10. 设置坐标值指令 G92

设置刀具当前位置的坐标值，不产生运动。该指令通常用于建立编程坐标系。建立编程坐标系的功能也可以用 G54 ~ G59 来实现，有些数控系统中，该功能用另外的形式指定，例如在 SIEMENS 系统中，该功能的指令为 TRANS。

2.3.2 常用辅助功能指令

辅助功能也称 M 功能，它是用来控制机床辅助动作及状态的指令。辅助功能的代码因机床生产厂家及机床结构的差异和规格的不同而有较大的差别，因此，编程人员必须熟悉具体机床的 M 代码。这里介绍一些常用的辅助功能指令。

1. 程序停止指令 M00、M01 和 M02

这三个指令的功能都是停止程序的运行。它们的区别在于：数控系统在执行 M00 所出现的程序段后，自动停止主轴、切削液，停止程序编译，但程序指针仍停止在当前位置上。再按运行键时，程序从断点处继续运行。

M01 是选择性停止，只有在选择停止有效时，程序中的 M01 指令才会起作用，选择停止有效时，M01 和 M00 指令的效果完全一样。选择停止是否有效可以通过 MDI 方式给定。M01 指令一般用于程序调试过程。

M02 表示零件加工已完成，一般用于程序末尾。数控装置执行完 M02 所在的程序段后，除自动停止主轴、切削液外，还会把程序指针移动到程序的起始位置上，准备下一个零件的加工。

2. 主轴控制指令 M03、M04 和 M05

M03、M04 和 M05 分别用于控制机床主轴的正转、反转和停止。这三个指令相当于普通机床上的三个主轴控制按钮。

3. 换刀指令 M06

对于手动换刀机床，系统遇到 M06 指令时停止加工，显示待换的刀号，待操作者换好刀具，按下继续加工按钮后，程序从断点处重新开始运行。对于自动换刀机床，机床的动作顺序是停止加工、自动换刀、恢复加工。

4. 切削液控制指令 M07、M08 和 M09

有些数控机床上装有浇注冷却和喷雾冷却两套冷却系统，M07 和 M08 指令分别用来打开两套不同的冷却系统，M09 指令用于关闭所有打开的冷却系统。对于装有两套以上冷却系统的机床，会有多个打开切削液的指令。

5. 锁紧和松开指令 M10 和 M11

M10 和 M11 用于机床上滑座、工件、夹具、主轴等部件的锁紧和松开。

6. 主轴定向停止指令 M19

该指令使主轴停止在预定的角位置上，它主要用在镗孔加工的退刀之前，或自动换刀装置换刀时。

7. 子程序调用指令 M98 和 M99

M98 指令用于子程序调用，M99 指令用于从子程序返回。

其他辅助功能指令可参照具体机床的编程手册。

2.3.3 固定循环指令

机械加工过程中，经常会遇到一些典型化的加工过程。例如，钻孔、扩孔的动作顺序是：孔中心的平面定位、快速引进、工作进给、快速退回；车床上加工圆柱面的动作顺序是：快速进给到指定径向位置、轴向工作进给、径向退刀、轴向快速退刀。对于这些典型化的加工动作，数控装置中存储了预先编好的程序，使用时用包含G代码的一个程序段调用预先存储的一组动作即可，从而简化了编程工作。像这样能代表一个预先存储的动作序列的数控代码，称为固定循环指令。说明：本节指令动作循环图中的虚线表示快速进给，实线表示切削进给。

1. 钻镗类固定循环指令

钻镗类固定循环是最常用的一类固定循环，其中钻孔循环通常由下述六个基本动作组成（见图2-27）：刀具快速定位到孔的中心位置→刀具沿轴线快速进给到R点（参考点）→钻孔加工→在孔底短暂停留→快速退回到R点→快速返回初始点。固定循环中孔深的坐标表达形式可以是绝对坐标（G90）或增量坐标（G91），如图2-28所示。固定循环的程序格式包括数据形式、返回点位置、孔加工方式、孔位置数据、孔深数据和循环次数。数据形式（G90或G91）在调用固定循环之前就已经指定，因此在固定循环程序格式中可不写。使用固定循环的一般格式如下：

G__ G__ X__ Y__ Z__ R__ Q__ P__ F__ L__;

其中，第一个G代码为指定返回点位置的指令G98或G99，G98为返回初始平面，G99为返回R点所在平面；第二个G代码为孔加工方式，可以是G73、G74、G76和G81～G89中的任何一个；X、Y为孔的中心位置坐标；Z为R点到孔底的距离（G91时），或孔底坐标（G90时）；R为R点的坐标值（G90时），或初始点到R点的距离（G91时）；Q指定每次进给的深度（G73或G83时），或指定刀具位移增量（G76或G78时）；P指定刀具在孔底的暂停时间；F指定切削进给速度；L指定固定循环的重复次数。G73、G74、G76、G81～G89、Z、R、P、F、Q都是模态指令，G80、G01～G03等代码可以取消固定循环。现对常用的几个孔加工固定循环指令介绍如下。

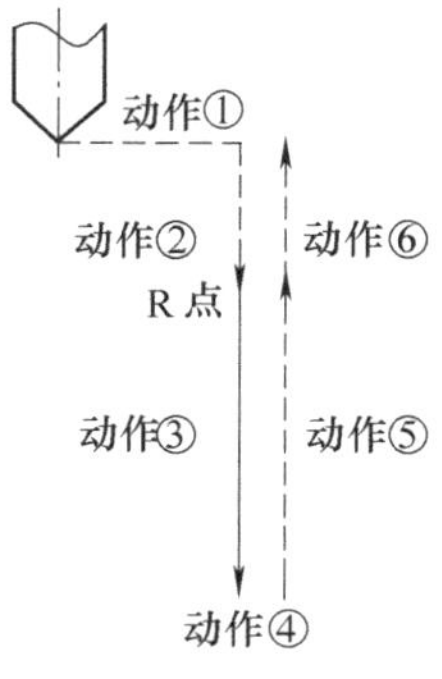

图2-27 固定循环动作

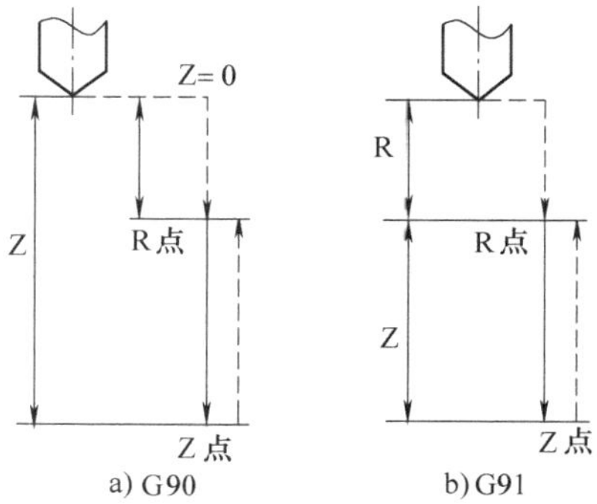

图2-28 固定循环的数据形式

（1）高速深孔加工循环指令G73 G73指令的动作循环如图2-29所示，这里的深孔是指钻孔过程中需要增加断屑和排屑动作的孔。该固定循环的特点是 Z 轴多次进给，形成深孔加工时的排屑动作，减少刀具磨损，提高加工效率。q 值为每次进给的深度，d 指定每次进给后的退刀距离。退刀用快进速度，和 G98 同时使用时，加工结束后，刀具返回初始平面；和 G99 同时使用时，刀具返回 R 指定的位置。

（2）攻螺纹循环指令 G74　图 2-30 所示为 G74 指令的动作循环。攻螺纹时主轴反转，到孔底后变成正转，同时按照螺旋运动参数返回。返回点位置依所使用的 G98 或 G99 代码而不同。攻螺纹时进给倍率不起作用，该指令用于加工左旋螺纹。

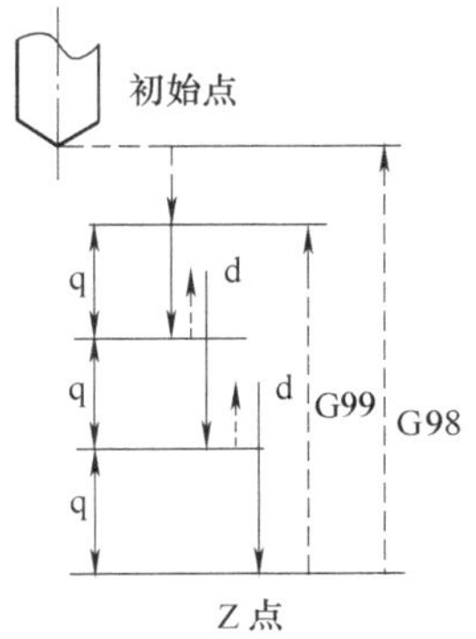

图 2-29　G73 指令的动作循环

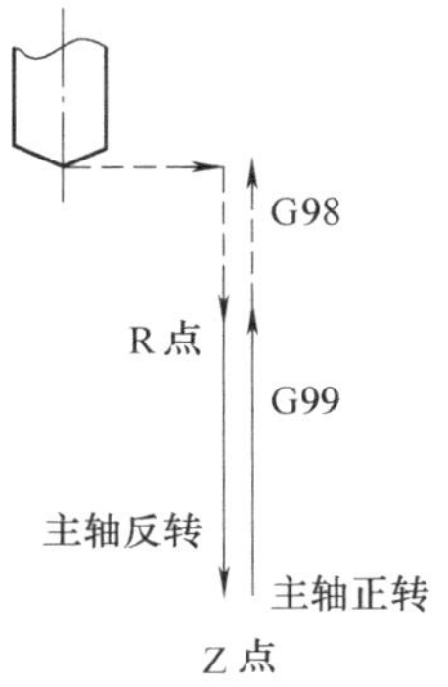

图 2-30　G74 指令的动作循环

（3）精镗循环指令 G76　图 2-31 所示为 G76 指令的动作循环。精镗孔后，主轴在孔底定向停止，并向刀尖反方向移动，然后快速退刀，退刀位置由 G98 或 G99 决定。这种先让刀再退刀的动作可避免划伤已加工表面，保证了镗孔质量。刀尖反向位移量用地址 Q 指定，其值 q 只能为正值。Q 值是模态的，位移方向由 MDI 设定，可为 ±X、±Y 中的任一个。

（4）钻孔和镗孔循环 G81　图 2-32 所示为 G81 指令的动作循环，包括 X 和 Y 坐标定位、快进、工进及快速返回等动作。G82 指令与 G81 类似，只是增加了孔底暂停，用于钻浅孔。

（5）深孔加工循环 G83　如图 2-33 所示，其动作循环和 G73 相似，Z 轴多次进给，每次进给量用地址 Q 给出，其值 q 为增量值。每次进给时，应在距已加工表面 d 处将快速进给转换为切削进给。G83 与 G73 的主要区别在于每次进给动作后返回位置不同。

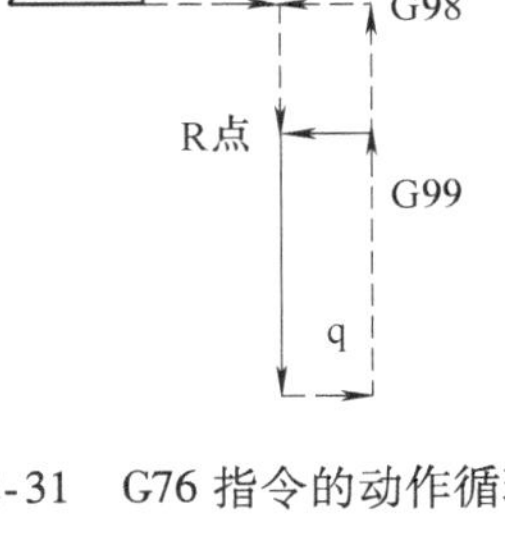

图 2-31　G76 指令的动作循环

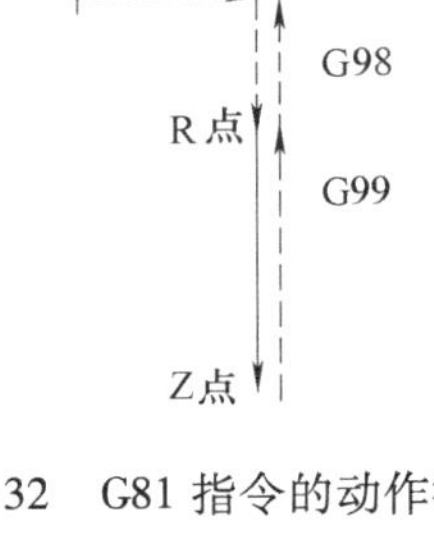

图 2-32　G81 指令的动作循环

（6）攻螺纹循环 G84　图 2-34 所示为 G84 指令的动作循环。从 R 点到 Z 点攻螺纹时，刀具沿轴向进给，主轴正转。到孔底后，主轴反转，刀具按照螺旋运动参数返回。执行 G84 指令时，进给倍率不起作用，该指令用于加工右旋螺纹。

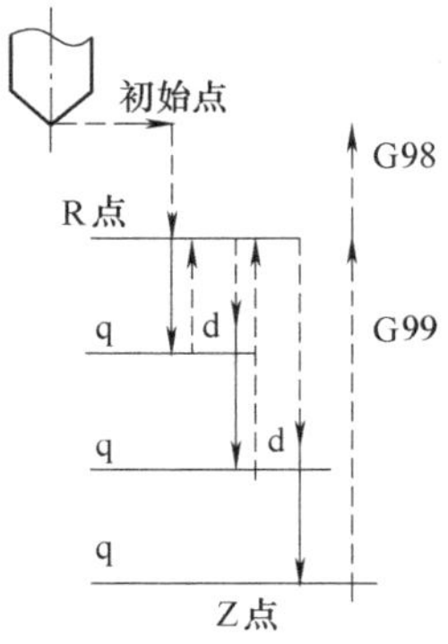

图 2-33 G83 指令的动作循环

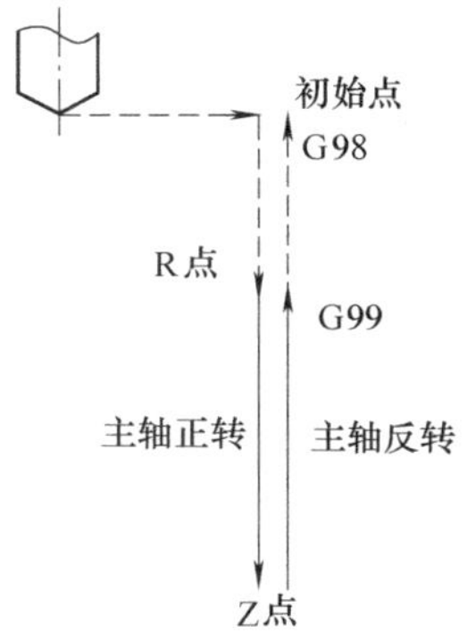

图 2-34 G84 指令的动作循环

（7）反镗循环 G87 图 2-35 所示为 G87 指令的动作循环。刀具在 *X*、*Y* 轴定位后，主轴定向停止，然后向刀尖反方向移动 q 值，再快速进给到孔底（R 点）定位。在此位置，刀具向刀尖方向移动 q 值。主轴正转，沿 *Z* 轴正方向上进给至 Z 点。这时主轴又定向停止，向刀尖反方向移动，然后从孔中退出刀具。返回初始点（只能用 G98）后，退回一个让刀量，主轴正转，进行下一个程序段的动作。本指令中，刀尖位移量及方向与 G76 指令相同。反向进给镗孔的优点是可以减小刀杆的弯曲变形量，提高刀杆的稳定性，从而提高镗孔精度。

（8）镗孔循环 G88 图 2-36 所示为 G88 指令的动作循环。该指令与 G81 的区别在于刀具的返回方式不同，钻镗孔到指定深度以后，在孔底暂停，主轴停止后，变成停机状态。此时转换为手动状态，可手动将刀具从孔中退出。到返回点平面后，主轴正转，再转入下一个程序段进行自动加工。

（9）取消固定循环指令 G80 由于固定循环指令是模态指令，故使用后必须取消。G80 指令用于取消所有固定循环，具有模态特性的 R 点和 Z 点的数值也同时被取消。

使用固定循环时应注意以下几点：在固定循环指令前应使用 M03 或 M04 指令使主轴转动起来；在固定循环程序段中，X、Y、Z、R 地址中至少有一个有数据才能进行孔加工；在使用具有控制主轴回转动作的固定循环（G74、G84）时，如果连续加工一些间距比较小的孔，或者当工件上表面到 R 点的距离过小时，会出现刀具进入孔的切削动作前，主轴还没有达到正常转速的情况。这时应在各孔的加工指令之间加入 G04 指令，以获得主轴加减速时间。

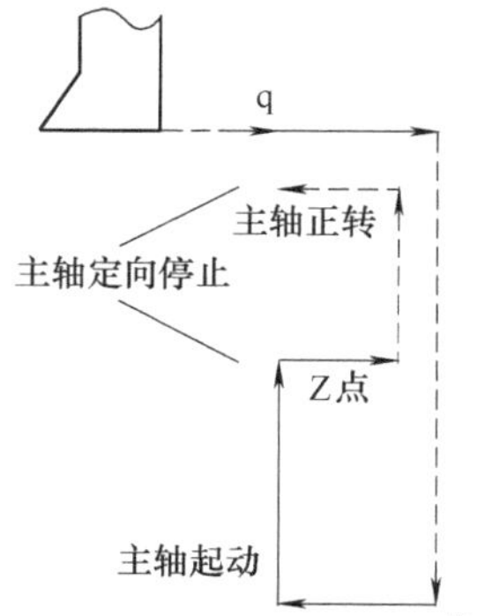

图 2-35 G87 指令的动作循环

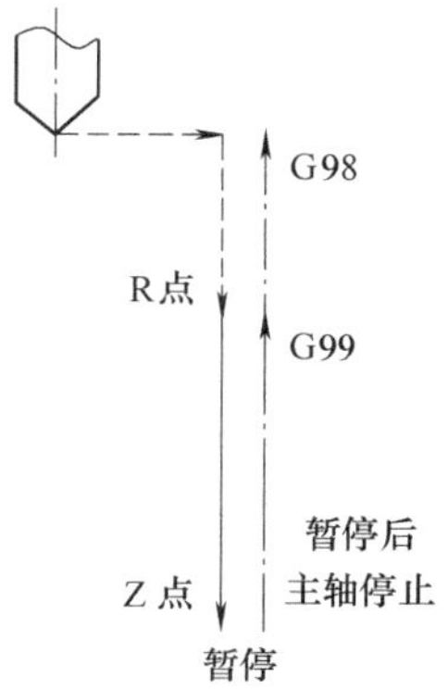

图 2-36 G88 指令的动作循环

2. 车削固定循环指令

（1）柱面和锥面切削固定循环 G77　该循环的动作顺序如图 2-37 所示，其动作循环由四个基本动作组成，其指令格式为：

G77 X(U)__ Z(W)__ I __ F __;

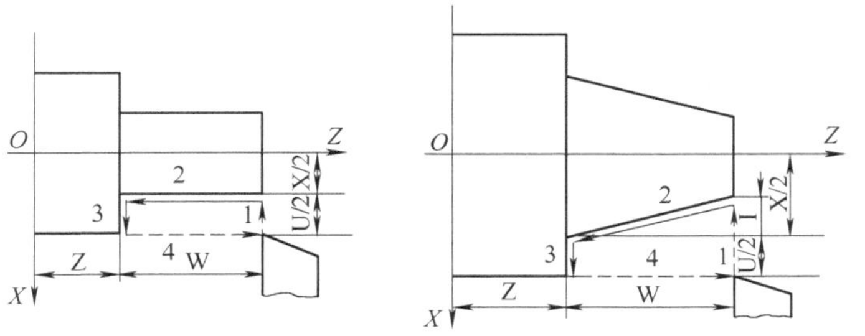

a) G77 指令用于加工柱面　　b) G77 指令用于加工锥面

图 2-37　柱面和锥面切削固定循环 G77 的动作顺序

其中，地址 U、W 用于增量编程，坐标值的符号取决于轨迹 1、2 的方向，图 2-37 中 W 和 U 的符号均为负。X 为直径值，U 为直径的增量。图示循环动作中，虚线表示快速进给，实线表示工作进给。I 值为零或不写时，为加工圆柱的情况。加工锥面时，I 值的符号与刀具轨迹的关系如图 2-38 所示。

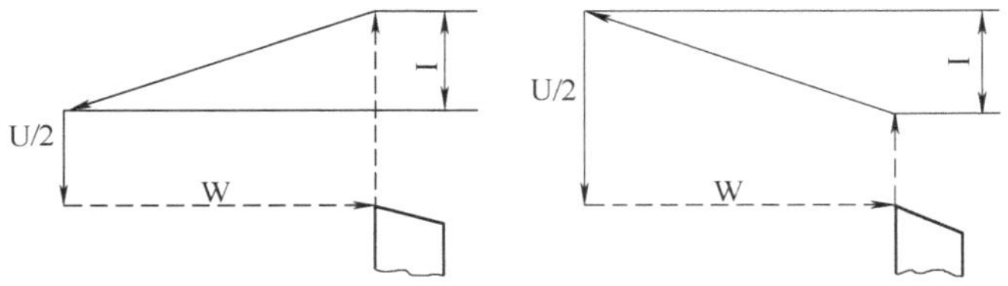

a)　I>0　　b) I<0

图 2-38　锥面切削时的刀具轨迹

（2）螺纹切削固定循环 G78　该指令用于在柱面或锥面上切削螺纹。图 2-39 所示为螺纹切削时的动作循环，使用 G78 指令的格式为：

G78 X(U)__ Z(W)__ F __;

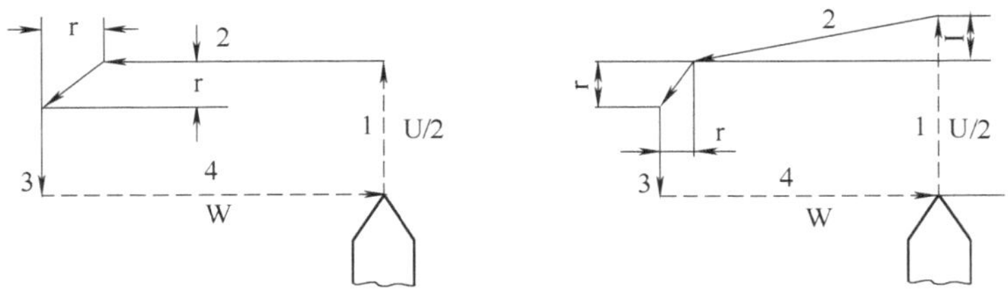

a) 车直螺纹　　b) 车锥螺纹

图 2-39　螺纹切削固定循环 G78 的动作循环

其中，F 表示螺纹导程；r 是结束螺纹切削时的退刀距离参数，其值与螺距有关，一般大于或等于螺距值。用增量编程时，根据轨迹 1 和 2 的方向设定 U 和 W 后面数值的符号。

（3）端面切削固定循环 G79　G79 指令的动作循环如图 2-40 所示，其指令格式为：

G79 X(U)__ Z(W)__ K __ F __;

其中符号的意义同柱面切削固定循环。用增量编程时，若轨迹 1 的方向为 *Z* 坐标的负方向，则 W 是负值，同理可确定 U 值的正负。K 是与端面锥度有关的地址，F 为进给速度。U、W 和 K 后面数值的符号与刀具轨迹间的关系如图 2-41 所示。

车削固定循环中，X（U）、Z(W)和K都是模态的，如果这些值不变，则在下一个程序段中可不指定。当某一个值需要改变时，才在下一个程序段中指定。若指定非模态G代码（除G04以外）或代码G00～G03，则数值被取消。

常用的车削固定循环还包含粗加工固定循环，留待下节结合编程实例介绍。

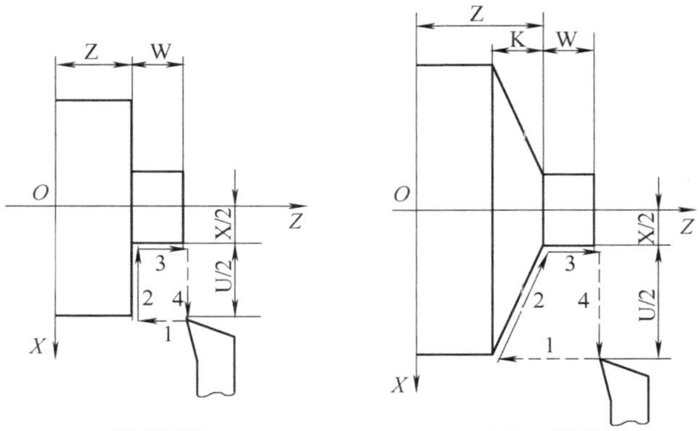

a) 端面切削　　b) 端面锥度

图2-40　端面切削固定循环G79的动作循环

2.3.4　其他指令

1. 主轴功能

主轴功能也称主轴转速功能或S功能，它是用来指定主轴转速的指令。S功能用地址S及其后面的数字表示，单位是r/min。主轴转速与切削速度和工件或刀具的直径有关，机械加工中的切削速度一般根据刀具材料和工件材料的性能以及生产率要求选择，选定了切削速度后，可按照下式计算主轴转速

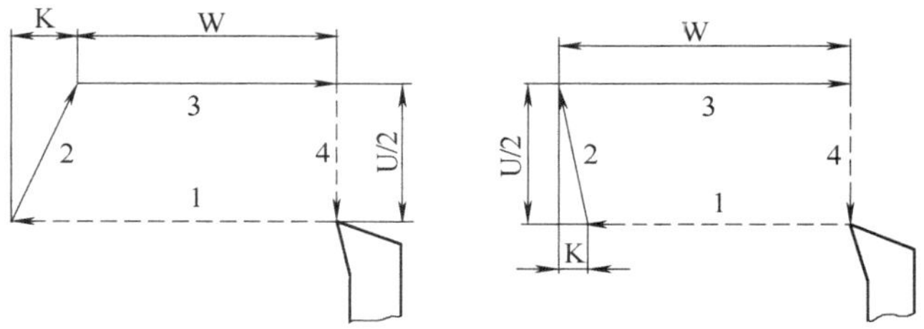

a) K<0　　b) K>0

图2-41　端面锥度切削时数值符号与刀具轨迹间的关系

$$n=\frac{1000v_c}{\pi d}$$

式中　d——切削点工件或刀具的直径（mm）；

v_c——切削速度（m/min），含义为刀具沿切削运动方向相对于工件的线速度。

对于有恒定线速度控制功能的机床，还要用G96或G97指令（见表2-1）配合S指令来指定主轴转速，使之随工件直径的变化调整主轴转速，保持刀具与工件表面的相对速度不变。

2. 刀具功能

刀具功能也称T功能，是用来选择刀具的指令。刀具功能用地址T及其后面的数字（2位或4位）表示，如T10表示指定第10号刀具。有时会用刀具号和刀具补偿值代号同时表示，如T0402表示第4号刀具、第2号刀具补偿值。刀具号由用户在刀具参数表中设定。在数控车床中，刀具功能的含义是将指定刀具转换到工作位置；在加工中心上，则表示下一个工步将要使用的刀具号，机床会事先将其转到换刀位置，待执行M06指令时，再将刀具装到主轴上。

3. 进给功能

进给功能也称F功能，是用来指定刀具进给速度的指令。进给功能用地址F及其后面的数字（1～5位）表示。进给速度一般是指刀具在合成进给运动方向的速度，单位为mm/min。机械加工中，进给速度一般根据数控机床进给系统传动链的刚度、工件及刀具的刚度

和工件的表面粗糙度要求选择。在数控车床上，有时候也用进给量表示进给速度，进给量的含义是工件每转一转，刀具沿进给运动方向移动的距离，单位为mm/r。进给速度和进给量的换算关系为

$$v_f = fn$$

式中 v_f——进给速度（mm/min）；

f——进给量（mm/r）；

n——主轴转速（r/min）。

2.4 数控编程典型实例

2.4.1 钻孔程序

钻孔加工可以在数控钻床、铣床、镗床和加工中心上进行。孔加工属于点位控制，编程中一般没有复杂的数学处理，孔径尺寸由刀具保证，孔距尺寸的精度取决于数控系统和机械系统的定位精度。

1. 编制孔加工程序时的注意事项

1）编程中坐标性质（指绝对坐标或增量坐标）的选择尽量与图样尺寸的标注方法一致，这样可以减少尺寸换算和保证加工精度。

2）注意提高对刀精度。如果程序中需要换刀，在空间允许的情况下，换刀点应尽量安排在加工点上。

3）注意使用刀具长度补偿功能，这样可以在刀具长度变化时保证钻孔深度。

4）在钻孔量很大时，为了简化编程，应使用固定循环指令和对称功能。

5）程序的最后应有返回原点检查，以保证程序的正确性。

2. 编程实例

【例2-1】 编写一段钻孔程序，加工图2-42所示零件上的A、B、C三个孔。

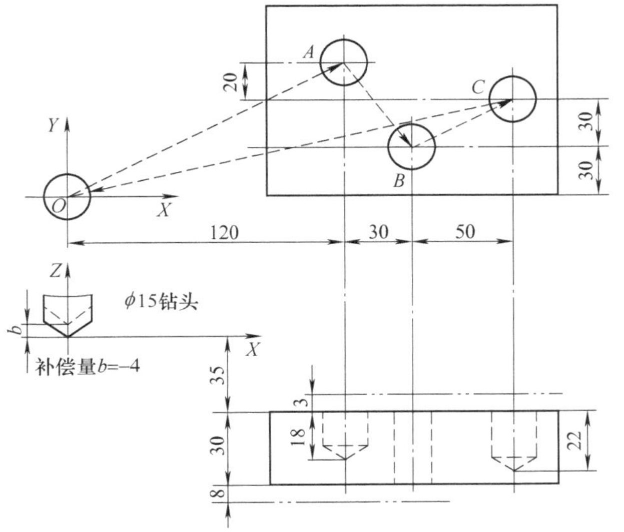

图2-42 孔加工零件编程实例

1）分析零件图样，确定加工路线、切削用量，进行工艺处理。工件的定位基准选在底面和侧面，用压板压紧。编程坐标系原点选在工件外，距工件上表面 35mm 处（见图 2-42），并以此为起刀点。根据孔径选择 ϕ15mm 钻头，由于长度磨损需要进行长度补偿，补偿量为 $b = -4$mm，刀补号为 H01。补偿号 H00 的补偿量为 0，用于取消刀补。主轴转速为 600r/min，刀具进给速度为 100mm/min。在具有刀具补偿功能的数控钻床上加工，走刀路线设定为 $O \to A \to B \to C \to O$。

2）数学处理。钻孔程序的数学处理主要是根据图样标注的尺寸，按照增量坐标或绝对坐标确定各个孔的中心坐标。

3）编写零件加工程序清单。按照规定格式编写的 *A*、*B*、*C* 三个孔的加工程序清单如下，运行该程序前应在 H01 单元添入补偿值 -4.0，并将刀具移动到图示的起刀点。

```
N010 G92 X0 Y0 Z0;                 设定坐标系
N020 G91 G00 X120.0 Y80.0;         定位到 A 点
N030 G43 Z-32.0 H01;               刀具快速移动到工进起点，刀具长度补偿
N040 S600 M03 M07;                 主轴起动，开切削液
N050 G01 Z-21.0 F100;              加工 A 孔
N060 G04 P2000;                    孔底停留 2s
N070 G00 Z21.0;                    快速返回工进起点
N080     X30.0 Y-50.0;             定位到 B 点
N090 G01 Z-41.0;                   加工 B 孔
N100 G00 Z41.0;                    快速返回工进起点
N110     X50.0 Y30.0;              定位到 C 孔
N120 G01 Z-25.0;                   加工 C 孔
N130 G04 P2000;                    孔底停留 2s
N140 G00 Z57.0 H00;                Z 坐标返回到程序起点，取消刀补
N150     X-200.0 Y-60.0;           X、Y 坐标返回程序起点
N160 M05 M09;                      主轴停止，切削液停
N170 M02;                          程序结束
```

【例 2-2】 使用固定循环指令加工【例 2-1】中的三个孔。

分析图样和数据处理的过程同【例 2-1】，使用固定循环指令编出的程序清单如下：

```
N005 G92 X0 Y0 Z0;
N010 G91;
N020 S600 M03 M07;                                    主轴起动
N025 G43 H01;                                         设置刀具补偿
N030 G99 G82 X120.0 Y80.0 Z-21.0 R-32.0 P2000 F100;   钻孔 A
N040 G99 G81 X30.0 Y-50.0 Z-41.0 R-32.0;              钻孔 B
N050 G98 G82 X50.0 Y30.0 Z-25.0 R-32.0 P2000;         钻孔 C
N060 G40 G00 X-200.0 Y-60.0;                          返回起刀点
N070 M05 M09;
N080 M02;                                             程序结束
```

这段程序和【例2-1】的程序功能是完全一样的。比较两段程序可见，由于用了固定循环指令，程序变得短多了。

2.4.2 车削程序

1. 车削加工程序的特点

（1）坐标的取法及坐标指令　数控车床工件径向为 X 轴、轴向为 Z 轴。两个方向的坐标指令，在按绝对坐标编程时使用X和Z作为字地址，按增量编程时使用U和W作为字地址。切削圆弧时，使用I和K表示圆心相对圆弧起点的坐标增量值或者给定圆弧半径 R 值。在一个程序段中，可以按绝对坐标或增量坐标编程，也可以用绝对坐标与增量坐标混合编程。

X或U坐标值，在数控车床的程序编制中是直径值，即按绝对坐标编程时，X为直径值；按增量坐标编程时，U为径向实际位移值的两倍，并附上方向符号。

（2）刀具补偿　由于在实际加工中刀具会产生磨损而导致刀尖位置发生变化，以及安装刀具时产生的刀尖位置误差等，都需要利用刀具补偿功能加以调整。刀具补偿功能还可以用来微量调整工件尺寸。

（3）车削固定循环功能　车削加工一般为大余量多次切除过程，常常需要多次重复几种固定的动作。因此，在数控车床系统中具备各种不同形式的固定切削循环功能。如内、外圆柱面固定循环，内、外锥面固定循环，端面固定循环，内、外螺纹固定循环及组合表面切削循环等，使用固定循环指令可以简化编程。

2. 车削基本功能的编程方法

（1）快速接近加工表面　一般在开始切削前，使用G00指令使刀具从换刀点快速移动到切削加工的起始位置。使用该命令时，进给速度为快速进给速度，而且由于所用的数控装置不同，刀具的运动轨迹不一定是直线，因此应特别注意避免刀具在运动过程中与工件或机床静止部分发生碰撞，切削起始位置的设定应考虑到毛坯的加工余量。图2-43所示为快速接近工件指令及其刀具运动轨迹。

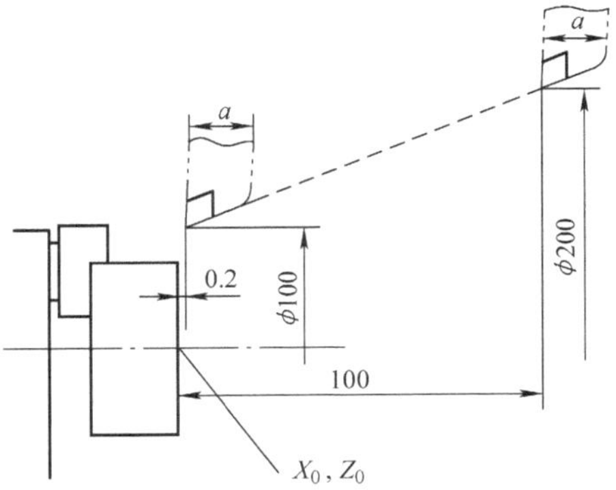

a) G90 G00 X100 Z0.2

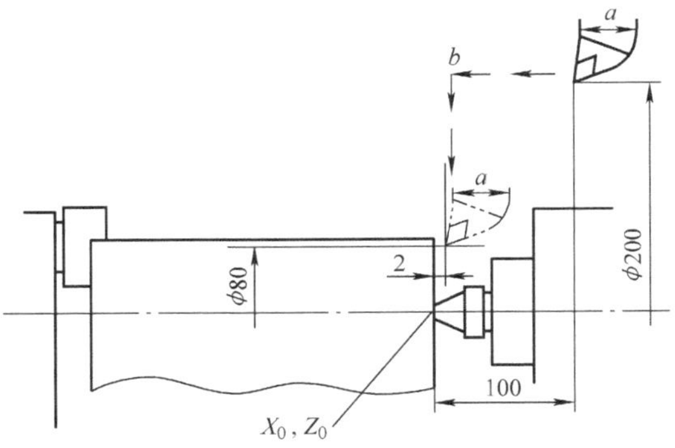

b) G90 G00 X80 Z2

图2-43　快速接近工件指令及其刀具运动轨迹

（2）柱面（锥面）加工　使用G01指令实现柱面、锥面和端面切削，终点的绝对坐标用X、Z表示，相应的增量坐标用U、W表示。X表示工件直径，U表示直径增量。图2-44所示为直线插补指令及其刀具运动轨迹。

（3）圆弧面加工　使用圆弧插补指令时，要注意的是圆弧方向的判别方法是逆着垂直

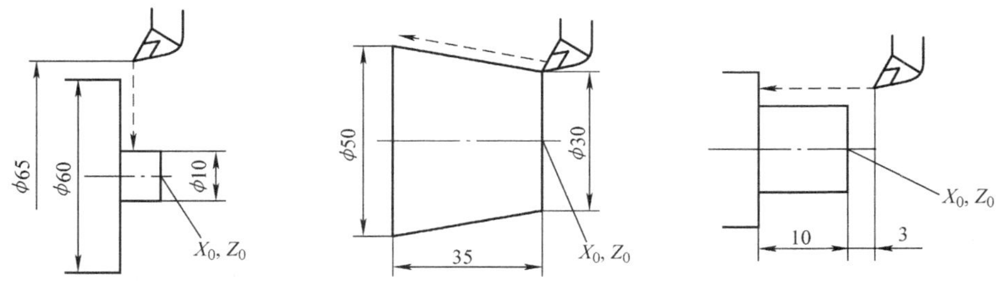

a) G90 G01 X10　　b) G90 G01 X50 Z-35　　c) G90 G01 X-10

图 2-44　直线插补指令及其刀具运动轨迹

于插补平面的第三个坐标轴方向看圆弧，来确定其方向，决定使用 G02 还是 G03；另外，圆心的位置总是用相对于圆弧起点的增量坐标表示。图 2-45 所示为圆弧插补程序段及相应的刀具运动轨迹。

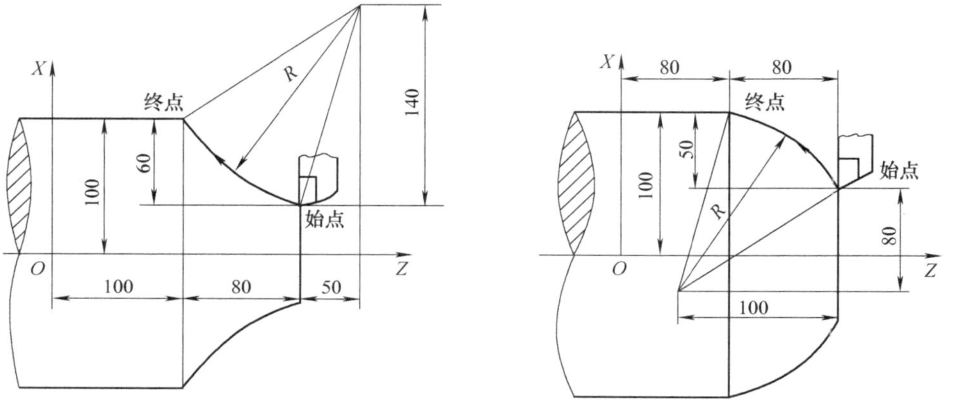

a) G02 X200 Z100 I140 K50　　b) G03 X200 Z80 I-80 K-100

图 2-45　圆弧插补程序段及相应的刀具运动轨迹

（4）多重复合循环　当工件毛坯的余量较大时，往往需要多次走刀才能切到图样要求的尺寸，这时多重复合循环可以大大简化编程工作。应用多重复合循环，只要指定精加工路线和粗加工的让刀量，数控装置就会自动计算出需要的走刀次数和每一次走刀的路线，并控制刀具逐步切除全部余量。这里简要介绍常用的外圆粗加工循环 G71 和固定形状粗加工循环 G73。

G71 指令用于圆柱形棒料的粗加工，其指令格式为：

G71 P(ns) Q(nf) U(Δu) W(Δw) D(Δd) R(e) F __ S __;

其中，ns 为指定精加工路线的第一个程序段的行号；nf 为指定精加工路线的最后一个程序段的行号；Δu 为 X 方向的精车余量（直径值）；Δw 为 Z 方向的精车余量；Δd 为每次粗车走刀时的背吃刀量（直径值）；e 为让刀量。图 2-46 所示为 G71 指令的粗加工走刀路线。

G73 指令适用于毛坯轮廓形状与零件轮廓形状基本接近的毛坯，如锻件和铸件的粗车。图 2-47 所示为 G73 指令的粗加工走刀路线，其指令格式为：

G73 P(ns) Q(nf) I(Δi) K(Δk) U(Δu) W(Δw) D(Δd) F __ S __;

其中，Δi 为粗车时 X 轴方向的让刀距离（半径尺寸）；Δk 为粗车时 Z 轴方向的让刀距离；

Δd 为粗切走刀次数；Δu 和 Δw 为径向和轴向的精切余量；其余参数的含义同外圆粗加工循环 G71。

需要指出的是，不同数控装置的多重复合循环指令的形式不同，如 SIEMENS 系统的粗车指令为 System95，实际编程时应以所选用机床的编程手册为准。

3. 车削加工程序实例

【例 2-3】 编写图 2-48 所示零件的车削加工程序。该零件只需要精加工，图中 ϕ85mm 表面不加工。选用具有直线、圆弧插补功能的数控车床加工该零件。

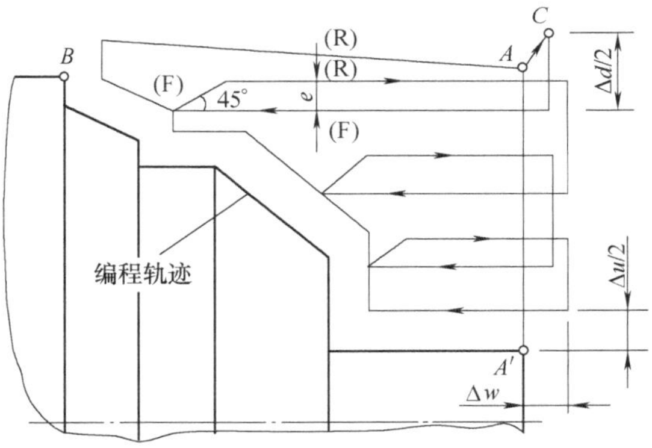

图 2-46　G71 指令的粗加工走刀路线

F—切削部分　R—切入切出部分

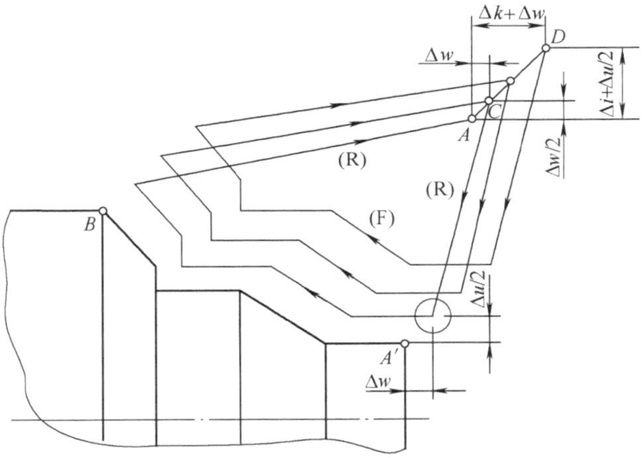

图 2-47　G73 指令的粗加工走刀路线

F—切削部分　R—切入切出部分

1）分析零件图样，确定加工方案及工步内容。由于螺纹部分要多次走刀才能完成，按照先主后次、先粗后精的原则，确定工步内容为：

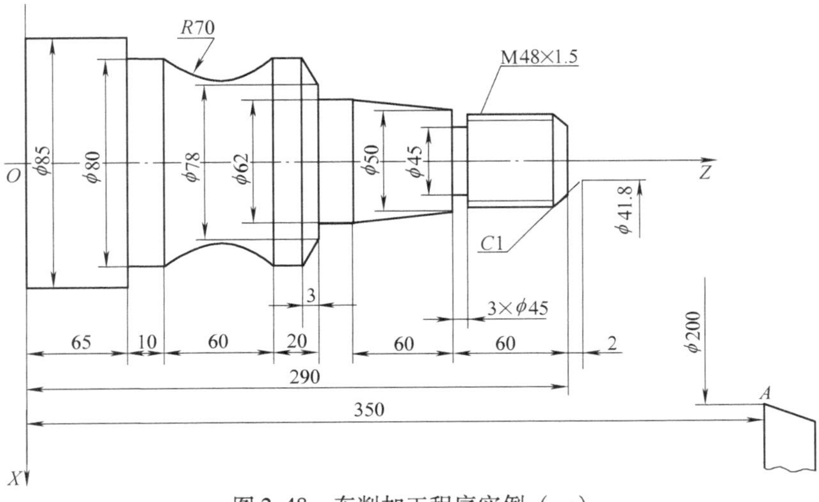

图 2-48　车削加工程序实例（一）

工步1：倒角→车螺纹外径→切削锥度部分→车 ϕ62mm 外圆→车 ϕ78 端面→倒角→车 ϕ80mm 外圆→切圆弧部分→车 ϕ80mm 圆。

工步2：切槽。

工步3：车螺纹。M48 螺纹的大径尺寸为 ϕ47.8mm，这是由于外螺纹的大径尺寸是负偏差。

2）选择刀具。根据加工要求，选三把刀具：Ⅰ号为外圆车刀，Ⅱ号为切槽刀，Ⅲ号为螺纹车刀。刀具布置如图2-49所示。螺纹车刀刀尖相对于Ⅰ号刀尖在 *Z* 向偏置 10mm，用刀尖位置补偿来解决。刀补号用T指令后的第二位数字表示，如T22表示2号刀、2号刀补，T10表示1号刀、0号刀补。0号刀补值通常为0，用于取消刀补。换刀点取为 *A* 点（见图2-48）。换刀点的选择应以不与零件、机床及夹具相碰撞为原则，同时应考虑换刀方便。

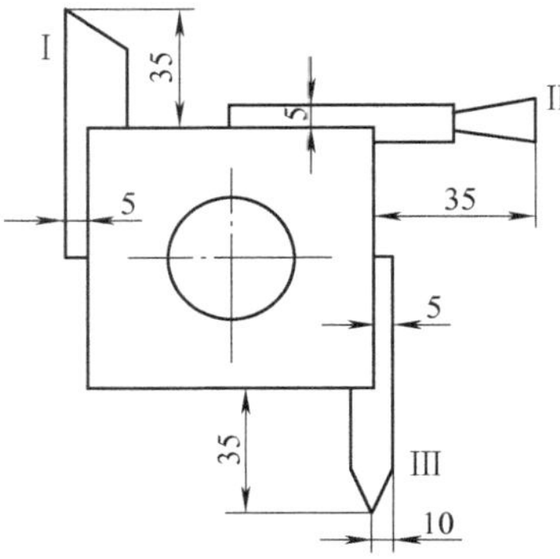

图2-49 刀具布置图

3）确定切削用量。车外圆时，主轴转速为 630r/min，进给量为 0.15mm/r；切槽时，主轴转速为 315r/min，进给量为 0.10mm/r；车螺纹时，主轴转速为 220r/min，进给量为 1.5mm/r，即相当于每转走一个导程的距离。

4）编写程序清单。确定工件坐标系 *XOZ*，*O* 点为原点，并将换刀点 *A* 作为对刀点和程序起点。该零件的加工程序清单如下：

```
N010 G92 X200.0 Z350.0;                     起点坐标设定
N020 G00 X41.8 Z292.0 S630 M03 T11 M08;     快进到刀路起点
N030 G01 X47.8 Z289.0 F0.15;                倒角
N040     U0 W-59.0;                         车φ47.8mm 圆
N050     X50.0 W0;                          切圆锥小头
N060     X62.0 W-60.0;                      切锥度
N070     U0    Z155.0;                      车φ62.0mm 外圆
N080     X78.0 W0;
N090     X80.0 W-3.0;                       倒角
N100     U0    W-17.0;                      车φ80.0mm 外圆
N110 G18 G02 U0  W-60.0 I63.25 K-30.0;      车圆弧
N120 G01 U0  Z65.0;                         车φ80.0mm 外圆
N130     X90.0 W0;                          退刀
N140 G00 X200.0 Z350.0 M05 T10 M09;         退回换刀点,主轴停
N150     X51.0 Z230.0 S315 M03 T22 M08;     换刀,开主轴
N160 G01 X45.0 W0 F0.10;                    切退刀槽
N170 G04 P500;                              延迟
N180 G01 X51.0 W0;                          退刀
N190 G00 X200.0 Z350.0 M05 T20 M09;         到换刀位置,关主轴
N200     X52.0 Z296.0 S220 M03 T33 M08;     换刀,开主轴
```

```
N210 G78 X47.2 Z231.5 F1.5;               车螺纹,粗切
N220      X46.6 W-64.5;                    车螺纹,半精切1
N230      X46.1 W-64.5;                    车螺纹,半精切2
N240      X45.8 W-64.5;                    车螺纹,精切
N250 G00 X200.0 Z350.0 T30;                退至起刀点
N260 M05 M09;
N270 M02;
```

上面这段程序是精车程序，没有考虑到全部余量的去除过程。本例中毛坯直径为85mm，单边最大余量约为15mm，这么大的余量是不可能一次切除的。下面是一个考虑了余量切除过程的车削加工程序。

【例2-4】 使用粗车循环，编写图2-50所示零件的车削加工程序。

```
N010 T0100 M41;                                        设定刀具号,主轴高速档
N020 G97 S200 M08;                                     定主轴转速,开切削液
N030 G00 X150.0 Z110.0 T0101 M03;                      取1号刀具、1号刀补,开主轴
N040 G96 S120;                                         恒切削速度控制
N060 G73 P70 Q130 U0.2 W0.2 I9.0 K3.0 D3 F0.3;         闭环切削循环
N070 G00 X20.0 Z110;                                   移动到起刀点
N080 G01 X20.0 Z80.0 F0.15 S150;                       车φ20mm圆
N090      X40.0 Z70.0;                                 切小锥面
N100            Z50.0;                                 车φ40mm圆
N110 G02 X80.0 Z30.0 R40.0;                            车圆弧
N120 G01 X120.0 Z10.0;                                 切大锥面
N130 G00 X150.0 Z110.0;                                退刀
N140 M09 M05;
N150 M02;
```

这段程序中使用G73指令，大大简化了车削程序。

2.4.3 轮廓铣削程序

1. 轮廓铣削编程特点

1）数控铣床功能各异，品种繁多，选择机床时要考虑如何最大限度地发挥数控铣床的特点。一般两轴联动数控铣床用于平面轮廓的加工；三轴以上联动的数控铣床用于三维复杂曲面的加工；铣削加工中心具有多种功能，可用于多工位、多工件和多种工艺方法的加工。

2）数控铣床的数控装置具有多种插补功能。一般数控铣床都具有直线插补和圆弧插补功能，有些数控铣床还具有极坐标插补、抛物线插补和螺旋线插补等功能。编程时要合理地选择这些功能，以提高加工精度和效率。

3）数控铣床一般都具有刀具长度补偿、刀具半径补偿和各种固定循环等功能，合理地使用这些功能可以简化编程。

4）由直线、圆弧组成的平面轮廓铣削的数学处理比较简单，可以手工计算。非圆曲线和曲面轮廓的铣削加工，其数学处理比较复杂，一般要采用计算机辅助计算和自动编程。

2. 轮廓铣削加工中的刀具半径补偿功能

平面轮廓铣削和车削类似，属于二维切削，刀具都是在一个二维平面内做进给运动，编程方法也大体类似，这里仅介绍轮廓铣削编程中刀具半径补偿功能的使用。现代计算机数控装置大都具有刀具半径补偿功能。铣削平面轮廓时，只要按照被加工轮廓编程，同时在程序中加入刀具半径补偿指令，就可以由计算机计算刀具中心轨迹，并按照刀心轨迹控制刀具的运动。当使用不同直径的刀具或刀具因磨损而使半径变小后，只需改变程序中的刀具半径补偿值，而不必修改大部分程序，刀具半径补偿功能使得编程过程大大简化。

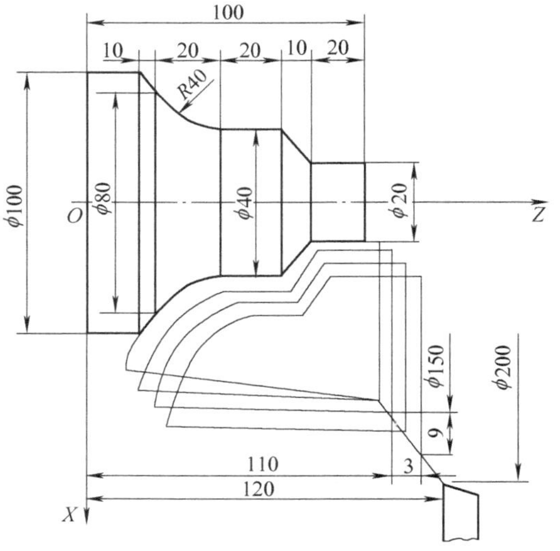

图 2-50　车削加工程序实例（二）

在工件轮廓的拐角处，可以有直线过渡、圆弧过渡两种情况，有些系统中，允许用户自己选择过渡形式，如图 2-51 所示。

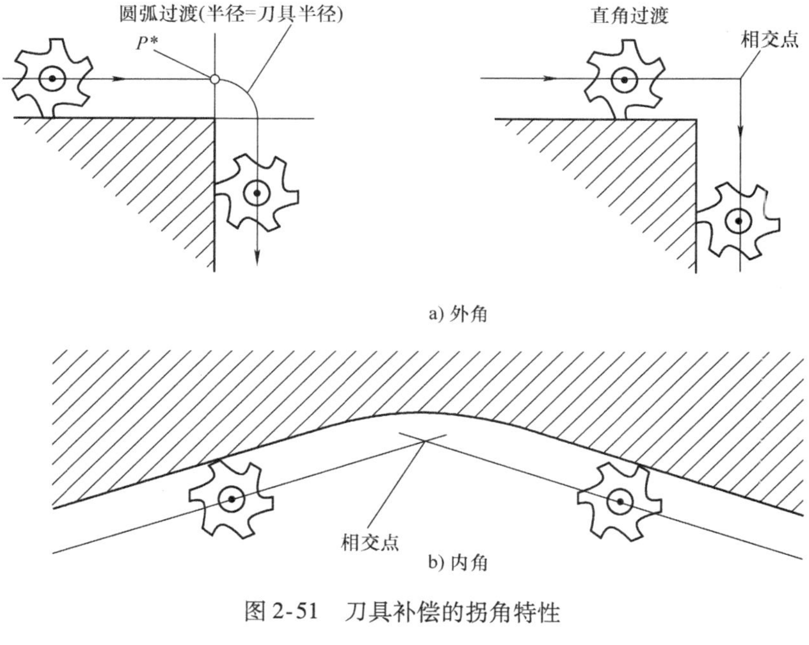

图 2-51　刀具补偿的拐角特性

3. 轮廓铣削程序实例

【例 2-5】　编写铣削零件外轮廓的加工程序。

图 2-52 所示为是用立铣刀铣削零件外轮廓的加工示意图。立铣刀直径为 30mm，刀具长度补偿值放在 H03 单元，半径补偿值放在 D30 单元。轮廓铣削程序如下：

N010 G92 X0 Y0 Z0;　　建立工件坐标系

N020 M06 T06;　　换刀

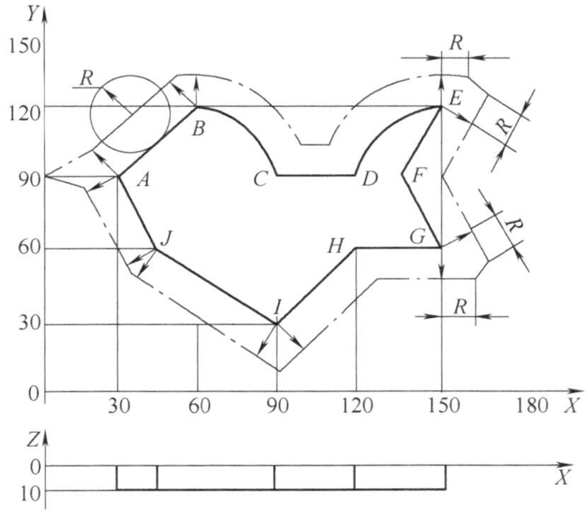

图 2-52　轮廓铣削加工实例

N030 G00 M07 G90 X0 Y90.0;	快速移至起刀点
N040 G43 Z0 H03 S440 M03;	长度补偿,主轴正转
N050 G01 Z-12;	
N060 G41 G17 X30.0 D30 F100;	半径补偿,移至 *A* 点
N070 G01 X60.0 Y120.0;	加工 *AB* 段
N080 G02 X90.0 Y90.0 I0 J-30.0;	加工 *BC* 段
N090 G01 X120.0;	加工 *CD* 段
N100 G02 X150.0 Y120.0 I30.0 J0;	加工 *DE* 段
N110 G01 X135.0 Y90.0;	加工 *EF* 段
N120 X150.0 Y60.0;	加工 *FG* 段
N130 X120.0;	加工 *GH* 段
N140 X90.0 Y30.0;	加工 *HI* 段
N150 X45.0 Y60.0;	加工 *IJ* 段
N160 X30.0 Y90.0;	加工 *JA* 段
N170 G40 G00 X0 Y90.0;	取消刀补,回到 *A* 点
N180 G00 Z0;	
N190 X0 Y0;	返回原点
N200 M05 M09;	
N210 M02;	程序结束

2.4.4　子程序和宏程序的应用

1. 子程序及其应用

子程序是提高编程效率的重要方法，如果一道工序中出现不同位置处有相同几何形状的结构时，可以针对一个结构单元建立一段独立的子程序，然后在主程序中多次调用这段子程序，就能加工出多个相同的结构单元。利用子程序编程能够有效缩短程序的长度，以降低出错的概率。编写和调用子程序的一般规则和注意事项如下：

1）子程序和主程序一样，是相互独立的程序，必须赋予独立的程序号。程序号以地址O开头，后面跟四位十进制数；子程序结束时用M99指令返回主程序，调用子程序用M98指令。

2）子程序可以嵌套，但嵌套层数限制在四层以内。

3）程序跳转到子程序前后要注意坐标方式的变化。例如，若主程序中设置的是G90方式，而子程序中设置的是G91方式，则应在返回主程序后的第一个程序段中插入一个含有G90的程序段。

4）对于子程序中不需激活的固定循环，应在跳转到子程序前，在主程序中用G80指令加以撤销；同样，对于子程序中使用，而主程序中不需要激活的固定循环，也应在返回前，在子程序中用G80指令加以撤销。

5）无论主程序中是否设置了刀具半径补偿，只要子程序中需要用到半径刀补，都要在子程序中用G41和G42指令单独设置。

从下面的例子中可以比较常规编程和子程序编程的区别，仔细体会子程序的用法。

【例2-6】 用常规方法和子程序方法编写图2-53所示零件的钻孔加工程序。编程坐标系的设置已标在图上。

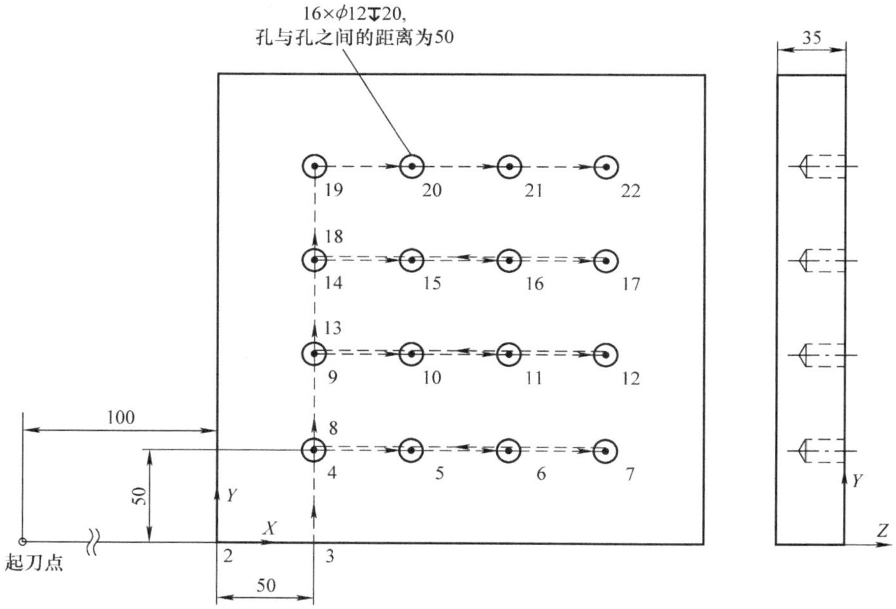

（孔径12mm，深20mm，孔距50×50mm，孔边距50mm，起刀点在下边缘向左延长线100mm处）

图2-53 【例2-6】零件图和走刀路线设计

加工方案设计：机床选择具有换刀功能的数控钻床，数控系统为FANUC系列系统；刀具选择直径为12mm的钻头；主轴转速为800r/min，进给速度为50mm/min；刀具长度补偿数据放在地址H01中，刀具号设置为1；起刀点在下边缘向左延长线100mm处，同时也是换刀点。

用常规方法编写的加工程序如下：

```
O1306;                                          程序号
N0010 G40 G80;                                  撤销主程序设置
N0020 G91 G28 X0.0 Y0.0 Z0.0;                   返回参考点
N0030 G92 X-100.0 Y0.0 Z0.0;                    对刀后设置编程坐标系
N0040 G90 G00 X0.0 Y0.0 Z50.0 S800 M03;         主轴起动
N0050 T01 M06;                                  换刀
N0060 G43 Z10.0 H01;                            设置刀补
N0070 M08;                                      开切削液
N0080 G83 X50.0 Y50.0 Z-20.0 R38.0 Q3.0 F50.0;  钻第一排第一个孔
N0090 X100.0;                                   钻第一排第二个孔
N0100 X150.0;                                   钻第一排第三个孔
N0110 X200.0;                                   钻第一排第四个孔
N0120 X50.0 Y100.0;                             钻第二排第一个孔
N0130 X100.0;                                   钻第二排第二个孔
N0140 X150.0;                                   钻第二排第三个孔
N0150 X200.0;                                   钻第二排第四个孔
N0160 X50.0 Y150.0;                             钻第三排第一个孔
N0170 X100.0;                                   钻第三排第二个孔
N0180 X150.0;                                   钻第三排第三个孔
N0190 X200.0;                                   钻第三排第四个孔
N0200 X50.0 Y200.0;                             钻第四排第一个孔
N0210 X100.0;                                   钻第四排第二个孔
N0220 X150.0;                                   钻第四排第三个孔
N0230 X200.0;                                   钻第四排第四个孔
N0240 G80;                                      撤销固定循环
N0250 G00 G90 Z50.0 M05;                        主轴停
N0260 M09;                                      关切削液
N0270 G91 G28 X0.0 Y0.0 Z0.0;                   回起刀点
N0280 M30;                                      程序结束
```

使用子程序方法编制的加工程序如下（加工方案的设计同上）：

```
O1306;                                   主程序号
N0010 G90 G40 G80;                       撤销之前的设置
N0020 G91 G28 X0.0 Y0.0 Z0.0;            返回参考点
N0030 G92 X-100.0 Y0.0 Z0.0;             对刀后设置编程坐标系
N0040 T01 M06;                           换刀
N0050 G00 G90 X0.0 Y0.0 Z50.0 S800 M03;  开主轴
N0060 G43 Z10.0 H01;                     设置刀补
N0070 M08;                               开切削液
N0080 M98 P0001 L4;                      调用四次 1 号子程序，钻四排孔
```

N0090 G80;	撤销固定循环
N0100 G00 G90 Z50.0 M05;	停主轴
N0110 M09;	关切削液
N0120 G91 G28 X0.0 Y0.0 Z0.0;	返回参考点
N0130 M30;	程序结束
O0001;	1 号子程序号
N0010 G90 G00 X50.0;	
N0020 Y50.0;	快进到第一个孔上方
N0030 G90 G83 Z-20.0 R3.0 Q3.0 F50.0;	钻第一个孔
N0040 M98 P0002 L3;	调用 2 号子程序钻其余三个孔
N0050 G80;	撤销固定循环
N0060 M99;	返回主程序
O0002;	2 号子程序
N0010 G91 X50.0;	沿 *X* 轴快进 50mm 并钻孔
N0020 M99;	返回调用的子程序

2. 宏程序及其应用

宏程序也是用户事先编好的一段程序，和子程序的区别在于，宏程序中可以使用变量，用户在调用宏程序之前对这些变量先行赋值。调用宏程序时所赋的变量不同，加工出的工件有相似的结构但尺寸不同，因此，宏程序使得编程更加灵活。下面简要介绍宏程序的编程规则和注意事项：

1）局部变量和公共变量。局部变量只能用于在宏程序中存储数据，断电时，局部变量清零，调用宏程序时，对局部变量赋值。局部变量共有 33 个，记为#1 ~ #33。公共变量共有 600 个，记为#100 ~ #199 和#500 ~ #999。公共变量在不同的宏程序中意义相同，断电时#100 ~ #199 清零，#500 ~ 999 不丢失。

2）系统变量。系统变量用于读写刀补值、模态信息、PLC 接口信号、位置信息等 CNC 数据，标记为#1000 以上。例如，#4001 ~ #4130 表示模态信息，#5001 ~ #5104 表示当前位置信息，#5201 ~ #5324 表示编程坐标系原点位置信息。

3）宏程序中可以对变量进行算术、逻辑、三角函数等运算。

4）宏程序中可以使用循环、转移等高级语言的程序控制语句。

5）宏程序的调用。可以用模态指令 G65 和非模态指令 G66/G67 调用宏程序，也可以用 M 指令和 T 指令调用宏程序。

6）宏程序返回指令为 M99。

下面用一个实例介绍宏程序的使用方法。

【例 2-7】 在铣床或加工中心上钻削图 2-54 所示方形零件上的圆弧点阵孔群。孔群分布圆中心的坐标为 X0 = 40.0mm，Y0 = 30.0mm，分布圆半径为 30mm，钻孔直径为 7mm，孔间隔角度为 30°，第一个孔的起始角度 A = 15°，孔数 H = 4。要求用宏程序加工这类零件。刀具设置为 1 号，刀补值放在 H01 中。

工艺分析：这是机械中常见的结构，常用于固定端盖、套杯等零件，可以在铣床或钻床上加工。为了使编制的程序具有一定的通用性，首先针对一般情况编制一段宏程序，设计宏

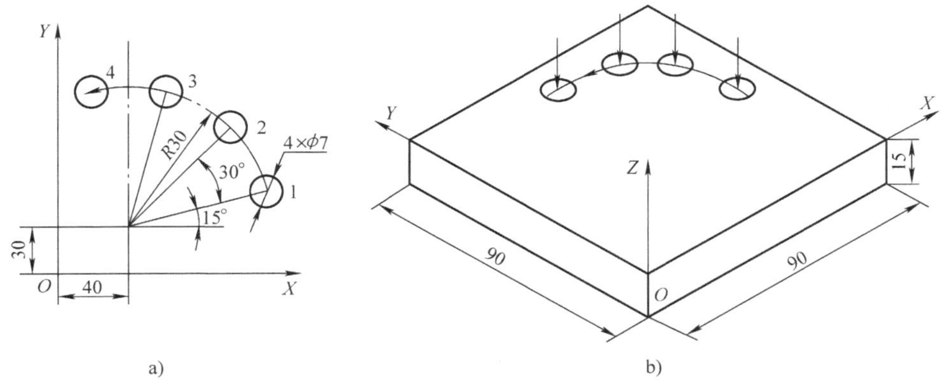

图 2-54 【例 2-7】工件示意图

程序时可以将孔系中的具体尺寸用参数 I、A、B、H 代替，待调用时再赋值。调用格式为：

G65 PXXXX Xx Yy Rr Zz Ff Ii Aa Bb Hh;

其中，X、Y 分别为孔系分布圆的圆心坐标（#24、#25）；Z 为孔深（#26）；R 为工作进给起点坐标（#18）；F 为进给速度（#9）；I 为孔系分布圆半径（#4）；A 为第一个孔的角位置（#1）；B 为均布孔间的角度增量（#2）；H 为孔的个数（#11）。

以上外部变量和内部局部变量的对应关系是系统指定的，不能随意改变。另外，宏程序中使用的局部变量还有：#5 和#6 表示钻孔中心的坐标；#30、#32 和#100 用来存储中间变量。编写宏程序代码如下：

```
O3326;                                  宏程序名
N0010 #100 =1;                          钻孔个数初值
N0020 WHILE[#100 GE #11] DO 1;          钻孔完成则退出
N0030 #30 = #4 * COS[#1];               计算下一个孔中心坐标值
N0040 #5 = #24 +#30;
N0050 #32 = #4 * SIN[#1];
N0060 #6 = #25 + #32;
N0070 G90 G00 X#5 Y#6 F#9;              进给到孔中心
N0080 G81 Z#26 R#18 F#9 K0;             钻孔循环
N0090 #100 = #100 + 1;                  钻孔个数 +1
N0100 #1 = #1 + #2;                     孔中心角位置重置
N0110 END 1;                            循环结束
N0120 G80;                              撤销固定循环
N0130 M99;                              返回主程序
```

为了加工图 2-54 所示零件，编制一段主程序，并调用编好的宏程序即可。

```
O0001;
N0010 T01 M06;                                 换刀
N0020 G17 G90 G54 G40 G49 G80;                 状态初始化
N0030 G43 G00 Z50.0 H01 S800 M03;              设置刀补，开主轴
```

```
N0040 G00 X0.0 Y0.0 M07;                                          快进至工件零点
N0050 G65 P3326 X40.0 Y30.0 R4.0 Z-20.0 F150 I30.0 A15.0 B30.0 H4;
                                                                  调用宏程序
N0060 G00 Z100.0 M09;                                             退刀，关切削液
N0070 G49                                                         撤销刀补
N0080 X0.0 Y0.0 M05;                                              停主轴
N0090 M30;                                                        程序结束
```

加工类似的零件时，只要编写主程序，并按照规则调用宏程序即可。

2.5 计算机辅助编程

编制零件加工程序是数控技术应用的重要组成部分，对于形状简单的零件，可以根据零件图样和所选用数控机床的指令系统手工编程。但对工程中大量使用的复杂形状零件，完全用手工计算每个程序段的终点坐标值是非常麻烦甚至是不可能的。因此，几乎在数控机床出现的同时，人们就开始了对自动编程技术的探索。自动编程的实质是利用计算机完成编程过程中大量繁复的坐标计算、图形处理、代码检验工作，提高编程效率，所以也称计算机辅助编程。

计算机辅助编程经历了数控语言编程和图形编程两个阶段，目前已经发展为功能完善的计算机辅助制造（CAM）系统。CAM 系统的功能已经从简单的数控编程，扩展到包括计算机辅助工艺设计（CAPP）、工时定额计算、生产计划制定、资源需求管理等，涵盖了产品制造过程中的一切活动。工程实际中，还常把工时定额计算、生产计划制定和资源需求管理功能单独提取出来，称为制造资源管理（MRP/ERP）系统。本节只介绍其中与计算机辅助编制零件加工程序有关的内容。工程中使用的 CAD/CAM 系统种类繁多，这里介绍的是 CAD/CAM 技术的基础和共性内容。

2.5.1 数控加工工艺设计

数控加工工艺设计包括确定加工方案和工艺处理两个环节。工艺设计主要是输入编程过程中需要的工艺信息，目前的 CAM 系统主要是在各种对话框中通过单选、复选、下拉列表和文本框等功能来实现的，也有些系统是用图形交互的方式进行的。这些工艺信息包括：

1）在零件的 CAD 模型中选择本道工序中要加工的部位，确认几何尺寸、公差和精度要求。

2）工序基准和装夹方式。

3）编程坐标系的位置、对刀点、起刀点的位置。

4）刀具的类型及尺寸。

5）切削用量。

6）走刀方式和走刀路线。

7）毛坯的材料、形状和尺寸，热处理方式。

8）加工精度要求，包括残留高度、线性拟合误差等。

9）其他信息，包括安全平面位置、进刀和退刀方式、冷却方式等。

工艺设计是数控编程的基础和前提，也是目前计算机辅助编程中需要人工介入最多的一部分内容，现在还是以经验设计为主。随着人工智能技术的发展和应用，制造工程师的经验会越来越多地转化为计算机能够理解和运用的信息，工艺设计最终会由完全智能化的 CAPP 系统来完成。

2.5.2 刀具轨迹的生成和编辑

计算数控加工过程中刀位点的坐标值，是数学处理环节的主要任务，根据工艺设计确定的加工路线、刀具形式和切削用量，可以计算出刀具的运行轨迹，这是最能发挥计算机特长，也是计算机代替人工最多的一个环节，计算的数学基础是解析几何。

刀具轨迹的生成过程是通过图形交互的方式进行的，编程者需要做的是，首先根据编程需要在刀具轨迹生成菜单中（包括点位加工、平面轮廓加工、曲面加工等）选择所需要的功能，然后选择要加工的图形目标，再选择走刀方式（行切、环切等），最后按照提示输入编程所需参数（编程特征点位置、刀具参数、切削用量等）。计算机从编程者的选择结果中提取加工表面的几何信息，按照选定的走刀方式和加工精度要求计算出节点数据，根据刀位点数据格式的要求，保存成刀位文件。

刀具轨迹的生成是计算机辅助编程过程中最重要的环节，大致分为以下四种情况：点位加工刀具轨迹的生成、平面轮廓加工刀具轨迹的生成、型腔加工刀具轨迹的生成和曲面加工刀具轨迹的生成。下面分别介绍其刀具轨迹生成过程。

1. 点位加工刀具轨迹的生成

点位加工中，刀具只在特定的点上有加工动作，加工点之间沿直线路径快速进给，进给路线可按照最短路径原则设计。编程者需要输入的信息有加工点位置、起刀点位置、加工方式、走刀路线和刀具信息。计算机根据这些信息，按照编程者选定的走刀路线和加工方式计算刀位点坐标，并将生成的刀具运行轨迹显示在屏幕上，如图 2-55 所示。

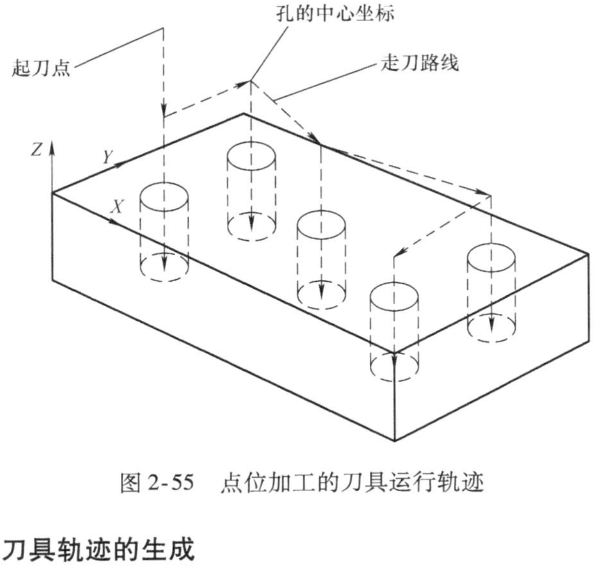

图 2-55　点位加工的刀具运行轨迹

2. 平面轮廓加工刀具轨迹的生成

平面轮廓加工常见于线切割和平面轮廓铣削加工，加工中一般要用到刀具半径补偿功能，按照刀补功能的处理方式，刀具轨迹的生成方式有两种：在刀具轨迹生成时考虑刀补和在后处理时添加刀补功能。前一种是采用交互绘图的方法，首先选择要加工的零件轮廓，然后使用CAM系统的等距线功能，按照刀具半径尺寸和刀补方向信息，创建零件轮廓的等距线即刀心轨迹，计算机根据刀心轨迹自动计算刀位点信息，得到刀具运行轨迹，这种方法生成的零件加工程序中不出现刀具半径补偿指令。后一种方法是计算机直接按照零件轮廓计算刀位点信息，这种方法生成的零件加工程序中含有刀具半径补偿指令，要求所选用的数控机床具有刀具半径补偿功能。两种方法生成的刀具运行轨迹如图2-56所示。在这两种刀路生成方式中，编程者都需要输入起刀点、切入线、切出线、走刀方向、刀补方向等和轮廓加工有关的信息。

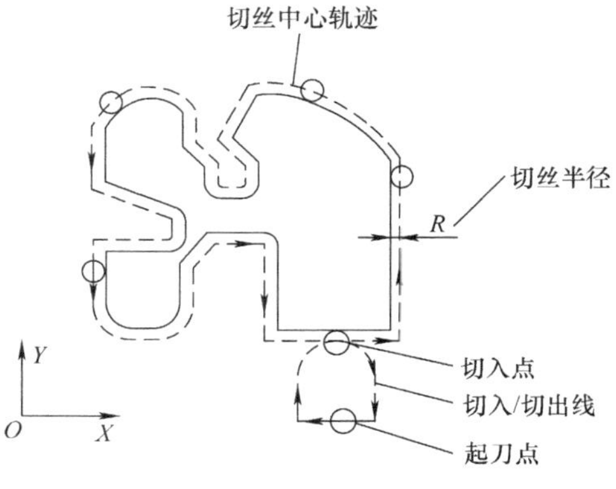

图2-56 平面轮廓加工的刀具运行轨迹

3. 型腔加工刀具轨迹的生成

型腔类零件的特征是具有下凹结构，一般可在三坐标数控铣床上采用分层铣削的方式加工，加工中一般要用到刀具补偿功能。在计算机辅助编程系统中，首先选定型腔的边界和中间的岛屿，再按照提示输入编程坐标系、起刀点、退刀点、刀具参数和走刀方式，然后由计算机自动计算显示并存储刀位点和走刀路线。图2-57所示为按照行切和环切方式加工梯形型腔的走刀路线图。需要注意的是，型腔拐角处的圆角半径与刀具半径是一致的，这是选择刀具半径的重要约束条件。设计型腔内部圆角时，也要考虑到加工刀具的选择问题。

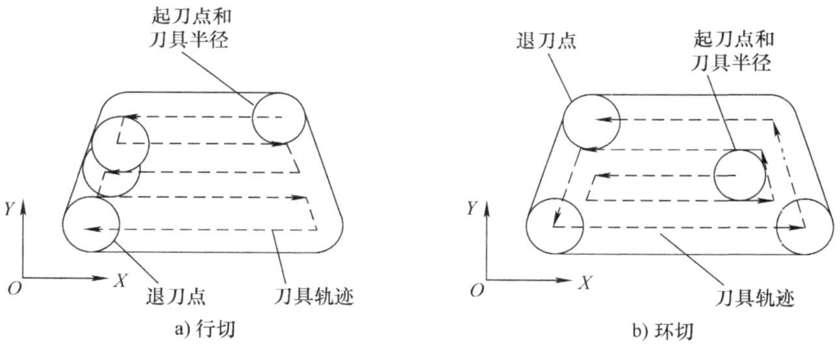

图2-57 型腔加工的走刀路线

4. 曲面加工刀具轨迹的生成

曲面加工是数控加工中最复杂的一种情况，也是最能体现计算机辅助编程优越性的情况。曲面加工需要输入的参数较多，每个参数的选择项也多，因此，具有曲面加工功能的计算机辅助编程系统常采用多重菜单的方式进行人机交互。深入理解菜单中每个选项的含义和选择原则，了解数控加工工艺，是用好计算机辅助编程的基础。图2-58所示为曲面加工的刀具轨迹。

对于所生成的刀具运行轨迹，自动编程系统都允许编程者用图形编辑的方法对其进行修

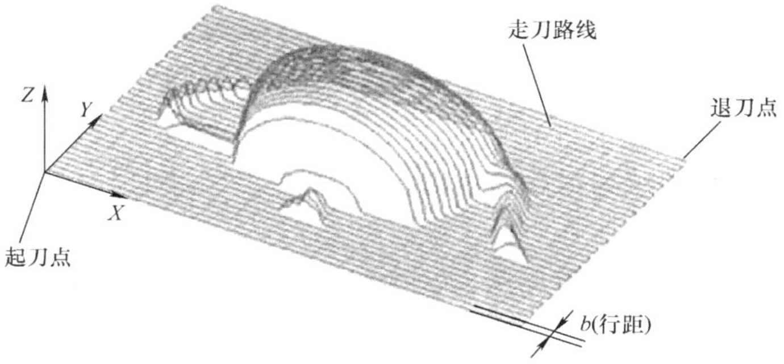

图 2-58　曲面加工的刀具轨迹

改后，保存成刀位数据文件，供后处理环节调用。

2.5.3　后处理

刀具运行轨迹是刀位点在加工过程中的行进路线，与所选用的数控机床型号以及数控系统的类型无关。因此，在使用数控机床加工零件之前，需要将独立于具体数控机床的刀具运行轨迹转换成具体机床的数控代码，这一过程在 CAM 技术中称为后处理，后处理环节完成的是图 2-1 中编写程序清单的工作。

后处理的任务包括以下几个方面：

（1）机床运动变换　刀位数据文件中给出的数据形式为刀心坐标和刀具轴线的方向矢量，需要在后处理中将其转换为机床的运动坐标，这就是机床的运动变换。显然，同样的刀位数据，对于不同运动配置的机床，变换的结果是不同的。在机床运动变换过程中，要考虑到所选的数控机床是否能够实现刀位数据文件中给出的所有刀具的位置和姿态，以及运动变换的结果是否在机床运动的行程之内。

（2）非线性运动误差校验　在刀位数据计算中，是以刀位点之间相连的直线去逼近工件轮廓曲线，并确保逼近误差在允许的误差范围之内。加工过程中，只有机床进给运动确为直线运动时，加工误差才和计算时的逼近误差一致。如果实际机床的进给运动中含有旋转运动分量，由于旋转运动的非线性，实际的运动轨迹就会偏离刀位点之间的连线。因此，需要对偏离的结果做必要的校验，若超过允许误差，则应进行修正。

（3）进给速度校验　和非线性运动误差相似，刀位点计算中，是以刀位点之间的直线运动距离来确定进给速度的，如果所选的数控机床中包含旋转运动，由于回转半径的放大作用，会使进给运动速度变化过大，甚至超出机床的伺服控制能力和刀具的负荷能力，这时，也需要对进给速度做必要的修正。

（4）格式转换　完成上述运动变换和校验之后，就可以按照所选用数控机床的数控指令格式，生成具体机床的零件加工程序。

由此可见，后处理是一个很复杂的过程，如何创建一个后处理系统，使得计算机辅助编程系统能够通过后处理，生成所需要的数控机床的零件加工程序，这就是通用后处理系统要解决的问题。通用后处理系统已经成为现代 CAM 系统的重要组成部分，图 2-59 所示为通用后处理系统的一般流程。

通用后处理系统的主体是上面提到的机床运动变换、非线性运动误差校验、进给速度校验和格式转换模块，系统的对外接口是两个文件和两个数据库。刀位文件的内容是待处理的、用刀位点表示的刀具运行轨迹；数控加工程序文件是通过格式转换得到的，可用于具体数控机床的零件加工程序。机床特性数据库收集了各类数控机床的结构和参数信息，包括运动配置形式、进给运动行程和伺服控制性能等。数控系统特性数据库收集的是各类数控系统的指令系统和程序格式信息，相当于这种数控系统的零件加工程序模板。

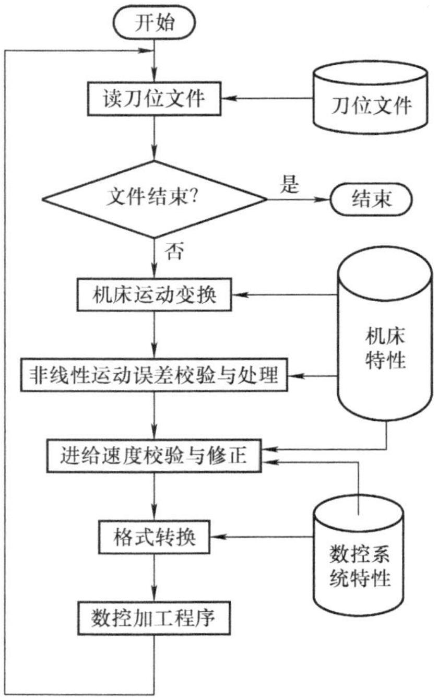

图 2-59　通用后处理系统的一般流程

如果编程者选择的数控机床和数控系统是两个数据库中已有的，后处理系统会从机床特性数据库中提取该机床的结构信息和相关参数，进行机床运动变换、非线性运动误差校验和进给速度校验，然后按照从数控系统特性数据库中提取的该系统的零件加工程序模板，将运动变换的结果转换成相应机床的零件加工程序。如果编程者选择的机床或数控系统不在现有的数据库当中，编程者可以按照系统规定的格式，将所选机床的特性参数和数控系统信息编写成机床特性文件和数控系统特性文件，按照系统规定的路径保存这两个文件，就相当于在两个数据库中添加了相应机床和数控系统信息。

通用后处理的前提是系统的输入文件包括刀位数据文件和数控系统特性文件符合统一的规范。一般要求刀位数据文件符合 IGES 标准，数控系统特性文件与 IGES 标准所含的内容相对应，数控系统的指令格式符合数控指令标准的要求。

2.5.4　零件加工程序的检验

零件加工程序的检验是利用计算机的图像显示和图形处理功能，将刀具运行轨迹形象地展现给编程者，以便发现编程中可能出现的漏洞。表示刀具运行轨迹的刀位点坐标可以直接用于运行轨迹的检验，而已经生成的数控代码要反推出刀位点坐标才能进行检验。

利用图像检验刀具运行轨迹，常用的有显示验证、截面验证和距离验证三种方式。

（1）显示验证　显示验证的基本思想是从 CAD 曲面模型中提取加工表面的曲面模型，从刀位文件中提取刀路信息，然后将曲面模型和刀具轨迹的线框模型同时显示在屏幕上，从而判断走刀路线是否正确、进退刀方式是否合理。图 2-60 所示为球头棒铣刀五坐标侧铣加工涡轮压缩机叶片型面的显示验证图。显示验证的特点是直观，但要求编程者有一定的数控加工经验，且无法给出定量的验证结果。

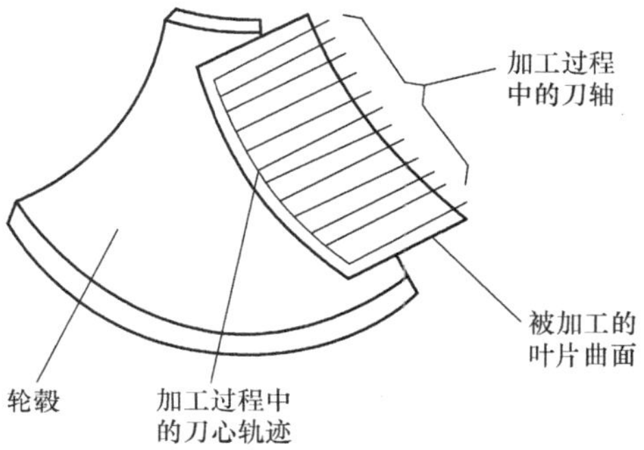

图 2-60　叶轮型面加工的显示验证

（2）截面验证　截面验证是刀位验证的主要方法，其基本思想是先构造一个截面，然后求该截面与待验证刀位点上刀具外形表面、加工表面及其约束表面的交线并在屏幕上显示出来，借此判断所选择的刀具是否合理、是否出现了过切和欠切、刀具是否与约束表面发生干涉。图 2-61 所示为型腔和外轮廓加工中的截面验证实例。

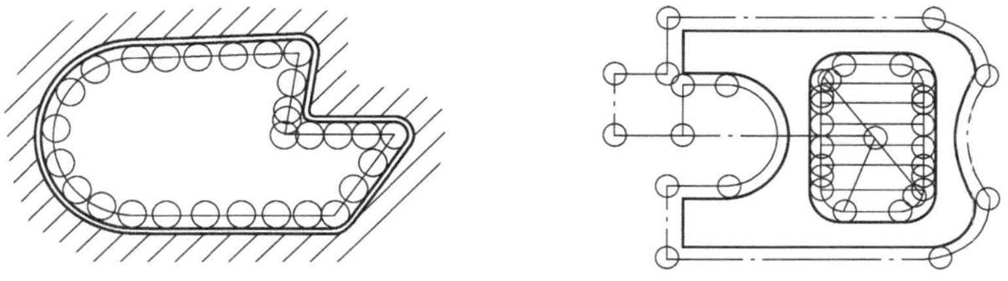

a) 加工型腔的截面验证　　b) 加工外轮廓的截面验证

图 2-61　截面验证实例

（3）距离验证　距离验证是一种定量验证刀具位置的方法，其基本思想是计算待验证刀位点上刀具表面与加工表面的距离，若距离为负，则表示出现了过切现象。图 2-62a 所示为球头刀加工曲面时的距离验证，若刀具轴线垂直于零件表面则刀具到零件表面的距离 $\delta = d - R$（d 是刀具中心到工件表面的距离，R 是刀具的球头半径）。图 2-62b 所示为锥形棒铣刀侧铣加工时刀具的距离验证。选取刀具轮廓上的若干点，计算这些点到零件表面的距离，取其中的最小值作为锥形刀具到零件表面的距离。设 R 为刀具球头半径，L_1 为计算点的轴向位置，d 为计算点到刀具中心线的距离，$\alpha/2$ 为刀具半锥角，则计算点上刀具到零件表面的距离为

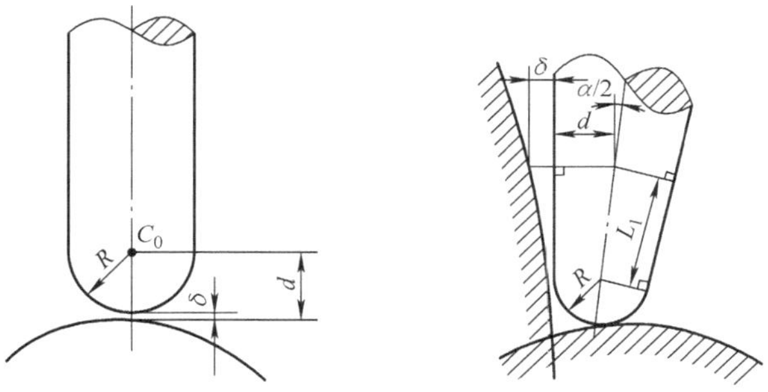

a) 球头刀加工曲面时的距离验证　　b) 锥形棒铣刀侧铣加工时刀具的距离验证

图 2-62　距离验证示意图

$$\delta = d - \left(L_1 \sin\frac{\alpha}{2} + R\right)$$

所选计算点中距离最小者，即为锥形刀具到零件表面的距离。距离验证的优点是可以给出定量的结果，但计算量大、耗时长。

2.5.5　生成工艺文件

填写数控加工的工艺文件是数控加工工艺设计的内容之一。这些技术文件既是数控加工和产品验收的依据，也是操作者应遵守和执行的操作规程。生成工艺文件环节就是利用计算机的文字处理功能，自动生成数控加工中的各种工艺文件，省去了人工编写工艺文件的繁琐过程。数控加工的工艺文件除了常规机械加工的工艺过程卡、工序卡和刀具卡外，还有工件安装及原点设定卡和走刀路线图。

（1）工件安装及原点设定卡　它表示出加工过程中工件的定位和夹紧方式以及编程坐标系原点位置和坐标方向，是操作者装夹工件和对刀操作的依据，如图 2-63 所示。

（2）走刀路线图　数控加工过程中，必须防止刀具与工件、夹具或机床发生意外碰撞，为此，必须使操作者了解编程时设计的走刀路线，包括起刀点、切入方向、退刀方向、退刀

零件图号	J30102-4	数控加工工件安装及原点设定卡	工序号	
零件名称	行星架		装夹次数	

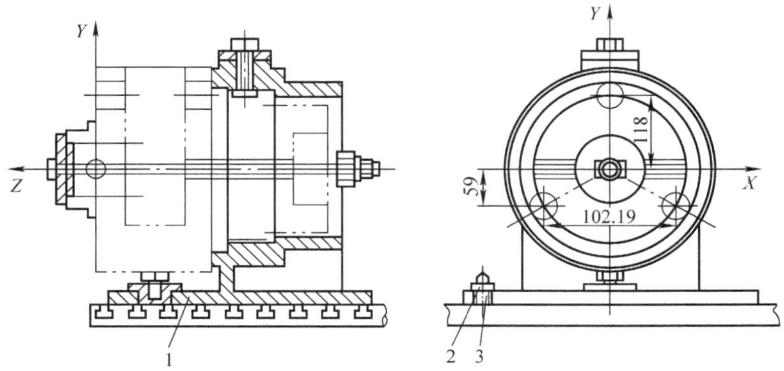

			3	梯形槽螺栓	
			2	压板	
			1	镗铣夹具板	GS53-61
编制(日期) 审核(日期)		批准(日期)	第　　页		
			共　　页	序号	夹具名称	夹具图号

图 2-63　工件安装及原点设定卡

点和换刀点等信息，这就是走刀路线图的作用。为了简化起见，用一些统一约定的符号来绘制走刀路线图，如图 2-64 所示。

数控加工走刀路线图		零件图号	NC01	工序号		工步号		程序号	O0100
机床型号	XK5032	程序段号	N10～N70	加工内容	铣轮廓周边			共　页	第　页

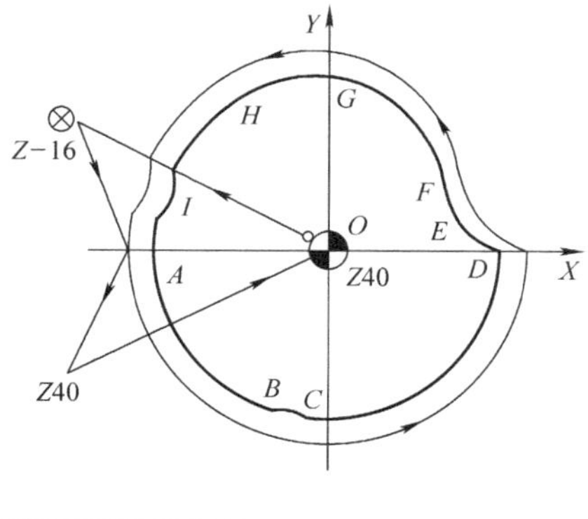

编程	
校对	
审批	

符号									
含义	抬刀	下刀	编程原点	起刀点	走刀方向	走刀线相交	爬斜坡	铰孔	行切

图 2-64　走刀路线图

2.6 STEP－NC

数控技术和CAD技术是在不同的历史阶段独立发展起来的计算机应用技术，在产品的设计和制造过程中，它们各自的侧重点不同，数控技术主要关注产品信息中和制造有关的部分，且不同的数控系统有不同的表达方式，而CAD技术则更多关注产品中和结构、尺寸等有关的几何信息。CAD设计的产品数字模型用于CNC加工时，会出现信息的重复输入、缺失、冲突和畸变，实际工程中是通过系统的各种前处理和后处理来解决这些问题的，但效果往往不如人意。这一问题可以宽泛地表述为：随着信息技术的快速发展和制造业全球化进程的加快，需要大量的产品信息在不同的系统和设备之间进行交换，制造业迫切需要统一的、覆盖产品全寿命周期的信息标准，以求在信息的共享和传递过程中保证其一致性和完整性。

STEP（Standard for Exchange of Product Model Date）是国际标准化组织制定的描述全寿命周期内产品信息的标准，它使得制造企业在整个生产活动中，能够在不兼容的计算机平台上共享和交换信息。STEP－NC是STEP标准向NC领域的扩展，定义了CAD/CAM系统和CNC的接口，它使得数控系统可以直接使用符合STEP标准的CAD三维产品数据模型，加上工艺信息和刀具信息，直接生成数控程序来控制机床。图2-65所示为STEP－NC数据模型的简化结构。

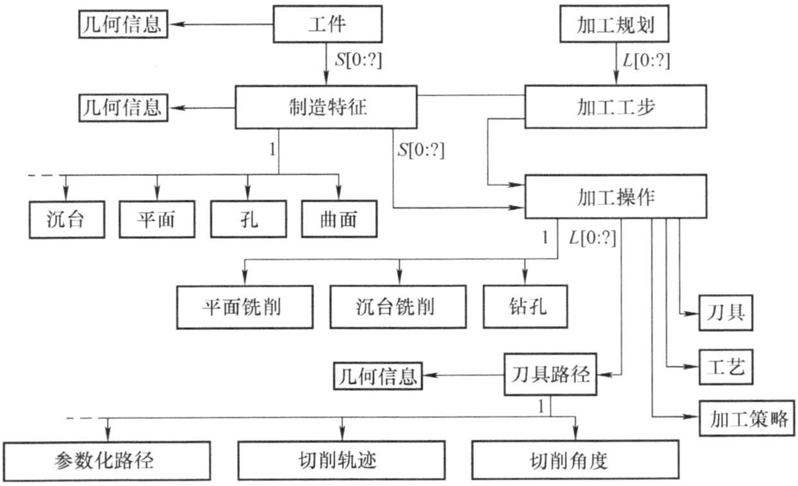

图2-65　STEP－NC数据模型的简化结构

由图2-65可见，零件上需要加工的区域由一系列特征定义，如平面、孔、沉台等。零件加工工艺规程针对不同特征制定了相应的加工工序和工步，如平面铣削、钻孔、沉台铣削等。借助STEP－NC的编程软件生成刀具路径，包括参数化路径、切削轨迹、切削角度。每个工步不仅包含了工艺、刀具和加工策略信息，还可从中提取产品的几何信息、制造特征和刀具特征，并将其和输入的信息对比，迅速实现加工路线和方法的优化。

基于STEP－NC的数控系统如图2-66所示，其基本工作流程是数控系统接收来自CAM系统的、符合STEP－NC标准的数控加工程序后，按照本身的工艺能力，生成高层控制数据和加工轨迹，然后通过总线接口送到开放的智能驱动模块，驱动进给运动和主轴转动。与现有系统的不同之处在于，其所有子系统中的数据传递都是通过 STEP 接口进行的，特别是所有的信息传递都是双向的。数控系统不仅接收 CAM 系统传来的数控程序，还将机床的运行状态反馈给 CAM 系统。

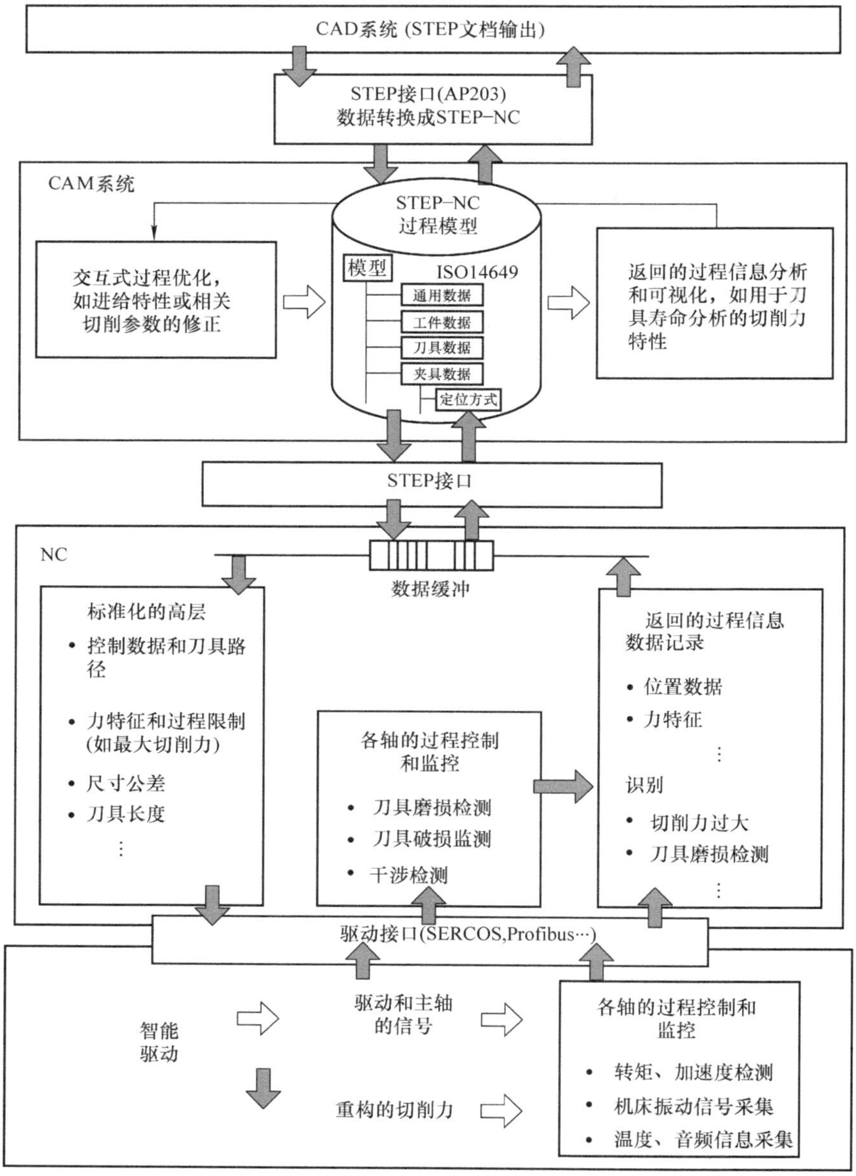

图 2-66　基于 STEP－NC 的数控系统

虽然 STEP－NC 标准尚未全部完成，国内外对基于 STEP－NC 数控技术的研究都处于起步阶段，还有很多问题需要解决，但该技术一旦达到实用阶段，将对数控技术乃至机械制造业产生深远影响，是值得重视的数控技术新动向。

复习思考题

1. 数控编程过程中要做哪些工作？
2. 什么是机器坐标系、编程坐标系？各有什么用途？
3. 卧式数控车床和立式铣床的机器坐标系是如何设定的？
4. 怎样设定编程坐标系？
5. 什么是绝对坐标和增量坐标？
6. 简述直线和圆弧插补指令的意义和用法。
7. 刀补指令有哪几种？其含义分别是什么？
8. 应用固定循环编程有何意义？
9. 编写图2-67所示零件的钻孔加工数控程序。

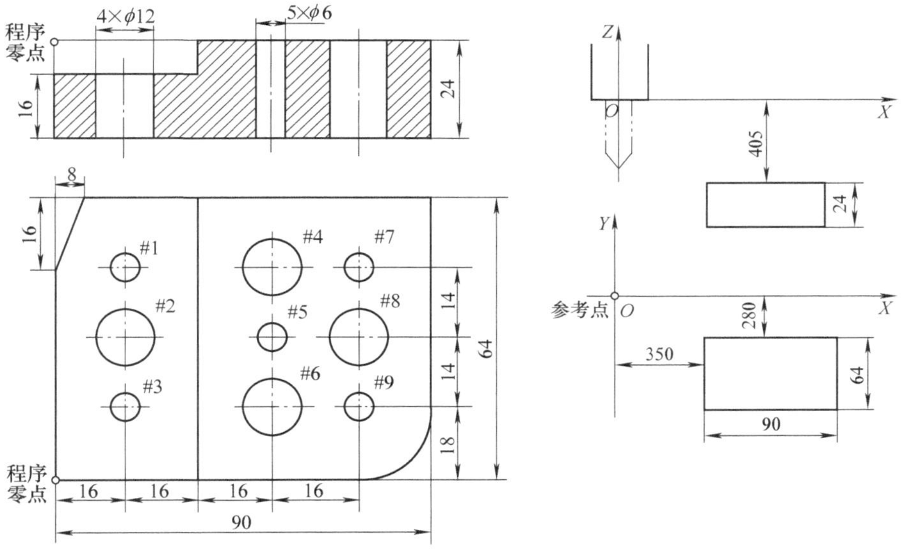

图2-67 习题9图

10. 编写图2-68a、b、c所示零件的车削加工数控程序。

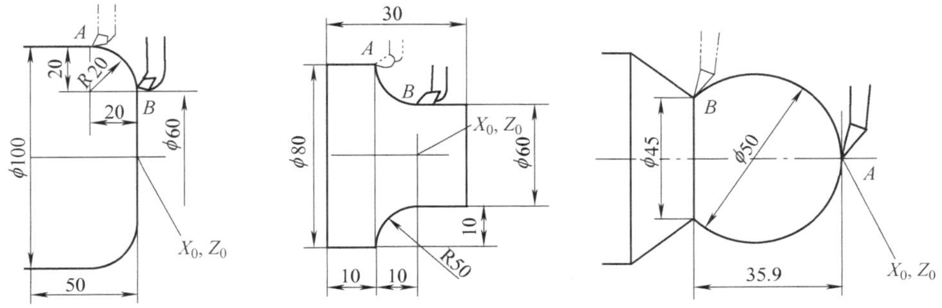

a) 零件1　　b) 零件2　　c) 零件3

图2-68 习题10图

11. 编写图 2-69 所示零件的轮廓铣削加工数控程序。

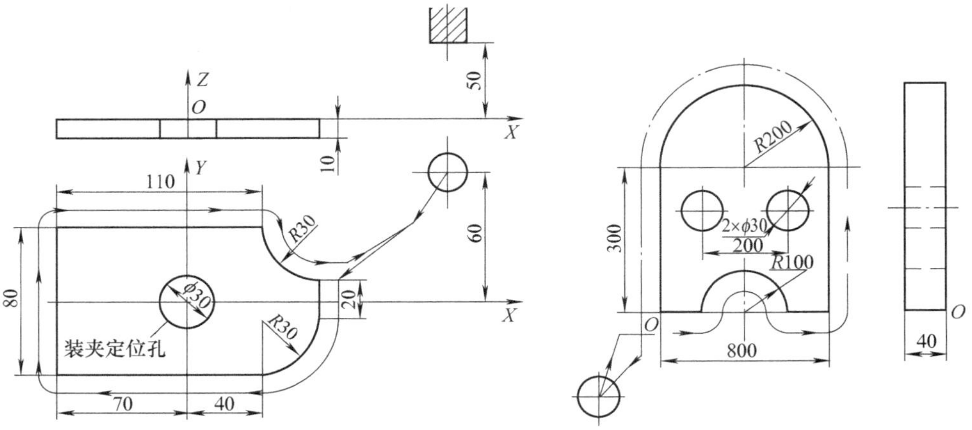

a) 零件1　　b) 零件2

图 2-69　习题 11 图

12. 车削加工编程有哪些特点？

13. 试述自动编程系统中后处理的意义和做法。

14. 数控编程过程中的加工仿真有何意义？仿真过程中主要解决哪些问题？

第3章 数控机床加工运动控制原理

本章提要

运动控制主要是指加工轨迹和速度控制，插补是运动控制的核心技术。插补运算具有周期性和实时性，其运算速度和精度直接影响数控系统的性能，采用一种既简单又精确的插补算法是十分必要的。本章主要介绍连续切削控制的各种插补算法：逐点比较法、数字积分法、直线函数法、扩展DDA数据采样插补法。另外，还介绍了数控机床进给速度、加减速控制方法以及速度前瞻控制，最后介绍了刀具补偿原理。

3.1 数控装置的工作过程

计算机数控（CNC）装置是在硬件支持下执行软件的工作过程。按照数控系统软件的控制逻辑，对程序输入、译码、数据处理、插补、位置控制、PLC和I/O处理、显示和诊断等任务进行控制。下面按照图3-1，简要说明CNC装置的工作过程。

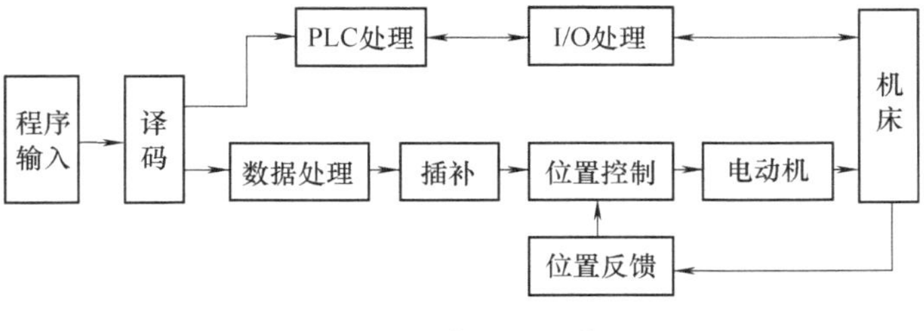

图3-1 CNC装置的工作过程

如图3-1所示，编制的零件加工程序可以通过键盘、通信接口等输入装置输入CNC装置中，在输入的零件加工程序中含有零件的轮廓信息（起点、终点、直线、圆弧等）、加工速度（F代码）及其他辅助功能（M、S、T代码）信息等，CNC装置通过译码程序来识别输入的代码，并按一定规则将这些信息翻译成CNC装置能识别的数据形式，以约定的格式存放在指定的内存缓冲区。数据处理主要是对加工程序中的刀具半径补偿值和刀具长度补偿值进行计算。

插补的任务是根据给定轨迹和速度，通过插补算法，在已知的起点和终点之间插入一些中间点。CNC装置按照这些中间点坐标，控制各坐标轴协调运动。CNC装置一边插补、一边加工，采用的是一种典型的实时控制方式。在闭环和半闭环控制系统中，CNC装置定时对实际坐标位置进行采样。位置控制的主要任务是将采样的实际位置与插补计算的理论位置进行比较，根据其差值，控制进给电动机运动，实现工作台或刀架的位移。

可编程序控制器（PLC）用来实现各种开关量控制，如主轴正反转、停止，刀具交换，切削液的开、关等。I/O 处理是 PLC 和机床之间来往信号的接口控制。

在数控加工过程中，CNC 装置能够控制刀具相对于工件以一定的速度，按照给定的轨迹运动，实现轮廓的切削加工。其中，插补和速度控制技术是 CNC 装置实现运动控制的基础，插补运算模块是 CNC 装置控制软件的核心，是实现运动控制的最重要的功能模块，其性能的好坏将直接影响加工精度和效率。理想的插补模块需要对插补误差和进给速度进行实时监控，同时对轨迹线形进行前瞻和评估，使刀具沿曲线的加工运动参数随着曲线曲率的变化自动调整，以满足高速高精度轨迹控制要求。

3.2 插补原理

3.2.1 “插补”的概念与插补方法分类

在数控加工中，一般已知运动轨迹的起点坐标、终点坐标、曲线方程和进给速度，CNC 装置根据这些信息，实时地计算出各个中间点的坐标，通常把这个过程称为“插补”。插补实质上是根据有限的信息完成数据点的密化工作。数据点密化的计算时间决定着系统的进给速度，密化点的间隔决定着加工过程中的加工精度，因此，插补算法是整个 CNC 装置控制的核心。

加工各种形状的零件轮廓时，CNC 装置必须控制刀具相对工件以给定的速度沿指定的路径运动，这是通过控制各坐标轴依某一规律协调运动来实现的。对于平面曲线的运动轨迹，需要两个坐标运动来协调；对于空间曲线或曲面，则需要 3 个或 3 个以上的坐标协调运动。直线和圆弧是构成零件轮廓的基本线型，一般 CNC 装置都具有直线和圆弧插补功能。对于由非直线或非圆弧组成的轨迹，可以用小段的直线或圆弧来拟合。高档的或有特殊要求的 CNC 装置还具有抛物线、螺旋线和样条曲线等插补功能。

目前常用的插补算法有两类：以脉冲形式输出的基准脉冲插补和以数字量形式输出的数据采样插补。

1. 基准脉冲插补

基准脉冲插补又称脉冲增量插补，这类插补算法是以脉冲形式输出的，CNC 装置每插补运算一次，最多给每个进给轴一个脉冲。把每次插补运算产生的指令脉冲输出到进给伺服系统，以驱动工作台或刀架运动。CNC 装置每发出一个脉冲，工作台或刀架移动的位移量称为脉冲当量或最小分辨率。输出脉冲的数量代表了工作台或刀架移动的位移量，输出脉冲的频率代表了工作台或刀架运动的速度，输出脉冲的最大速度取决于插补软件进行一次插补运算所需的时间。例如，某基准脉冲插补算法大约需要 40μs 的处理时间，若系统脉冲当量为 0.001mm/p，则可求得单个坐标的极限速度为 1.5m/min。采用这种插补算法时，最高进给速度会受到限制。基准脉冲插补适用于以步进电动机为驱动元件的开环控制系统。基准脉冲插补算法中应用较多的有逐点比较法、数字积分法。

2. 数据采样插补

数据采样插补又称时间增量插补，这类插补算法输出的不是进给脉冲，而是用二进制数表示的进给量。它是把加工一段直线或圆弧的整段时间细分为许多相等的微小时间间隔，称为插补周期。在每一个插补周期内，根据指令进给速度计算出一个微小的直线数据段，然后输出这些微小直线段对应的位置增量数据，以控制伺服系统实现坐标轴的进给。通常经过若干个插补周期后，加工完成一个程序段，即从程序段的起点走到终点。因插补结果是一条微小直线段，进给速度越快，线段越长，所以它的进给速度不受限制，但插补程序比较复杂。数据采样插补适用于以直流或交流伺服电动机为驱动元件的闭环和半闭环控制系统。数据采样插补的方法很多，其中应用较多的是直线函数法、扩展 DDA 数据采样插补法。

3.2.2 逐点比较法

加工图 3-2 所示圆弧 AB，如果刀具在起始点 A，可以沿 $-Y$ 或 $+X$ 方向进给，假设让刀具先从 A 点沿 $-Y$ 方向走一步，刀具处在圆内 P_1 点。为使刀具逼近圆弧，同时又向终点移动，需沿 $+X$ 方向走一步，刀具到达 P_2 点，仍位于圆弧内，需再沿 $+X$ 方向走一步，到达圆弧外的 P_3 点，然后再沿 $-Y$ 方向走一步，如此继续移动，直至走到终点。

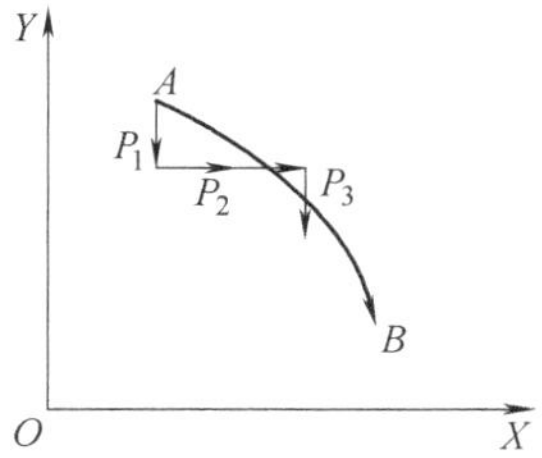

图 3-2 圆弧插补轨迹

加工图 3-3 所示直线 OE 时，先从 O 点沿 $+X$ 向进给一步，刀具到达直线下方的 P_1 点，为逼近直线，第二步应沿 $+Y$ 方向移动，到达直线上方的 P_2 点，再沿 $+X$ 向进给，到达直线下方的 P_3 点，接着沿 $+Y$ 方向移动，直至到达终点。

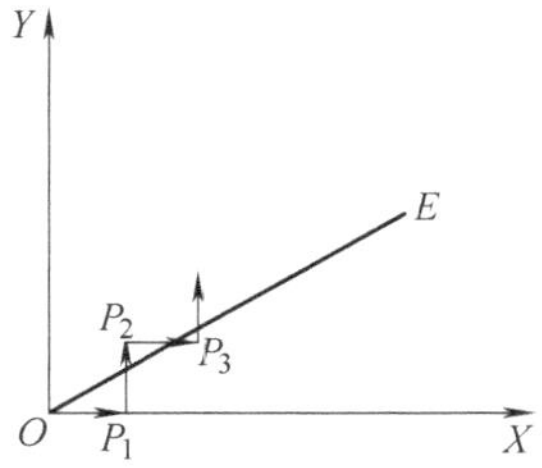

图 3-3 直线插补轨迹

所谓逐点比较法，就是每走一步都要和给定轨迹比较一次，根据比较结果来决定下一步的进给方向，使刀具向减小偏差的方向并趋向终点移动，刀具所走的轨迹应该和给定轨迹非常相"像"。直线和圆弧是构成轮廓的基本几何元素，逐点比较法可以插补直线和圆弧，以小段折线逼近理论轨迹。

1. 插补原理

一般来说，逐点比较法的插补过程可按以下四个步骤进行：

1）偏差判别：根据刀具当前位置，确定进给方向。

2）坐标进给：使加工点向给定轨迹趋进，即向减小误差的方向移动。

3）偏差计算：计算新加工点与给定轨迹之间的偏差，作为下一步的判别依据。

4）终点判别：判断是否到达终点，若到达，则结束插补；否则，继续以上四个步骤（见图 3-4）。

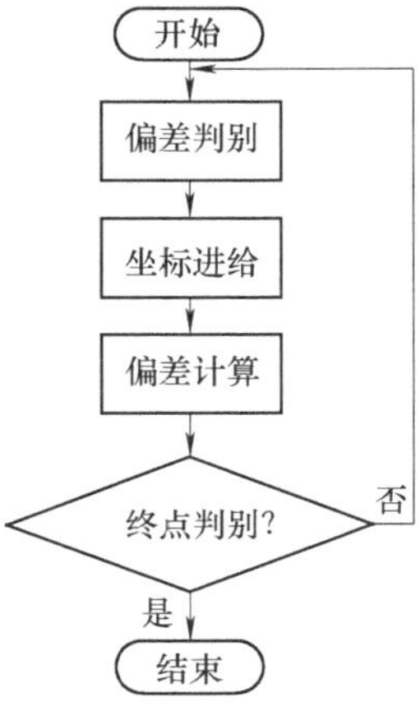

图 3-4 逐点比较法工作循环图

逐点比较法的特点是运算直观、简单，过程清晰，插补误差小于一个脉冲当量，输出脉冲均匀，输出脉冲速度变化小，调节方便，但不易实现三坐标以上的插补。

2. 直线插补

如图 3-5 所示的第一象限直线 OE，起点 O 为坐标原点，用户编程时，给出直线的终点坐标 $E(X_e, Y_e)$，直线方程为：

$$X_eY - XY_e = 0 \tag{3-1}$$

直线 OE 为给定轨迹，$P(X, Y)$ 为加工中的动点坐标，动点与直线的位置关系有三种情况：动点在直线上方、动点在直线上、动点在直线下方。

1）若动点 P_1 在直线上方，则有：

$$X_eY - XY_e > 0$$

2）若动点 P 在直线上，则有：

$$X_eY - XY_e = 0$$

3）若动点 P_2 在直线下方，则有：

$$X_eY - XY_e < 0$$

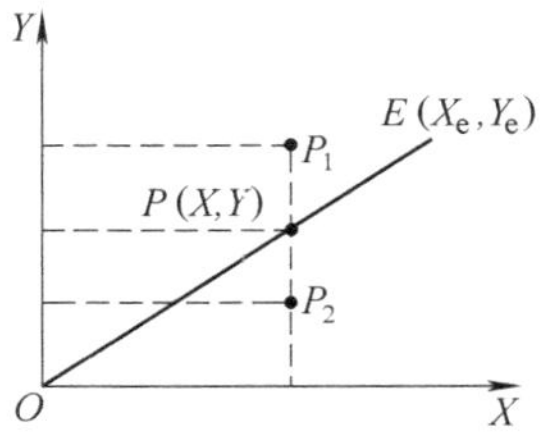

图 3-5　动点与直线位置关系

因此，可以构造偏差函数为：

$$F = X_eY - XY_e \tag{3-2}$$

对于第一象限直线，其偏差符号与进给方向的关系为：

$F=0$ 时，表示动点在 OE 上，如点 P，可沿 $+X$ 向进给，也可沿 $+Y$ 向进给。

$F>0$ 时，表示动点在 OE 上方，如点 P_1，应沿 $+X$ 向进给。

$F<0$ 时，表示动点在 OE 下方，如点 P_2，应沿 $+Y$ 向进给。

这里规定动点在直线上时，为了插补能继续进行，要从无偏差状态到有偏差状态，可归入 $F>0$ 的情况一同考虑。

插补工作从起点开始，走一步，算一步，判别一次，再走一步，当沿两个坐标方向走的步数分别等于 X_e 和 Y_e 时，停止插补。

因为插补过程中，每走完一步都要算一次新点的偏差，如果按式（3-2）计算，则需要进行两次乘法和一次减法运算，过程复杂，速度较慢。下面将 F 的运算采用递推算法予以简化，设动点 $P_i(X_i, Y_i)$ 的 F_i 值为：

$$F_i = X_eY_i - X_iY_e$$

若 $F_i \geqslant 0$，表明 $P_i(X_i, Y_i)$ 点在 OE 直线上方或在直线上，应沿 $+X$ 向走一步，假设坐标值的单位为脉冲当量，走步后新的坐标值为 P_{i+1}（X_{i+1}，Y_{i+1}），且 $X_{i+1}=X_i+1$，$Y_{i+1}=Y_i$，新点的偏差为：

$$\begin{aligned}F_{i+1} &= X_eY_{i+1} - X_{i+1}Y_e\\ &= X_eY_i - (X_i+1)Y_e\\ &= X_eY_i - X_iY_e - Y_e\\ &= F_i - Y_e\end{aligned}$$

即

$$F_{i+1} = F_i - Y_e \tag{3-3}$$

若 $F_i<0$，则表明 P_i（X_i，Y_i）点在 OE 的下方，应沿 $+Y$ 方向进给一步，新点坐标值为 P_{i+1}（X_{i+1}，Y_{i+1}），且 $X_{i+1}=X_i$，$Y_{i+1}=Y_i+1$，新点的偏差为：

$$\begin{aligned}F_{i+1} &= X_eY_{i+1} - X_{i+1}Y_e\\ &= X_e(Y_i+1) - X_iY_e\\ &= X_eY_i - X_iY_e + X_e\\ &= F_i + X_e\end{aligned}$$

即
$$F_{i+1}=F_i+X_e \tag{3-4}$$

式（3-3）和式（3-4）是简化后的偏差计算公式，采用递推算法后，不用乘法，只用加减法，并且只需要终点坐标，不必计算和保存刀具中间点坐标，运算量和运算时间减少，插补运算速度提高。

开始加工时，将刀具移到起点，刀具正好处于直线上，偏差为零，即 $F=0$。根据这一点的偏差可求出新一点的偏差，随着加工的进行，每一新加工点的偏差都可由前一点的偏差和终点坐标相加或相减得到，非常简便。

在插补运算、进给的同时，还要进行终点判别。常用终点判别方法，是设置一个长度计数器，从直线的起点走到终点，刀具沿 X 轴应走的步数为 $|X_e|$，沿 Y 轴应走的步数为 $|Y_e|$，计数器中存入 X 和 Y 两坐标进给步数的总和 $\sum=|X_e|+|Y_e|$，当 X 或 Y 坐标进给时，计数长度减一，当计数长度减到零时，即 $\sum=0$ 时，停止插补，到达终点。

例 3-1　加工第一象限直线0E，起点为坐标原点，终点坐标为 $E(4，3)$（单位为脉冲当量）。试用逐点比较法对该段直线进行插补，并画出插补轨迹。

解：直线插补运算过程见表 3-1，直线插补轨迹如图 3-6 所示。

表 3-1　直线插补运算过程

序号	偏差判别	坐标进给	偏差计算	终点判别
起点			$F_0=0$	$\sum=7$
1	$F_0=0$	$+X$	$F_1=F_0-Y_e=-3$	$\sum=6$
2	$F_1<0$	$+Y$	$F_2=F_1+X_e=1$	$\sum=5$
3	$F_2>0$	$+X$	$F_3=F_2-Y_e=-2$	$\sum=4$
4	$F_3<0$	$+Y$	$F_4=F_3+X_e=2$	$\sum=3$
5	$F_4>0$	$+X$	$F_5=F_4-Y_e=-1$	$\sum=2$
6	$F_5<0$	$+Y$	$F_6=F_5+X_e=3$	$\sum=1$
7	$F_6>0$	$+X$	$F_7=F_6-Y_e=0$	$\sum=0$

由直线插补例子看出，在起点和终点处，刀具都在直线上。通过逐点比较法，控制刀具走出一条尽量接近零件轮廓直线的轨迹，当脉冲当量很小时，刀具走出的折线非常接近直线轨迹，插补误差的大小与脉冲当量的大小直接有关。

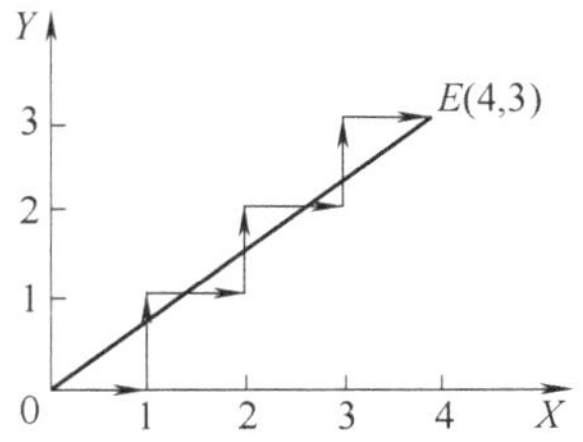

图 3-6　直线插补轨迹实例

3. 四个象限的直线插补

假设有一条第三象限直线 OE'（见图 3-7），起点坐标在原点 O，终点坐标为 $E'(-X_e，-Y_e)$，在第一象限有一条和它对称于原点的直线，其终点坐标为 $E(X_e，Y_e)$。按第一象限直线进行插补计算时，将偏差计算公式中的终点坐标取绝对值，则与第一象限直线的偏差计算公式相同。从 O 点开始把沿 X 轴正向进给改为沿 X 轴负向进给，沿 Y 轴正向进给改为沿 Y 轴负向进给，这时实际插补出的就是第三象限直线，输出驱动，使 X 和 Y 轴电动机反向旋转。

四个象限直线的偏差符号和插补进给方向如图 3-8 所示，用 L1、L2、L3、L4 分别表示

第一、二、三、四象限的直线。为适用于四个象限的直线插补，插补运算时用 $|X_e|$、$|Y_e|$ 代替 X_e、Y_e，偏差符号的确定可将其转化到第一象限，动点与直线的位置关系按第一象限判别方式进行判别。由图 3-8 可见，靠近 Y 轴区域偏差大于或等于零，靠近 X 轴区域偏差小于零。$F \geqslant 0$ 时，进给都是沿 X 轴的，是 $+X$ 向还是 $-X$ 向，取决于给定的 X 轴终点坐标，并向终点趋近；$F<0$ 时，进给都是沿 Y 轴的，是 $+Y$ 向还是 $-Y$ 向，取决于给定的 Y 轴终点坐标，并向终点趋近。图 3-9 所示为四个象限直线插补流程图。

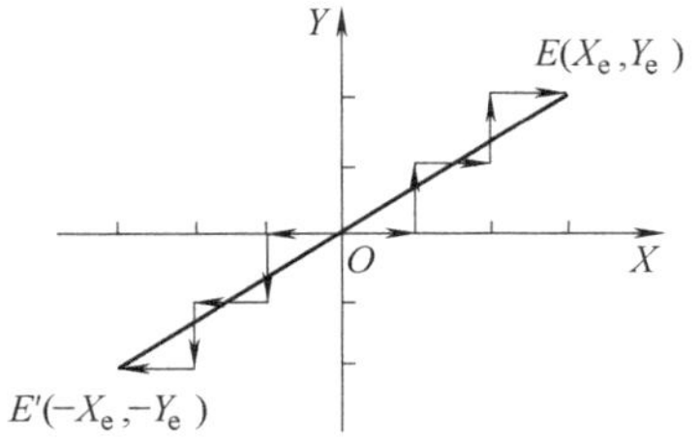

图 3-7 第三象限直线插补轨迹

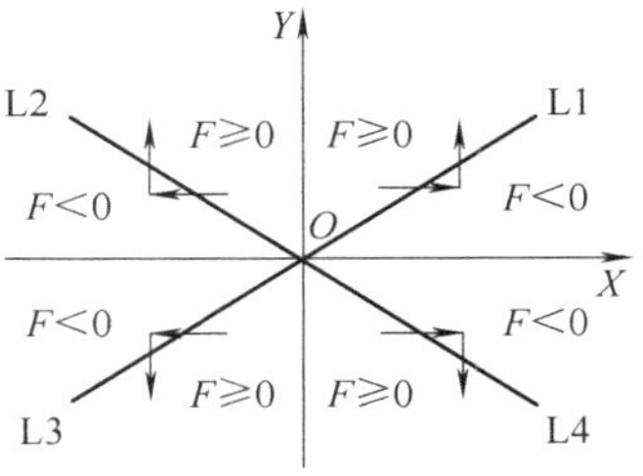

图 3-8 四个象限直线的偏差符号和插补进给方向

4. 圆弧插补

在圆弧加工过程中，要描述刀具位置与被加工圆弧之间的关系，可用动点到圆心的距离来表示。设圆弧圆心在坐标原点，已知圆弧起点 $A(X_a, Y_a)$、终点 $B(X_b, Y_b)$，圆弧半径为 R。加工点可能存在三种情况，即圆弧上、圆弧外、圆弧内。当动点 $P(X, Y)$ 位于圆弧上时，有：

$$X^2+Y^2-R^2=0$$

当 P 点在圆弧外侧时，OP 大于圆弧半径 R，即

$$X^2+Y^2-R^2>0$$

当 P 点在圆弧内侧时，OP 小于圆弧半径 R，即

$$X^2+Y^2-R^2<0$$

用 F 表示 P 点的偏差值，定义圆弧偏差函数判别式为：

$$F=X^2+Y^2-R^2 \tag{3-5}$$

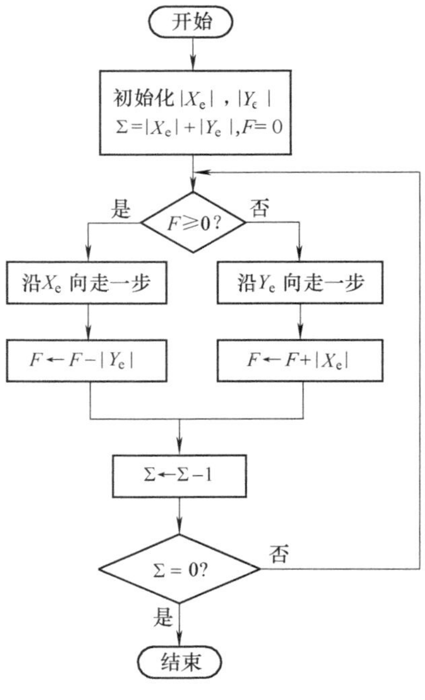

图 3-9 四个象限直线插补流程图

为使加工点逼近圆弧，当动点位于圆弧外时，应向圆内进给；当动点在圆弧内时，应向圆外走一步；当动点在圆弧上时，为使加工进给继续下去，一般约定将其和 $F>0$ 一并考虑。

图 3-10a 中 AB 为第一象限顺圆弧 SR1，若 $F \geqslant 0$ 时，动点在圆弧上或圆弧外，则向圆内走一步，即沿 $-Y$ 向进给，然后计算出新点的偏差；若 $F<0$，表明动点在圆内，应再沿 $+X$ 向进给，计算新一点的偏差，如此走一步，算一步，直至到达终点。

由于偏差计算公式中有二次方值计算，下面采用递推公式予以简化。对第一象限顺圆

弧，$F_i \geqslant 0$，动点 $P_i(X_i, Y_i)$ 应沿 $-Y$ 向进给，新的动点坐标为 $P_{i+1}(X_{i+1}, Y_{i+1})$，且 $X_{i+1}=X_i$，$Y_{i+1}=Y_i-1$，则新点的偏差值为：

$$F_{i+1}=X_{i+1}^2+Y_{i+1}^2-R^2$$
$$=X_i^2+(Y_i-1)^2-R^2$$

即
$$F_{i+1}=F_i-2Y_i+1 \quad (3\text{-}6)$$

当 $F_i<0$ 时，沿 $+X$ 向前进一步，到达 $P_{i+1}(X_i+1, Y_i)$ 点，新点的偏差值为：

$$F_{i+1}=X_{i+1}^2+Y_{i+1}^2-R^2$$
$$=(X_i+1)^2+Y_i^2-R^2$$

即
$$F_{i+1}=F_i+2X_i+1 \quad (3\text{-}7)$$

进给后新点的偏差计算公式除与前一点偏差值有关外，还与动点坐标有关，所以在圆弧插补的同时，还必须计算新的动点坐标。

圆弧与直线插补计算过程基本相同，对于圆弧仅在一个象限内的情况，终点判别可采用与直线插补相似的方法，将 X、Y 轴走的步数总和存入一个计数器，即 $\Sigma=|X_b-X_a|+|Y_b-Y_a|$，每走一步，$\Sigma$ 减一，当 $\Sigma=0$ 时发出停止信号。

CNC 装置用软件实现逐点比较法插补是比较方便的，图 3-11 所示为第一象限顺圆弧插补流程图。

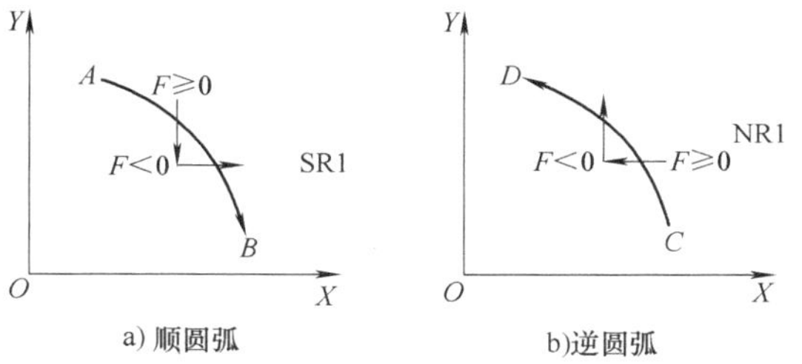

图 3-10 第一象限顺、逆圆弧

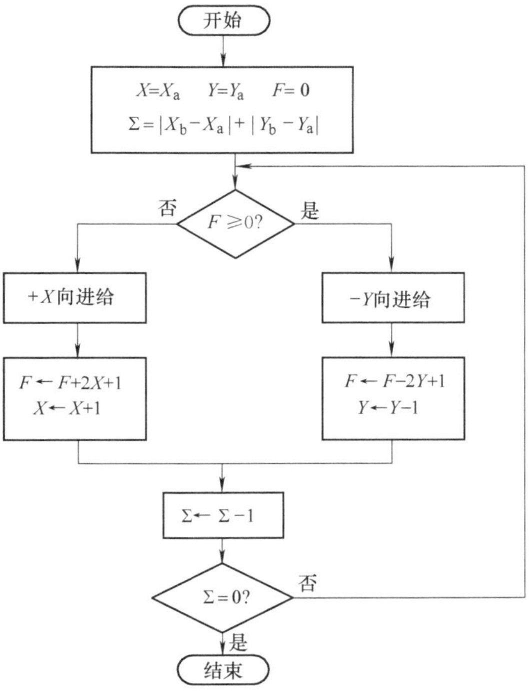

图 3-11 第一象限顺圆弧插补流程图

例 3-2 现欲加工第一象限顺圆弧 AB，起点为 $A(0, 4)$，终点为 $B(4, 0)$（单位为脉冲当量），试用逐点比较法进行插补。

解：圆弧插补运算过程见表 3-2，圆弧插补轨迹如图 3-12 所示。

表 3-2 圆弧插补运算过程

步数	偏差判别	坐标进给	偏差计算	坐标计算	终点判别
起点			$F_0=0$	$X_0=0, Y_0=4$	$\Sigma=8$
1	$F_0=0$	$-Y$	$F_1=F_0-2Y_0+1=-7$	$X_1=0, Y_1=3$	$\Sigma=7$
2	$F_1<0$	$+X$	$F_2=F_1+2X_1+1=-6$	$X_2=1, Y_2=3$	$\Sigma=6$
3	$F_2<0$	$+X$	$F_3=F_2+2X_2+1=-3$	$X_3=2, Y_3=3$	$\Sigma=5$
4	$F_3<0$	$+X$	$F_4=F_3+2X_3+1=2$	$X_4=3, Y_4=3$	$\Sigma=4$
5	$F_4>0$	$-Y$	$F_5=F_4-2Y_4+1=-3$	$X_5=3, Y_5=2$	$\Sigma=3$
6	$F_5<0$	$+X$	$F_6=F_5+2X_5+1=4$	$X_6=4, Y_6=2$	$\Sigma=2$
7	$F_6>0$	$-Y$	$F_7=F_6-2Y_6+1=1$	$X_7=4, Y_7=1$	$\Sigma=1$
8	$F_7>0$	$-Y$	$F_8=F_7-2Y_7+1=0$	$X_8=4, Y_8=0$	$\Sigma=0$

5. 四个象限中的圆弧插补

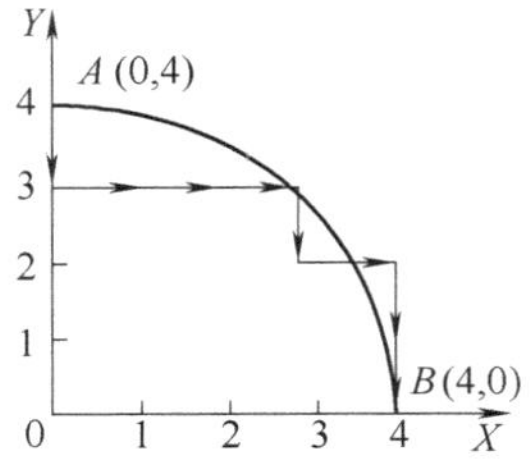

图 3-12 圆弧插补轨迹实例

上面讨论的是第一象限顺圆弧的插补方法。参照图 3-10b，第一象限逆圆弧 CD 的运动趋势是 X 轴绝对值减小，Y 轴绝对值增大，当动点在圆弧上或圆弧外，即 $F_i \geqslant 0$ 时，X 轴沿负向进给，新点的偏差函数为：

$$F_{i+1} = F_i - 2X_i + 1 \tag{3-8}$$

当动点在圆弧内，即 $F_i < 0$ 时，Y 轴沿正向进给，新点的偏差函数为：

$$F_{i+1} = F_i + 2Y_i + 1 \tag{3-9}$$

与直线插补相似，如果插补计算都用坐标的绝对值，将进给方向按实际象限处理，四个象限的插补公式便可以统一起来，当对第一象限顺圆弧进行插补时，将 X 轴正向进给改为 X 轴负向进给，则走出的是第二象限逆圆弧；若将 X 轴沿负向、Y 轴沿正向进给，则走出的是第三象限顺圆弧。如图 3-13a、b 所示，用 SR1、SR2、SR3、SR4 分别表示第一、二、三、四象限的顺圆弧，用 NR1、NR2、NR3、NR4 分别表示第一、二、三、四象限的逆圆弧，四个象限圆弧的进给方向表示在图 3-13 中，插补计算过程见表 3-3。

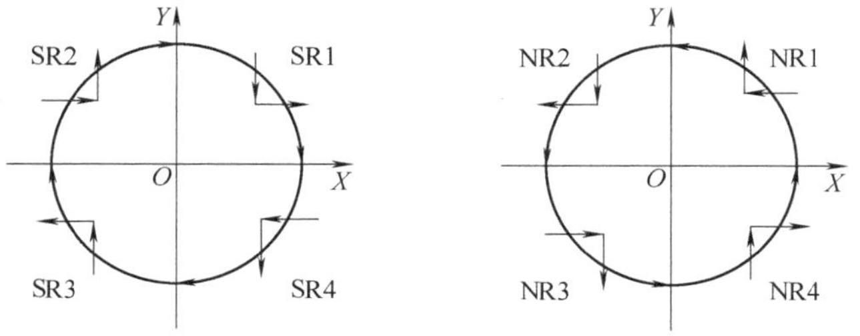

a) 顺圆弧　　b) 逆圆弧

图 3-13 四个象限圆弧进给方向

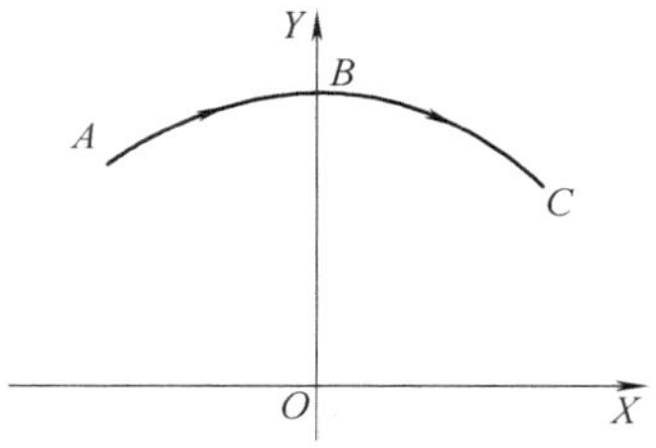

图 3-14 跨象限圆弧

表 3-3 四个象限圆弧插补计算过程

偏差判别	圆弧	$F_i \geqslant 0$	$F_i < 0$	圆弧	$F_i \geqslant 0$	$F_i < 0$
进给	NR1	$-X$	Y	SR1	$-Y$	X
	NR3	X	$-Y$	SR3	Y	$-X$
	SR2	X	Y	NR2	$-Y$	$-X$
	SR4	$-X$	$-Y$	NR4	Y	X
偏差计算	$F_{i+1} = F_i - 2\lvert X_i \rvert + 1$ $X_{i+1} = \lvert X_i \rvert - 1$		$F_{i+1} = F_i + 2\lvert Y_i \rvert + 1$ $Y_{i+1} = \lvert Y_i \rvert + 1$	$F_{i+1} = F_i - 2\lvert Y_i \rvert + 1$ $Y_{i+1} = \lvert Y_i \rvert - 1$		$F_{i-1} = F_i + 2\lvert X_i \rvert + 1$ $X_{i+1} = \lvert X_i \rvert + 1$

当圆弧过象限，即圆弧的起点和终点不在同一象限内时，若坐标采用绝对值进行插补运算，则应先进行过象限判断，当 $X=0$ 或 $Y=0$ 时过象限。如图 3-14 所示，需要将圆弧 AC 分成两段圆弧 AB 和 BC，到 $X=0$ 时，进行处理，对应调用 SR2 和 SR1 的插补程序。

6. 逐点比较法合成进给速度

逐点比较法的特点是脉冲源每发出一个脉冲，就进给一步，不是发向 X 轴，就是发向 Y 轴，如果 f_g 为脉冲源频率（单位为 Hz），f_X、f_Y 分别为 X 轴和 Y 轴进给频率（单位为 Hz），则

$$f_g = f_X + f_Y \tag{3-10}$$

从而 X 轴和 Y 轴的进给速度（单位为 mm/min）为：

$$v_X = 60\delta f_X \qquad v_Y = 60\delta f_Y$$

式中　δ——脉冲当量（mm/p）。

合成进给速度为：

$$v = \sqrt{v_X^2 + v_Y^2} = 60\delta \sqrt{f_X^2 + f_Y^2} \tag{3-11}$$

设脉冲源速度为 v_g，$v_g = 60\delta f_g$，则

$$v_g = v_X + v_Y \tag{3-12}$$

合成进给速度与脉冲源速度之比为：

$$\frac{v}{v_g} = \frac{\sqrt{v_X^2 + v_Y^2}}{v_X + v_Y} = \frac{\sqrt{\frac{v_X^2}{v^2} + \frac{v_Y^2}{v^2}}}{\frac{v_X + v_Y}{v}} = \frac{1}{\sin\alpha + \cos\alpha} \tag{3-13}$$

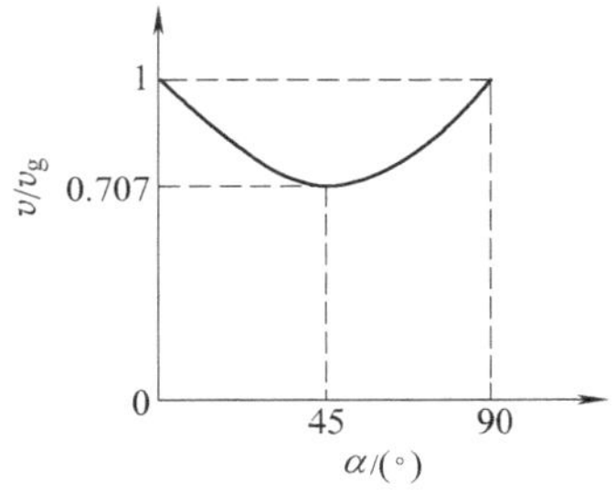

图 3-15　逐点比较法进给速度

由式（3-13）可见，按编程进给速度确定了脉冲源频率 f_g 后，实际获得的合成进给速度 v 并不总是等于脉冲源的速度 v_g，而是与角 α 有关。插补直线时，α 为加工直线与 X 轴的夹角；插补圆弧时，α 为圆心与动点连线和 X 轴的夹角。根据式（3-13）可作出 v/v_g 随 α 变化的曲线。如图 3-15 所示，v/v_g 为 0.707～1，最大合成进给速度与最小合成进给速度之比为 $v_{max}/v_{min} = 1.414$，这对于一般机床来讲可以满足要求，认为逐点比较法的进给速度是比较平稳的。

3.2.3　数字积分法

数字积分法又称数字微分分析（Digital Differential Analyzer，DDA）法，是利用数字积分的原理，计算刀具沿坐标轴的位移，使刀具沿着所加工的轨迹运动。数字积分法具有易于实现多坐标联动，较容易实现一次曲线、二次曲线、高次曲线的插补等特点。

数字积分法的基本原理可以通过函数积分来说明。如图 3-16 所示，设有一函数 $Y = f(t)$，求此函数在区间（t_0，t_n）的积分，就是求此函数曲线与横坐标 t 在区间（t_0，t_n）所围成的面积。如果将横坐标区间段划分成间隔为 Δt 的很多小区间，当 Δt 取得足够小时，此面积 S 可近似地视为曲线下许多小矩形的面积之和，即

$$S = \int_{t_0}^{t_n} Y\mathrm{d}t \approx \sum_{i=0}^{n-1} Y_i \Delta t \tag{3-14}$$

其中，Y_i 为 $t = t_i$ 时 $f(t)$ 的值。式（3-14）说明，求积分的过程也可以用累加求和的方式来近似。在数学运算中，取 Δt 为基本单位“1”，则式（3-14）可简化为：

$$S \approx \sum_{i=0}^{n-1} Y_i \tag{3-15}$$

应用数字积分器可以实现这种近似计算，数字积分器通常由被积函数寄存器、累加器和与门等组成，其工作过程为：每隔 Δt 时间来一个脉冲，与门打开一次，将被积函数寄存器中的被积函数值送入累加器里累加一次，令累加器的容量为一个单位面积，当累加和超过累加器的容量时，便发出溢出脉冲，这样，累加过程中产生的溢出脉冲总数就近似等于所求的总面积，也就是所求积分值。图 3-17 所示为数字积分器示意图。

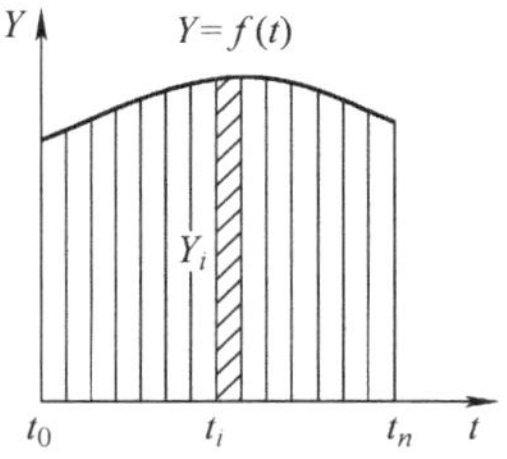

图 3-16　函数 $y=f(t)$ 的积分

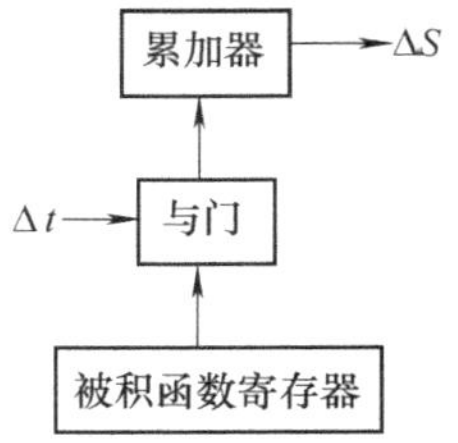

图 3-17　数字积分器示意图

1. 数字积分法直线插补

从一实例讲起，加工直线 $0E$，起点为坐标原点，终点坐标为 $E(7,4)$，为了使从原点到 E 点的插补过程进给脉冲均匀，应该对 $E(X_e,Y_e)$ 按比例分配。设寄存器和累加器容量为 1，将 $X_e=7$、$Y_e=4$ 分别分成 8 段，每一段分别为 7/8、4/8，将其存入 X 和 Y 被积函数寄存器中，当第一个时钟脉冲到来时，将 X 寄存器和 Y 寄存器的数分别送入相应的累加器中进行累加，因不大于累加器容量，没有溢出脉冲，累加器里的值分别为 7/8、4/8。第二个时钟脉冲到来时，再将 X、Y 寄存器中的数送入各自的累加器中，X 累加器累加结果为 $7/8+7/8=1+6/8$，因累加器容量为 1，满 1 就溢出一个脉冲，则往 X 方向发出一个进给脉冲，余下的 6/8 仍寄存在累加器里，故累加器又称余数寄存器。Y 累加器中累加为 $4/8+4/8$，其结果等于 1，Y 方向也进给一步。第三个脉冲到来时，仍继续累加，X 累积器为 $6/8+7/8$，结果大于 1，X 方向再走一步；Y 累加器中为 $0+4/8$，其结果小于 1，无溢出脉冲，Y 向不走步。如此继续，直到输入第八个脉冲时，X 方向溢出脉冲总数为 $7/8\times8=7$，Y 方向溢出脉冲总数为 $4/8\times8=4$，经 8 次累加到达终点 E。十进制数和二进制数的累加过程见表 3-4，移动轨迹如图 3-18 所示。由此可见，直线 $0E$ 的插补过程实质上是一个累加过程（即积分过程）。

表 3-4　DDA 直线插补实例运算过程

累加次数	X 积分器			Y 积分器		
	X 被积函数寄存器	X 累加器	溢出	Y 被积函数寄存器	Y 累加器	溢出
1	7/8 **0.111**	7/8 **0.111**		4/8 **0.100**	4/8 **0.100**	
2	7/8 **0.111**	7/8 +7/8 =1 +6/8 **0.111 +0.111 =1.110**	1	4/8 **0.100**	4/8 +4/8 =1 **0.100 +0.100 =1.000**	1
3	7/8 **0.111**	7/8 +6/8 =1 +5/8 **0.111 +0.110 =1.101**	1	4/8 **0.100**	4/8 +0 =4/8 **0.100 +0.000 =0.100**	

（续）

累加次数	X 积分器			Y 积分器		
	X 被积函数寄存器	X 累加器	溢出	Y 被积函数寄存器	Y 累加器	溢出
4	7/8 **0.111**	7/8 +5/8 =1 +4/8 **0.111 +0.101 =1.100**	1	4/8 **0.100**	4/8 +4/8 =1 **0.100 +0.100 =1.000**	1
5	7/8 **0.111**	7/8 +4/8 =1 +3/8 **0.111 +0.100 =1.011**	1	4/8 **0.100**	4/8 +0 =4/8 **0.100 +0.000 =0.100**	
6	7/8 **0.111**	7/8 +3/8 =1 +2/8 **0.111 +0.011 =1.010**	1	4/8 **0.100**	4/8 +4/8 =1 **0.100 +0.100 =1.000**	1
7	7/8 **0.111**	7/8 +2/8 =1 +1/8 **0.111 +0.010 =1.001**	1	4/8 **0.100**	4/8 +0 =4/8 **0.100 +0.000 =0.100**	
8	7/8 **0.111**	7/8 +1/8 =1 **0.111 +0.001 =1.000**	1	4/8 **0.100**	4/8 +4/8 =1 **0.100 +0.100 =1.000**	1

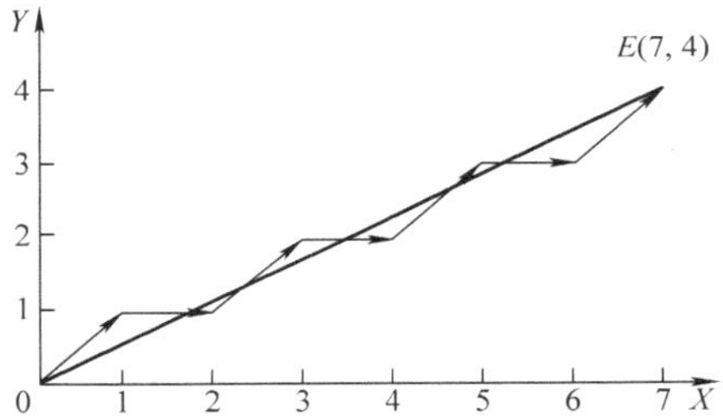

图 3-18　直线插补移动轨迹

如图 3-19 所示，若要加工第一象限直线 OE，起点为坐标原点 O，终点为 $E(X_e, Y_e)$，刀具以匀速 v 由起点移向终点，其 X、Y 坐标的速度分量为 v_X、v_Y，对于直线函数，下式成立：

$$\frac{v}{OE}=\frac{v_X}{X_e}=\frac{v_Y}{Y_e}=k \text{（}k\text{ 为常数）} \tag{3-16}$$

各坐标轴的位移量为：

$$\begin{cases} X = \int v_X \mathrm{d}t = \int kX_e \mathrm{d}t \\ Y = \int v_Y \mathrm{d}t = \int kY_e \mathrm{d}t \end{cases} \tag{3-17}$$

数字积分法是求式（3-17）从 O 到 E 区间的定积分。此积分值等于由 O 到 E 的坐标增量，因积分是从原点开始的，所以坐标增量就是终点坐标，即

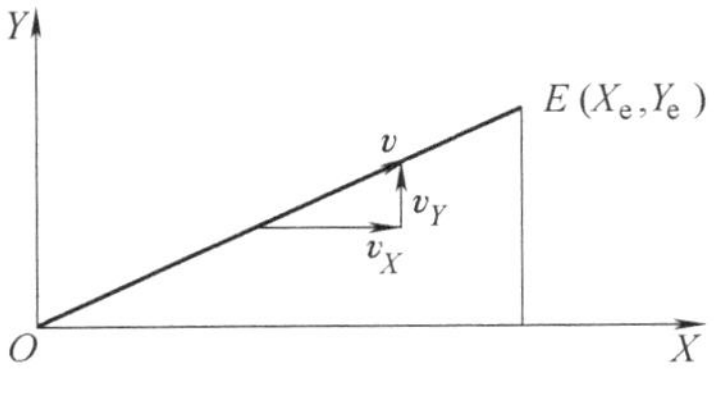

图 3-19　DDA 直线插补

$$\begin{cases} \int_{t_0}^{t_n} kX_e \mathrm{d}t = X_e \\ \int_{t_0}^{t_n} kY_e \mathrm{d}t = Y_e \end{cases} \tag{3-18}$$

式（3-18）中 t_0 对应直线起点的时间，t_n 对应终点时间。

下面用累加来代替积分，刀具在 X、Y 方向移动的微小位移增量分别为：

$$\begin{cases} \Delta X = v_X \Delta t = kX_e \Delta t \\ \Delta Y = v_Y \Delta t = kY_e \Delta t \end{cases} \tag{3-19}$$

动点从原点出发走向终点的过程，可以看作是各坐标轴每经过一个单位时间间隔 Δt，分别以增量 kX_e 及 kY_e 同时累加的结果，即

$$\begin{cases} X = \sum_{i=1}^{m} \Delta X_i = \sum_{i=1}^{m} kX_e \Delta t_i \\ Y = \sum_{i=1}^{m} \Delta Y_i = \sum_{i=1}^{m} kY_e \Delta t_i \end{cases}$$

取 $\Delta t_i = 1$（一个单位时间间隔），则

$$\begin{cases} X = kX_e \sum_{i=1}^{m} \Delta t_i = kmX_e \\ Y = kY_e \sum_{i=1}^{m} \Delta t_i = kmY_e \end{cases}$$

若经过 m 次累加后，X、Y 都到达终点 E（X_e，Y_e），下式成立：

$$\begin{cases} X = kmX_e = X_e \\ Y = kmY_e = Y_e \end{cases}$$

可见，累加次数与比例系数之间有如下关系：

$$km = 1 \text{ 或 } m = 1/k$$

k、m 互相制约，不能独立选择，m 是累加次数，取整数，k 取小数。即先将直线终点坐标 X_e、Y_e 缩小到 kX_e、kY_e，然后再经 m 次累加到达终点。另外，还要保证插补精度，要求沿坐标轴每次进给脉冲不超过一个，即应使下式成立：

$$\begin{cases} \Delta X = kX_e < 1 \\ \Delta Y = kY_e < 1 \end{cases}$$

如果存放 X_e、Y_e 寄存器的位数是 n，对应最大允许数字量为 $2^n - 1$（各位均为 1），所以 X_e、Y_e 最大寄存数值为 $2^n - 1$，则

$$k(2^n - 1) < 1$$

$$k < \frac{1}{2^n - 1}$$

为使上式成立，不妨取 $k = 1/2^n$ 代入得：

$$\frac{2^n - 1}{2^n} < 1$$

累加次数 $m = \frac{1}{k} = 2^n$。

上式表明，若寄存器位数是 n，则整个直线插补过程要进行 2^n 次累加才能到达终点。

对于二进制数来说，一个 n 位寄存器中存放 X_e 和存放 kX_e 的数字是一样的，只是小数点的位置有所不同。X_e 除以 2^n，只需把小数点左移 n 位，小数点出现在最高位数 n 的前面。若采用 kX_e 进行累加，则累加结果大于 1 时，就有溢出；若采用 X_e 进行累加，则超出寄存器容量 2^n 时有溢出。用溢出脉冲来控制机床进给，其效果是一样的。在被积函数寄存器里可只存 X_e，而省略 k。

例如，$X_e = 100101$ 存放在一个 6 位寄存器中，若 $k = 1/2^6$，$kX_e = 0.100101$ 也存放在 6 位寄存器中，数字是一样的。若进行一次累加，都有溢出，余数数字也相同，只是小数点位置不同而已，因此可用 X_e 替代 kX_e。

图 3-20 所示为 DDA 平面直线的插补框图，它由两个数字积分器组成，每个坐标轴的积分器由累加器和被积函数寄存器组成，被积函数寄存器存放终点坐标值，每经过一个单位时间间隔 Δt，将被积函数值向各自的累加器中累加，当累加结果超出寄存器容量时，就溢出一个脉冲。若寄存器位数为 n，经过 2^n 次累加后，每个坐标轴的溢出脉冲总数就等于该坐标的被积函数值，从而控制刀具到达终点。

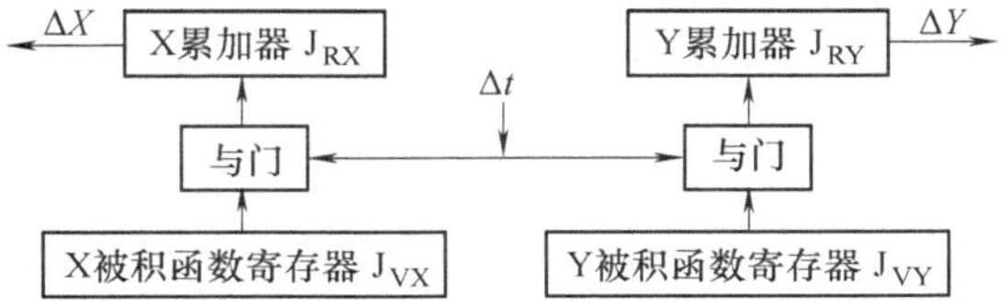

图 3-20　平面直线的插补框图

图 3-21 所示为 DDA 直线插补流程图。

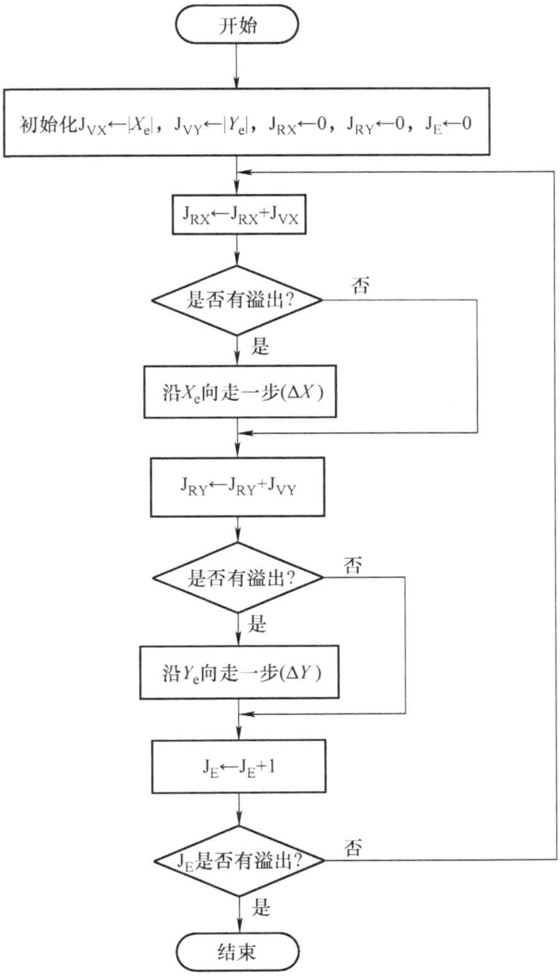

图 3-21　DDA 直线插补流程图

例 3-3　设有第一象限直线 $0E$，起点为坐标原点，终点为 E（4，3）（单位为脉冲当量），累加器和寄存器的位数为 3，其最大可寄存数值为 7（J≥8 时溢出）。若用二进制计算，起点为坐标原点，终点为 E（100，011），J≥1000 时溢出。试采用 DDA 法对其进行插补。

解：DDA 直线插补运算过程见表 3-5，插补轨迹如图 3-22 所示。

表 3-5 DDA 直线插补运算过程

累加次数（Δt）	X 积分器			Y 积分器			终点计数器 J_E
	J_{VX}	J_{RX}	ΔX	J_{VY}	J_{RY}	ΔY	
0	100	000		011	000		000
1	100	000 + 100 = 100		011	000 + 011 = 011		001
2	100	100 + 100 = 1000	1	011	011 + 011 = 110		010
3	100	000 + 100 = 100		011	110 + 011 = 1001	1	011
4	100	100 + 100 = 1000	1	011	001 + 011 = 100		100
5	100	000 + 100 = 100		011	100 + 011 = 111		101
6	100	100 + 100 = 1000	1	011	111 + 011 = 1010	1	110
7	100	000 + 100 = 100		011	010 + 011 = 101		111
8	100	100 + 100 = 1000	1	011	101 + 011 = 1000	1	1000

2. 数字积分法圆弧插补

以第一象限顺圆弧为例，如图 3-23 所示，设圆弧的圆心为坐标原点 O，起点为 A（X_a，Y_a），终点为 B（X_b，Y_b）。数字积分法是采用曲线中每一微小线段的相应切线来代替该小段曲线，在圆弧插补时，要求刀具沿圆弧切线做等速运动，设圆弧上某一点 P（X，Y）的速度为 v，则在两个坐标方向的分速度为 v_X、v_Y，根据图中的几何关系，有如下关系式：

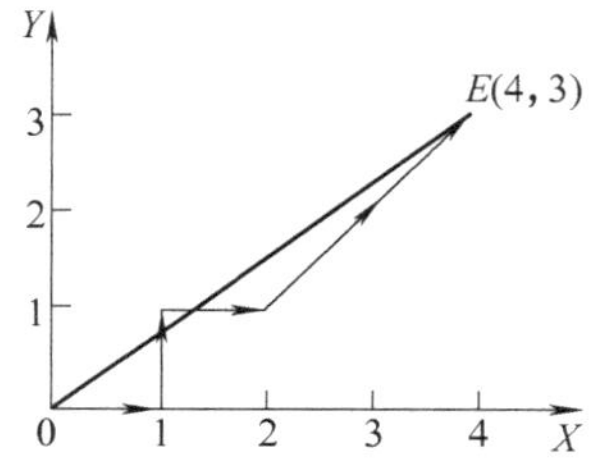

图 3-22 DDA 直线插补实例

$$\frac{v}{R}=\frac{v_X}{Y}=\frac{v_Y}{X}=k \tag{3-20}$$

对于时间增量 Δt 而言，在 X、Y 坐标轴的位移增量分别为：

$$\begin{cases}\Delta X = v_X \Delta t = kY\Delta t \\ \Delta Y = -v_Y\Delta t = -kX\Delta t\end{cases} \tag{3-21}$$

由于第一象限顺圆弧对应 Y 坐标值逐渐减小，因此式（3-21）中 ΔY 的表达式取负号，即 v_X、v_Y 均取绝对值计算。

与 DDA 直线插补类似，也可用两个积分器来实现圆弧插补，如图 3-24 所示。

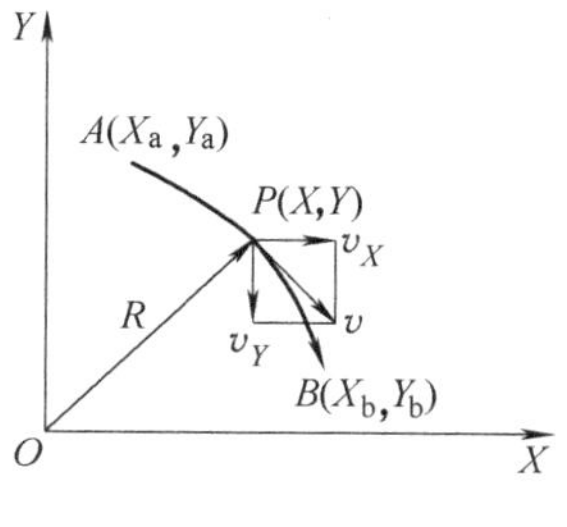

图 3-23 DDA 圆弧插补

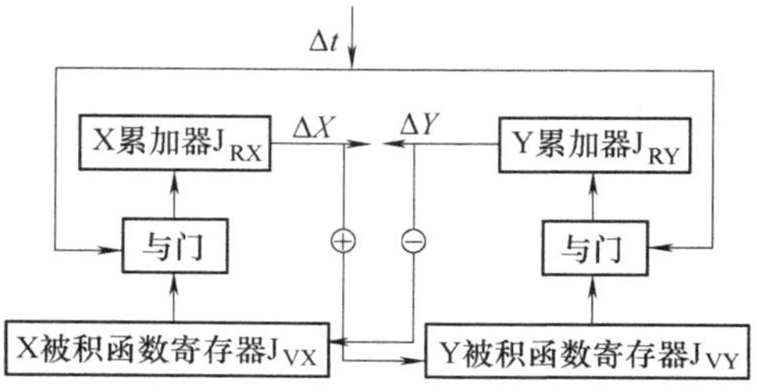

图 3-24 第一象限顺圆插补框图

DDA 圆弧插补与直线插补的主要区别：

1）圆弧插补中被积函数寄存器寄存的坐标值与对应坐标轴积分器的关系恰好相反，X 被积函数寄存器 J_{VX} 中存放的是动点坐标 Y，而 Y 被积函数寄存器 J_{VY} 中存放的是动点坐标 X；直线插补的对应关系一致，X、Y 被积函数寄存器中对应存放 X_e、Y_e。

2）圆弧插补中被积函数是变量，在起点时存放起点坐标，随着刀具的移动，要根据刀具位置的变化进行修改；直线插补的被积函数是常数，寄存的是终点坐标。

3）圆弧插补的终点判别需采用两个终点计数器，把 X 和 Y 坐标要输出的脉冲数分别存放在两个计数器中，当某一坐标计数器为零时，说明该坐标已到达终点，停止迭代；当两个终点计数器均为零时，插补结束。对于直线插补，如果寄存器位数为 n，则无论直线长短都需迭代 2^n 次才能到达终点。

例 3-4 设有第一象限顺圆弧 AB，起点为 $A(0, 5)$，终点为 $B(5, 0)$（单位为脉冲当量），所选寄存器位数 $n=3$。若用二进制计算，则起点为 $A(000, 101)$，终点为 $B(101, 000)$，试用 DDA 法对此圆弧进行插补。

解： DDA 圆弧插补运算过程见表 3-6，插补轨迹如图 3-25 所示。

表 3-6 DDA 圆弧插补运算过程

累加次数	X 积分器				Y 积分器			
(Δt)	J_{VX}	J_{RX}	ΔX	J_{EX}	J_{VY}	J_{RY}	ΔY	J_{EY}
0	101	000		101	000	000		101
1	101	000 + 101 = 101		101	000	000 + 000 = 000		101
2	101	101 + 101 = 1010	1	100	000	000 + 000 = 000		101
					001			
3	101	101 + 010 = 111		100	001	001 + 000 = 001		101
4	101	101 + 111 = 1100	1	011	001	001 + 001 = 010		101
					010			
5	101	101 + 100 = 1001	1	010	010	010 + 010 = 100		101
					011			
6	101	101 + 001 = 110		010	011	011 + 100 = 111		101
7	101	101 + 110 = 1011	1	001	011	011 + 111 = 1010	-1	100
	100				100			
8	100	100 + 011 = 111		001	100	100 + 010 = 110		100
9	100	100 + 111 = 1011	1	000	100	100 + 110 = 1010	-1	011
	011				101			
10	011	停止			101	101 + 010 = 111		011
11	011				101	101 + 111 = 1100	-1	010
	010							
12	010				101	101 + 100 = 1001	-1	001
	001							
13	001				101	101 + 001 = 110		001

（续）

累加次数（Δt）	X 积分器				Y 积分器			
	J_{VX}	J_{RX}	ΔX	J_{EX}	J_{VY}	J_{RY}	ΔY	J_{EY}
14	001				101	101 + 110 = 1011	-1	000
	000							
15	000				101	停止		

3. 数字积分法插补的象限处理

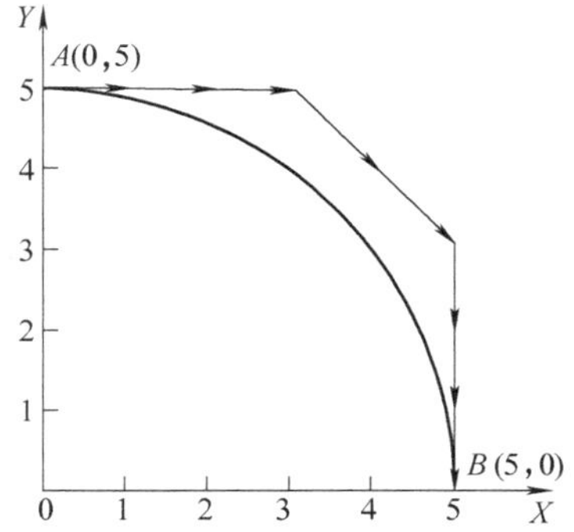

图 3-25 DDA 圆弧插补实例

DDA 插补不同象限的直线和圆弧时，将寄存器所放数值取绝对值，用绝对值进行累加，把进给方向按实际象限处理，插补程序相对简单了。DDA 插补是沿着零件切线方向移动，四个象限直线插补进给方向如图 3-26 所示。圆弧插补时被积函数是动点坐标，在插补过程中要进行修正，坐标值的修正要看动点运动是使该坐标绝对值增加还是减少，来确定是加 1 还是减 1。对于第二象限逆圆弧，如图 3-27 所示，插补过程中被积函数寄存器中存放的数值是变化的，每溢出一个 ΔX 脉冲，Y 被积函数寄存器里的值应加 1，其原因是刀具做逆圆运动时，沿 X 轴负向进给，使动点坐标的绝对值增加。溢出一个 ΔY 脉冲时，X 被积函数寄存器减 1，原因是动点 Y 坐标的绝对值减少。四个象限直线插补进给方向、圆弧插补进给方向及坐标修正见表 3-7。

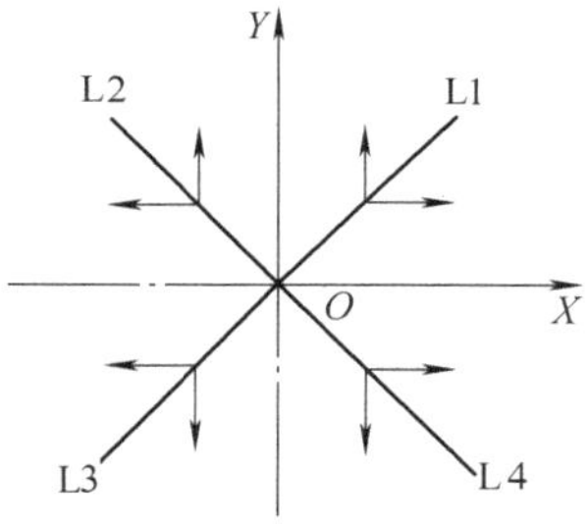

图 3-26 四个象限直线插补进给方向

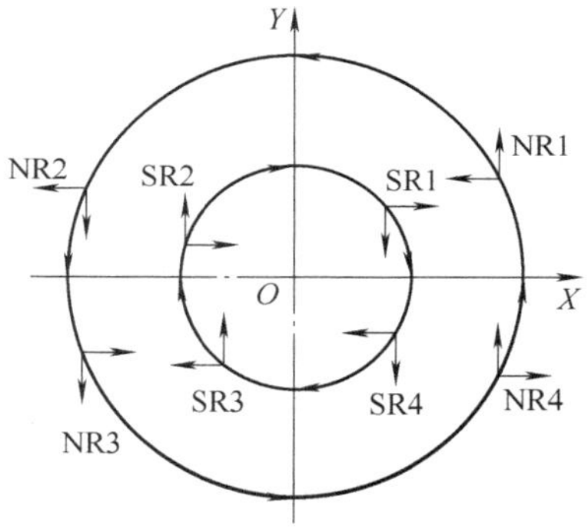

图 3-27 四个象限圆弧插补进给方向

表 3-7 四个象限直线插补进给方向、圆弧插补进给方向及坐标修正

内容		L1	L2	L3	L4	NR1	NR2	NR3	NR4	SR1	SR2	SR3	SR4
进给	ΔX	+	−	−	+	−	−	+	+	+	+	−	−
修正	J_{VY}					−1	+1	−1	+1	+1	−1	+1	−1
进给	ΔY	+	+	−	−	+	−	−	+	−	+	+	−
修正	J_{VX}					+1	−1	+1	−1	−1	+1	−1	+1

4. 数字积分法合成进给速度

数字积分法的特点是，脉冲源每产生一个脉冲，做一次累加计算，如果脉冲源频率为

f_g(Hz)，插补直线的终点为 $E(X_e, Y_e)$，则 X、Y 方向的平均进给频率 f_X、f_Y 为：

$$\begin{cases} f_X = \dfrac{X_e}{m} f_g \\ f_Y = \dfrac{Y_e}{m} f_g \end{cases} \tag{3-22}$$

式中　m——累加次数，$m = 2^n$。

假设脉冲当量为 δ（mm/p），可求得 X 和 Y 方向的进给速度 v_X 和 v_Y（mm/min）为：

$$\begin{cases} v_X = 60 f_X \delta = 60 \delta f_g \dfrac{X_e}{m} \\ v_Y = 60 f_Y \delta = 60 \delta f_g \dfrac{Y_e}{m} \end{cases} \tag{3-23}$$

合成进给速度为

$$v = \sqrt{v_X^2 + v_Y^2} = v_g \frac{L}{m} \tag{3-24}$$

式中　L——被插补直线的长度，$L = \sqrt{X_e^2 + Y_e^2}$；

v_g——脉冲源速度，$v_g = 60 \delta f_g$。

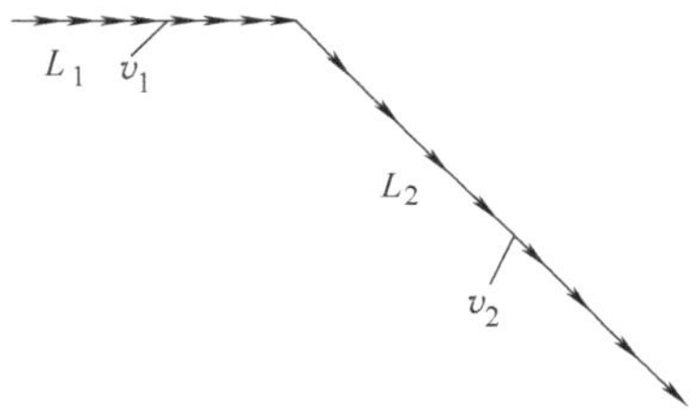

图 3-28　进给速度与直线长度的关系

数控加工程序中 F 代码指定进给速度后，f_g 维持不变。这样，合成进给速度 v 与被插补直线的长度或圆弧的半径成正比。如图 3-28 所示，如果寄存器位数是 n，加工直线 L_1、L_2 都要经过 $m = 2^n$ 次累加运算，L_1 直线短，进给慢，速度低；L_2 直线长，进给快，速度高。加工 L_1 生产率低；加工 L_2 零件表面质量差。为克服以上缺点，使脉冲均匀化，速度变化小，必须采取相应措施加以改进。

5. 数字积分法稳速控制

（1）左移规格化　所谓左移规格化，就是将被积函数寄存器中所存放数值前的零移去。如果被积函数的数值很小，寄存器位数较大，会出现经多次累加而无溢出脉冲的现象。例如，在一个 8 位寄存器中存放 00001010 时，至少需要 2^4 次累加，才可能溢出一个脉冲，进给速度就会很慢，影响了生产率。为此，应在插补累加之前将此数放大，左移 4 次，使其最高位是 1，然后再进行累加，脉冲溢出速度便可提高。

直线插补时，当被积函数寄存器中所存放最大数的最高位为 1 时，称为规格化数；反之，若最高位为零，则称为非规格化数。规格化数累加两次必有一次溢出，溢出速度比较均匀，加工效率和质量均较高。直线插补左移规格化数的处理方法是，将 X 轴与 Y 轴被积函数寄存器里的数值同时左移（低位移入零），直到其中之一最高位为 1 时为止。这实际上是放大了 k 值，使 X、Y 两坐标扩大同样倍数，斜率不变，只是加快了溢出速度。

若被积函数左移 i 位成为规格化数，则其函数值扩大 2^i 倍，为了保持溢出的总脉冲数不变，就要减少累加次数。

$$k = \frac{1}{2^n} 2^i = \frac{1}{2^{n-i}}$$

$$m = 2^{n-i}$$

因为寄存器中的数每左移一位，数值扩大一倍，所以累加次数减少 50%。具体实现方法是，当被积函数左移 i 位时，终点判别计数器右移 i 位（高位补 1），使终点计数器 J_E 使用长度减少 i 位，从而实现累加次数减少的目的。如果直线终点为 $E(10, 6)$，寄存器与累加器位数是 8，其规格化前后的情况如下所示：

规格化前	规格化后
$X_e = 00001010$	$X_e = 10100000$
$Y_e = 00000110$	$Y_e = 01100000$
$J_E = 00000000$	$J_E = 11110000$

圆弧插补左移规格化与直线插补的不同之处：被积函数寄存器所存放最大数值的次高位是 1 时为规格化数。这是因为在插补过程中，被积函数寄存器中存放的动点坐标 X、Y 要不断做加 1 或减 1 修正，为避免动点坐标修正时产生溢出现象，规格化数提前一位产生，寄存器容量要大于被加工圆弧半径的 2 倍。

圆弧左移规格化后，扩大了寄存器中存放的数值。左移 i 位，相当于乘 2^i，即 X 轴与 Y 轴被积函数寄存器存放的数值变为 2^iY、2^iX，这样，假设 Y 轴有脉冲溢出时，则 X 轴被积函数寄存器中存放的坐标被修正为：

$$2^iY \rightarrow 2^i(Y \pm 1) = 2^iY \pm 2^i$$

上式说明，规格化处理后，插补中的坐标修正加 1 或减 1，变成了加 2^i 或减 2^i。

综上所述，直线和圆弧插补时的规格化数处理方式不同，但均能提高溢出速度，并能使溢出脉冲变得比较均匀。

（2）按进给速率数 FRN 编程　为实现各段轮廓的恒速度加工，在编程时考虑被加工直线的长度或圆弧半径，采用 FRN 来表示“F”功能：

$$\text{FRN} = \frac{v}{L}\ （直线），或\ \text{FRN} = \frac{v}{R}\ （圆弧）$$

式中　v——给定的进给速度；

L——被加工直线长度；

R——被加工圆弧半径。

因为

$$v = 60\delta f_g \frac{L}{m}$$

所以

$$f_g = \frac{m}{60\delta}\frac{v}{L} = \frac{m}{60\delta}\text{FRN} \tag{3-25}$$

由式（3-25）可见，FRN 编程的实质是控制脉冲频率 f_g，f_g 与 v/L（直线插补）或 v/R（圆弧插补）成正比，当插补尺寸 L 或 R 不同时，应使脉冲频率做相应改变，以保证所选定的进给速度。

（3）半加载　对于 DDA 圆弧插补，用切线逼近圆弧是有误差的，其径向误差可能大于一个脉冲当量。因数字积分器溢出脉冲的频率与被积函数寄存器中的数值成正比，在坐标轴附近进行累加时，一个积分器的被积函数值接近零，而另一个积分器的被积函数值接近最大，累加时后者连续溢出，而前者几乎没有溢出，两个积分器的溢出脉冲频率相差很大，致使插补轨迹偏离给定圆弧距离较大，使圆弧插补误差增大。

减小误差的方法是减小脉冲当量，但寄存器容量会增大，累加次数增加。而且要获得同样的进给速度，需要提高插补速度。

还可采用余数寄存器预置数法，即在进行 DDA 插补之前，累加器（又称余数寄存器）J_{RX}、J_{RY}的初值不置零，而是预置为$2^n/2$。若用二进制表示，则其最高位置 1，其他各位置 0，若再累加 100…000，余数寄存器就可以产生第一个溢出脉冲，使积分器提前溢出。这种处理方式称为“半加载”。在被积函数值较小，不能很快产生溢出脉冲的情况下，可使脉冲提前溢出，改变了溢出脉冲的时间分布，从而达到减小插补误差的目的。

例 3-5 加工第一象限顺圆弧 AB，起点为 $A(0，5)$，终点为 $B(5，0)$（单位为脉冲当量），选用的寄存器位数 $n=8$。用二进制计算，起点为 A（00000000，00000101），终点为 B（00000101，00000000），经过左移规格化和半加载处理后，试用 DDA 法对此圆弧进行插补。

解：左移规格化和半加载后的 DDA 圆弧插补运算过程见表 3-8，插补轨迹如图 3-29 所示。

表 3-8 左移规格化和半加载后的 DDA 圆弧插补运算过程

累加次数（Δt）	X 积分器				Y 积分器			
	J_{VX}	J_{RX}	ΔX	J_{EX}	J_{VY}	J_{RY}	ΔY	J_{EY}
0	01010000	10000000		00000101	00000000	10000000		00000101
1	01010000	01010000 + 10000000 = 11010000		00000101	00000000	00000000 + 10000000 = 10000000		00000101
2	01010000	01010000 + 11010000 = 100000000 + 00100000	+1	00000100	00000000 00010000	00000000 + 10000000 = 10000000		00000101
3	01010000	01010000 + 00100000 = 01110000		00000100	00010000	00010000 + 10000000 = 10010000		00000101
4	01010000	01010000 + 01110000 = 11000000		00000100	00010000	00010000 + 10010000 = 10100000		00000101
5	01010000	01010000 + 11000000 = 100000000 + 00010000	+1	00000011	00010000 00100000	00010000 + 10100000 = 10110000		00000101
6	01010000	01010000 + 00010000 = 01100000		00000011	00100000	00100000 + 10110000 = 11010000		00000101
7	01010000	01010000 + 01100000 = 10110000		00000011	00100000	00100000 + 11010000 = 11110000		00000101
8	01010000 01000000	01010000 + 10110000 = 100000000	+1	00000010	00100000 00110000	00100000 + 11110000 = 100000000 + 00010000	−1	00000100
9	01000000	01000000 + 00000000 = 01000000		00000010	00110000	00110000 + 00010000 = 01000000		00000100
10	01000000	01000000 + 01000000 = 10000000		00000010	00110000	00110000 + 01000000 = 01110000		00000100
11	01000000	10000000 + 01000000 = 11000000		00000010	00110000	00110000 + 01110000 = 10100000		00000100
12	01000000	01000000 + 11000000 = 100000000	+1	00000001	00110000 01000000	00110000 + 10100000 = 11010000		00000100

（续）

累加次数（Δt）	X 积分器				Y 积分器			
	J_{VX}	J_{RX}	ΔX	J_{EX}	J_{VY}	J_{RY}	ΔY	J_{EY}
13	01000000 00110000	01000000 + 000000000 = 01000000		00000001	01000000	01000000 + 11010000 = 100000000 + 00010000	−1	00000011
14	00110000	00110000 + 01000000 = 01110000		00000001	01000000	01000000 + 00010000 = 010100000		0000011
15	00110000	00110000 + 01110000 = 10100000		00000001	01000000	01000000 + 01010000 = 10010000		00000011
16	00110000	00110000 + 10100000 = 11010000		00000001	01000000	01000000 + 10010000 = 11010000		00000011
17	00110000 00100000	11010000 + 00110000 = 100000000	+1	00000000	01000000 01010000	01000000 + 11010000 = 100000000 + 00010000	−1	00000010
18					01010000	01010000 + 00010000 = 01100000		00000010
19					01010000	01010000 + 01100000 = 10110000		00000010
20					01010000	01010000 + 10110000 = 100000000	−1	00000001
21					01010000	01010000 + 00000000 = 01010000		00000001
22					01010000	01010000 + 01010000 = 10100000		00000001
23					01010000	01010000 + 10100000 = 11110000		00000001
24					01010000	01010000 + 11110000 = 100000000 + 01000000	−1	00000000

3.2.4 数据采样插补原理

数据采样插补是根据编程的进给速度 F，插补周期 T，计算出轮廓步长 $l = FT$，即用一系列首尾相连的微小线段 l 来逼近给定轮廓。每经过一个插补周期就进行一次插补计算，求出插补周期内各坐标轴的进给量 ΔX、ΔY，如果前一插补周期末的动点坐标值为 X_i，Y_i，得出下一个插补点的指令位置为 $X_{i+1} = X_i + \Delta X$，$Y_{i+1} = Y_i + \Delta Y$。

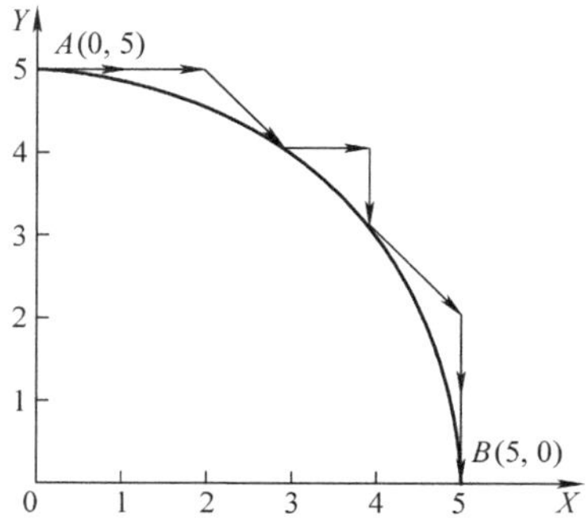

图 3-29　左移规格化和半加载后 DDA 圆弧插补实例

对于直线插补，动点在一个插补周期内运动的直线段与给定直线重合，不会造成轨迹误差。但在圆弧插补中，将轮廓步长 l 作为切线、割线或弦线来逼近圆弧，必然会带来轨迹误差。

如图3-30所示，在一个插补周期内，用弦线逼近圆弧，其最大径向误差（逼近误差）e_r为：

$$e_r = R\left(1 - \cos\frac{\delta}{2}\right) \tag{3-26}$$

式中 R——被插补圆弧半径（mm）；

δ——角步距，在一个插补周期内逼近弦所对应的圆心角。

将式（3-26）中的$\cos(\delta/2)$用幂级数展开，得：

$$e_r = R\left(1 - \cos\frac{\delta}{2}\right) = R\left\{1 - \left[1 - \frac{(\delta/2)^2}{2!} + \frac{(\delta/2)^4}{4!} - \cdots\right]\right\}$$

$$\approx \frac{\delta^2}{8}R \tag{3-27}$$

设F为进给速度，T为插补周期，则轮廓步长l为：

$$l = FT \tag{3-28}$$

用轮廓步长l代替弦长，有：

$$\delta \approx \frac{l}{R} = \frac{FT}{R} \tag{3-29}$$

将式（3-29）代入式（3-27），得：

$$e_r = \frac{(FT)^2}{8R} \tag{3-30}$$

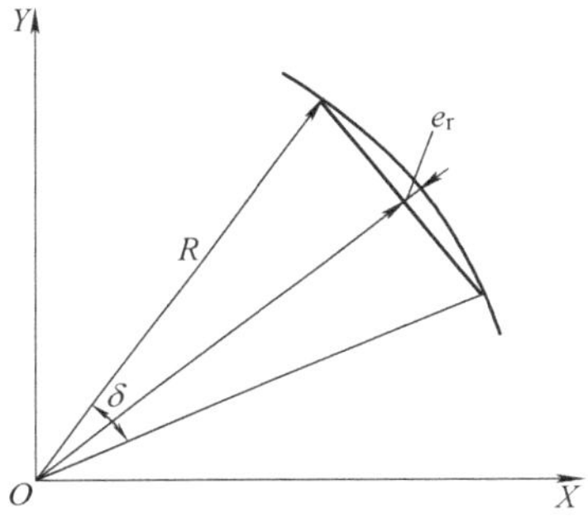

图3-30　弦线逼近圆弧

从以上计算可以看出，圆弧插补过程中，用弦线逼近圆弧时，最大径向误差e_r与编程进给速度F的二次方、插补周期T的二次方成正比，与圆弧半径R成反比。

插补周期的选择要受计算机运算速度的限制，插补周期应大于插补运算时间及完成其他实时任务如显示、监控、位置采样及控制等所需时间之和。对于某一数控机床，其插补周期一般是固定的。当e_r给定及插补周期T确定之后，可根据圆弧半径R，选择进给速度$F \leqslant \sqrt{8e_rR/T}$，以保证逼近误差$e_r$不超过允许值。

当轨迹遇到急转弯时，圆弧半径比较小，为避免此处速度过大，产生过切等现象，需要提前进行加减速处理。

3.2.5　直线函数法

1. 直线插补

设要加工图3-31所示直线OE，起点为坐标原点O，终点为$E(X_e、Y_e)$，直线与X轴的夹角为α，则有：

$$\tan\alpha = \frac{Y_e}{X_e}$$

$$\cos\alpha = \frac{1}{\sqrt{1 + \tan^2\alpha}}$$

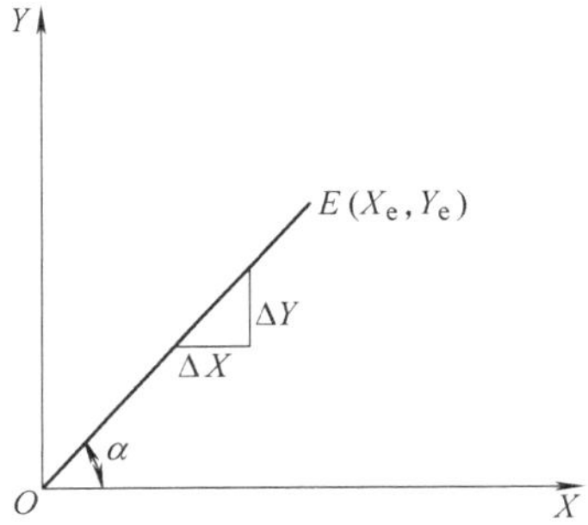

图3-31　直线插补原理

若已计算出轮廓步长l，从而求得本次插补周期内各坐标轴进给量为：

$$\begin{cases}\Delta X = l\cos\alpha \\ \Delta Y = \dfrac{Y_e}{X_e}\Delta X\end{cases} \tag{3-31}$$

2. 圆弧插补

圆弧插补时，需先根据指令中的进给速度 F，计算出轮廓步长 l，再进行插补计算。以弦线逼近圆弧，就是以轮廓步长为圆弧上相邻两个插补点之间的弦长，由前一个插补点的坐标和轮廓步长，计算后一个插补点，实质上是求后一个插补点到前一个插补点两个坐标轴的进给量 ΔX、ΔY。如图 3-32 所示，$A(X_i,\ Y_i)$ 为当前点，$B(X_{i+1},\ Y_{i+1})$ 为插补后到达的点，图中 AB 弦正是圆弧插补时一个插补周期的步长 l，需计算 X 轴和 Y 轴的进给量 $\Delta X = X_{i+1} - X_i$，$\Delta Y = Y_{i+1} - Y_i$。AP 是 A 点的切线，M 是弦的中点，$OM \perp AB$，$ME \perp AG$，E 为 AG 的中点。圆心角计算如下：

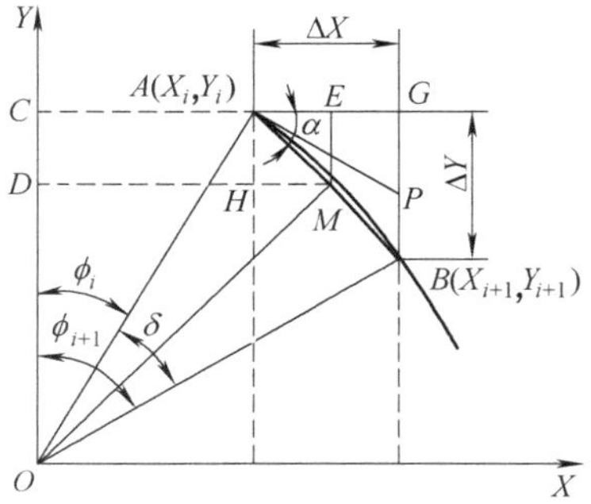

图 3-32　圆弧插补

$$\phi_{i+1} = \phi_i + \delta$$

式中　δ——轮廓步长所对应的圆心角增量，也称为角步距。

ϕ_i——$A(X_i,\ Y_i)$ 点的角度值；

ϕ_{i+1}——$B(X_{i+1},\ Y_{i+1})$ 点的角度值。

因为　　$OA \perp AP$（AP 为圆弧切线）

所以　　$\triangle AOC \backsim \triangle PAG$

则　　$\angle AOC = \angle GAP = \phi_i$

因为　　$\angle PAB = \angle AOM = \frac{1}{2}\angle AOB = \frac{1}{2}\delta$（弦切角等于所对圆心角的一半）

设　　$\alpha = \angle GAB = \angle GAP + \angle PAB = \phi_i + \frac{1}{2}\delta$

$\triangle MOD$ 中

$$\tan\left(\phi_i + \frac{1}{2}\delta\right) = \frac{DM}{OD} = \frac{DH + HM}{OC - CD}$$

将 $DH = X_i$，$OC = Y_i$，$HM = \frac{1}{2}l\cos\alpha = \frac{1}{2}\Delta X$，$CD = \frac{1}{2}l\sin\alpha = \frac{1}{2}\Delta Y$ 代入上式，则有：

$$\tan\alpha = \tan\left(\phi_i + \frac{1}{2}\delta\right) = \frac{X_i + \frac{1}{2}l\cos\alpha}{Y_i - \frac{1}{2}l\sin\alpha} = \frac{X_i + \frac{1}{2}\Delta X}{Y_i - \frac{1}{2}\Delta Y} \tag{3-32}$$

又因为　　$\tan\alpha = \dfrac{GB}{GA} = \dfrac{\Delta Y}{\Delta X}$

由此可以推出（X_i，Y_i）与 ΔX、ΔY 的关系为：

$$\frac{\Delta Y}{\Delta X} = \frac{X_i + \frac{1}{2}\Delta X}{Y_i - \frac{1}{2}\Delta Y} = \frac{X_i + \frac{1}{2}l\cos\alpha}{Y_i - \frac{1}{2}l\sin\alpha} \tag{3-33}$$

式（3-33）反映了圆弧上任意相邻两插补点坐标之间的关系，只要求得 ΔX 和 ΔY，就可以计算出新的插补点 B（X_{i+1}，Y_{i+1}），即

$$X_{i+1} = X_i + \Delta X$$
$$Y_{i+1} = Y_i - \Delta Y$$

式（3-33）中，$\sin\alpha$ 和 $\cos\alpha$ 均为未知，求解较困难。为此，采用近似算法，用 sin45°和 cos45°代替 $\sin\alpha$ 和 $\cos\alpha$，即

$$\tan\alpha' = \frac{X_i + \frac{1}{2}l\cos45°}{Y_i - \frac{1}{2}l\sin45°}$$

$\tan\alpha'$与 $\tan\alpha$ 不同，从而造成了 $\tan\alpha$ 的偏差，在 $\alpha = 0°$处偏差较大。如图 3-33 所示，近似计算后使 α 角成为 α'，从而影响到 ΔX 值，使之成为 $\Delta X'$：

$$\Delta X' = l\cos\alpha' = AT \tag{3-34}$$

为保证下一个插补点仍在圆弧上，$\Delta Y'$的计算应按下式进行：

$$X_i^2 + Y_i^2 = (X_i + \Delta X')^2 + (Y_i - \Delta Y')^2$$

经展开整理得：

$$\Delta Y' = \frac{\left(X_i + \frac{1}{2}\Delta X'\right)\Delta X'}{Y_i - \frac{1}{2}\Delta Y'} \tag{3-35}$$

由式（3-35）可用迭代法解出 $\Delta Y'$。

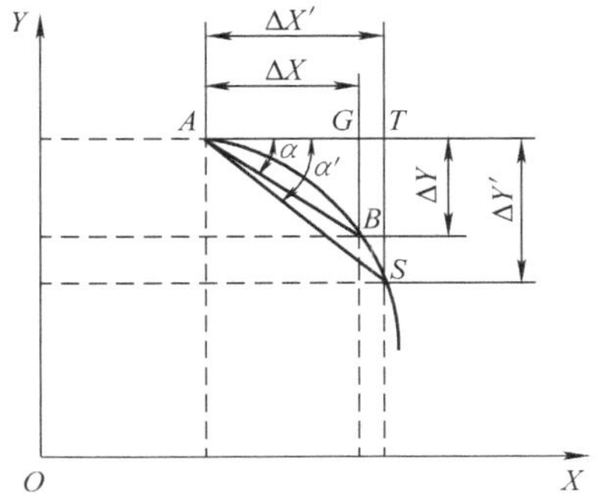

图 3-33　近似处理引起的进给速度偏差

采用近似算法可保证每次插补点均在圆弧上，引起的偏差仅是 $\Delta X \to \Delta X'$，$\Delta Y \to \Delta Y'$，$AB \to AS$，即 $l \to l'$。这种算法仅造成每次插补进给量的微小变化，而使进给速度有偏差，实际进给速度的变化小于指令进给速度的 1%，在加工中是允许的。

3.2.6　扩展 DDA 数据采样插补

扩展 DDA 算法是在数字积分原理的基础上发展起来的，在处理圆弧插补时，它是将 DDA 切线逼近圆弧的方法改变为割线逼近，减小了逼近误差。

1. 扩展 DDA 直线插补

假设根据编程进给速度，要在时间段 T_1 内走完图 3-34 所示直线，其起点为坐标原点 O，终点为 $E(X_e, Y_e)$，v 为进给速度（零件加工程序中记为 F），v_X 与 v_Y 分别为 X、Y 坐标的分速度。则有：

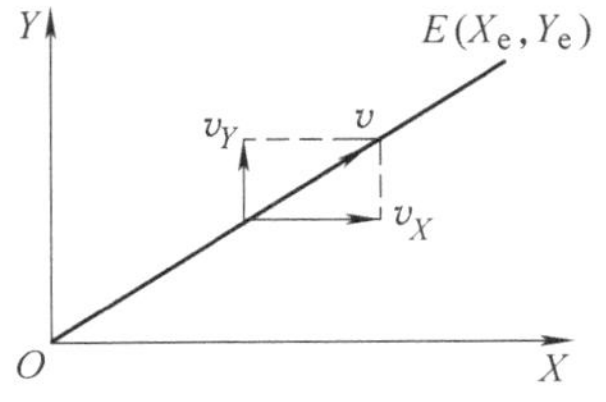

图 3-34　扩展 DDA 直线插补

$$\begin{cases} v_X = \dfrac{X_e}{\sqrt{X_e^2 + Y_e^2}}v \\ v_Y = \dfrac{Y_e}{\sqrt{X_e^2 + Y_e^2}}v \end{cases} \tag{3-36}$$

将时间 T_1 用插补周期 T 分割为 n 个子区间（n 取≥T_1/T 最接近的整数），则在每个插补周期 T 内各坐标轴进给量为：

$$\begin{cases}\Delta X = v_X T = \dfrac{v}{\sqrt{X_e^2 + Y_e^2}} T X_e = \mathrm{FRN}\lambda_t X_e \\ \Delta Y = v_Y T = \dfrac{v}{\sqrt{X_e^2 + Y_e^2}} T Y_e = \mathrm{FRN}\lambda_t Y_e\end{cases}$$

式中　v——编程进给速度（mm/min）；

T——插补周期（ms）；

λ_t——根据插补周期换算后的时间常数，$\lambda_t = T\times 10^{-3}/60$；

FRN——进给速率数，$\mathrm{FRN} = \dfrac{v}{\sqrt{X_e^2 + Y_e^2}} = \dfrac{v}{L}$，其中 L 为插补直线长度（mm）。

对于同一直线来说，由于 v 和 X_e、Y_e，以及 λ_t 均为常数，可以记作 $\lambda_d = \mathrm{FRN}\lambda_t$，称为步长系数。则有：

$$\begin{cases}\Delta X = \lambda_d X_e \\ \Delta Y = \lambda_d Y_e\end{cases} \tag{3-37}$$

故同一条直线在每个插补周期内进给量 ΔX 和 ΔY 的步长系数均相同，在每个插补周期内算出 ΔX 和 ΔY 后，就可以得到本插补周期末的动点指令位置坐标 X_{i+1} 和 Y_{i+1}：

$$\begin{cases}X_{i+1} = X_i + \Delta X \\ Y_{i+1} = Y_i + \Delta Y\end{cases} \tag{3-38}$$

由于插补中每次迭代形成的子线段斜率（$\Delta Y/\Delta X$）等于给定直线斜率，从而保证了轨迹要求。为减小插补计算量，数据采样插补计算通常分两步完成：第一步是对插补过程中固定不变的常值进行计算，通常在每个程序段中只进行一次；第二步是插补计算，每个插补周期计算一次，算出下一个插补点的坐标值。

2. 扩展 DDA 圆弧插补

图 3-35 所示为第一象限顺圆弧 A_iQ，圆心在坐标原点 O，半径为 R。设刀具处在 $A_i(X_i, Y_i)$ 点位置。若在一个插补周期 T 内，用 DDA 插补法沿切线方向进给的步长为 l，一个插补周期后到达 C 点，即 $A_iC = l$。由图 3-35 可见，它的径向误差较大。扩展 DDA 插补算法，就是将切线逼近圆弧转化为割线逼近圆弧，以减小插补误差，具体步骤如下：先通过微小线段 A_iC 的中点 B 作以 OB 为半径的圆弧的切线 BD；再通过 A_i 点作 BD 的平行线 A_iH，即 $A_iH /\!/ BD$，并在 A_iH 上截取 $A_iA_{i+1} = A_iC = l$；如果 OB 与 A_iH 的交点为 M，在直角△A_iMB 中，斜边 $A_iB = \dfrac{1}{2}l$，直角边 $A_iM < \dfrac{1}{2}l$，所以 A_{i+1} 点落在圆弧外侧。扩展 DDA 用割线 A_iA_{i+1} 线段代替切线，使径向误差减小了。

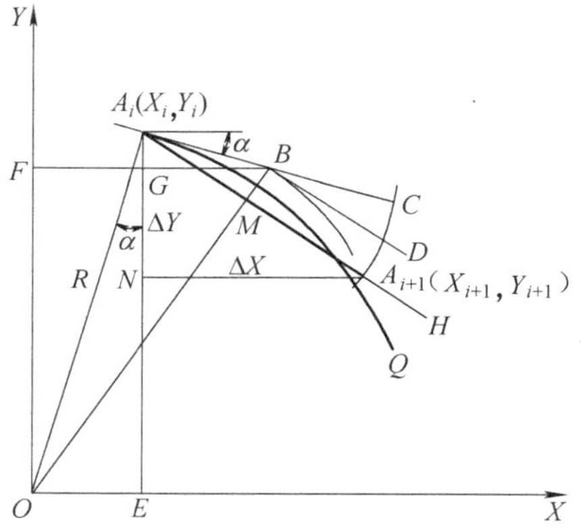

图 3-35　扩展 DDA 圆弧插补

下面计算在插补周期 T 内轮廓进给步长 l 的坐标分量 ΔX 和 ΔY，就可以得到本次插补周期后到达的位

置 A_{i+1}。

由图3-35可见，在直角△OEA_i 中，OA_i 和 A_iE 的夹角为 α，则

$$\sin\alpha = \frac{OE}{OA_i} = \frac{X_i}{R} \tag{3-39}$$

$$\cos\alpha = \frac{A_iE}{OA_i} = \frac{Y_i}{R} \tag{3-40}$$

设刀具以恒速度进给，即在每个插补周期 T 内的进给速度均为 v，则 $A_iA_{i+1} = l = vT$。过 B 点作 X 轴的平行线 BF 交 Y 轴于 F 点，交 A_iE 线段于 G 点。过 A_{i+1}点作 $A_{i+1}N$ 平行 X 轴，交 A_iE 于 N 点。由图3-35可以看出，直角△OFB 与直角△A_iNA_{i+1}相似，从而有比例关系：

$$\frac{NA_{i+1}}{A_iA_{i+1}} = \frac{OF}{OB} \tag{3-41}$$

式中　$NA_{i+1} = \Delta X$

$$A_iA_{i+1} = l = vT$$

在直角△A_iGB 中

$$A_iG = A_iB\sin\alpha = \frac{1}{2}l\sin\alpha$$

因此

$$OF = A_iE - A_iG = Y_i - \frac{1}{2}l\sin\alpha$$

在直角△OA_iB 中

$$OB = \sqrt{(A_iB)^2 + (OA_i)^2} = \sqrt{\left(\frac{1}{2}l\right)^2 + R^2}$$

将以上各式代入式（3-41）有：

$$\frac{\Delta X}{l} = \frac{Y_i - \frac{1}{2}l\sin\alpha}{\sqrt{\left(\frac{1}{2}l\right)^2 + R^2}}$$

将式（3-39）代入上式并整理，得：

$$\Delta X = \frac{l\left(Y_i - \frac{1}{2}l\frac{X_i}{R}\right)}{\sqrt{\left(\frac{1}{2}l\right)^2 + R^2}}$$

因为 $l << R$，故将$\left(\frac{1}{2}l\right)^2$ 略去不计，则上式变为：

$$\Delta X \approx \frac{l}{R}\left(Y_i - \frac{1}{2}l\frac{X_i}{R}\right) = \frac{v}{R}\lambda_t\left(Y_i - \frac{1}{2}\frac{v}{R}\lambda_t X_i\right)$$

$$\lambda_t = T \times 10^{-3}/60$$

若令

$$\lambda_d = \frac{v}{R}\lambda_t = \mathrm{FRN}\lambda_t$$

则

$$\Delta X = \lambda_d\left(Y_i - \frac{1}{2}\lambda_d X_i\right) \tag{3-42}$$

另外，从直角$\triangle OFB$与直角$\triangle A_iNA_{i+1}$相似，还可以得出：

$$\frac{A_iN}{A_iA_{i+1}}=\frac{FB}{OB}$$

即
$$\frac{A_iN}{A_iA_{i+1}}=\frac{FG+GB}{OB}$$

已知
$$A_iA_{i+1}=l=vT$$

$$OB=\sqrt{\left(\frac{1}{2}l\right)^2+R^2}$$

由直角$\triangle A_iGB$得

$$GB=A_iB\cos\alpha=\frac{1}{2}l\frac{Y_i}{R}$$

而
$$FG=X_i$$

$$\Delta Y=A_iN=\frac{l\left(X_i+\frac{1}{2}l\frac{Y_i}{R}\right)}{\sqrt{\left(\frac{1}{2}l\right)^2+R^2}}$$

同理，因$l<<R$，故略去$\left(\frac{1}{2}l\right)^2$不计，则

$$\Delta Y\approx\frac{l}{R}\left(X_i+\frac{1}{2}l\frac{Y_i}{R}\right)$$

仍令
$$\lambda_{\mathrm{d}}=\frac{v}{R}\lambda_{\mathrm{t}}=\mathrm{FRN}\lambda_{\mathrm{t}}$$

$$\lambda_{\mathrm{t}}=T\times10^{-3}/60$$

则
$$\Delta Y=\lambda_{\mathrm{d}}\left(X_i+\frac{1}{2}\lambda_{\mathrm{d}}Y_i\right) \tag{3-43}$$

由于$A_i(X_i,Y_i)$为已知，故可用式（3-42）和式（3-43）求得ΔX和ΔY，因而可算出本次插补周期刀具应到达的坐标位置（X_{i+1}，Y_{i+1}），即

$$\begin{cases}X_{i+1}=X_i+\Delta X\\Y_{i+1}=Y_i-\Delta Y\end{cases} \tag{3-44}$$

3.2.7 数据采样插补终点判别

数据采样插补法，是利用当前插补点与该程序段终点之间的距离S_i来进行终点判别。

直线插补时，S_i的计算应用过程如下：

$$\begin{cases}X_i=X_{i-1}+\Delta X\\Y_i=Y_{i-1}+\Delta Y\end{cases} \tag{3-45}$$

计算其各坐标分量值，取其长轴（如X轴），则瞬时点A与终点E间的距离S_i为：

$$S_i=|X_{\mathrm{e}}-X_i|\frac{1}{\cos\alpha} \tag{3-46}$$

式中　α——X轴（长轴）与直线的夹角，如图3-36所示。

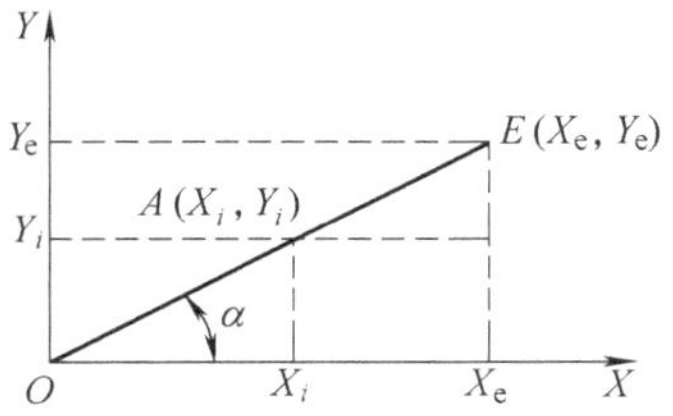

图 3-36　直线插补终点判别

圆弧插补时，S_i 的计算分圆弧所对应圆心角小于 π 和大于 π 两种情况。圆心角小于 π 时，瞬时点与圆弧终点间的直线距离越来越小，如图 3-37a 所示。$A(X_i, Y_i)$ 点为顺圆弧插补时的某一瞬时点，$B(X_b, Y_b)$ 为圆弧的终点；AP 为 A 点在 X 方向上与终点间的距离，$|AP| = |X_b - X_i|$；PB 为 A 点在 Y 方向上与终点间的距离，$|PB| = |Y_b - Y_i|$；$AB = S_i$，则 A 点与终点间的距离为：

$$S_i = |PB| \frac{1}{\cos\alpha} = |Y_b - Y_i| \frac{1}{\cos\alpha} \tag{3-47}$$

式中　α——Y 轴（长轴）与 S_i 的夹角，如图 3-37a 所示。

圆心角大于 π 时，设 A 点为圆弧 AB 的起点，C 点为瞬时点与终点的弧长所对应的圆心角等于 π 时的分界点，D 点为插补到与终点的弧长所对应的圆心角小于 π 的某一瞬时点，如图 3-37b所示。显然，此时瞬时点与圆弧终点间的距离 S_i 的变化规律是，当从圆弧起点 A 开始插补到 C 点时，S_i 越来越大，直到 S_i 等于直径；当插补越过分界点 C 后，S_i 越来越小，与图 3-37a 的情况相同。为此，计算 S_i 时应首先判别 S_i 的变化趋势；若 S_i 变大，则不进行终点判别处理，直到越过分界点；若 S_i 变小，再进行终点判别处理。

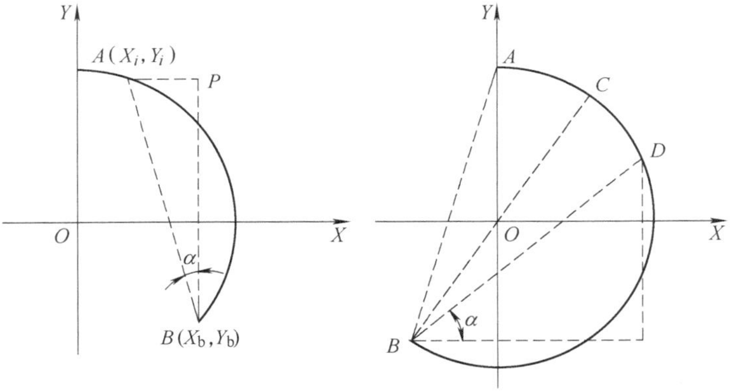

a) 圆心角小于π　　b) 圆心角大于π

图 3-37　圆弧插补终点判别

例 3-6　加工第一象限直线 $0E$，起点为坐标原点，终点为 $E(4, 3)$（单位为 mm），已知编程进给速度为 500mm/min，进给倍率为 90%，插补周期为 8ms，求每个插补周期内各坐标轴进给量 ΔX 和 ΔY，X 轴和 Y 轴进给速度 v_X 和 v_Y，前两个插补点与终点间的距离 S_1 和 S_2。

解：计算轮廓步长 l：

给定速度系数 $K=0.9$，则

$$l = KFT = \frac{0.9 \times 500 \times 8}{60 \times 1000}\text{mm} = 0.06\text{mm}$$

求直线 $0E$ 与 X 轴的夹角 α：

$$\tan\alpha = \frac{Y_e}{X_e} = \frac{3}{4}$$

$$\cos\alpha = \frac{1}{\sqrt{1+\tan^2\alpha}} = 0.8$$

求每个插补周期的进给量 ΔX 和 ΔY：

$$\begin{cases} \Delta X = l\cos\alpha = 0.06\text{mm} \times 0.8 = 0.048\text{mm} \\ \Delta Y = \dfrac{Y_e}{X_e}\Delta X = \dfrac{3}{4} \times 0.048\text{mm} = 0.036\text{mm} \end{cases}$$

求 X 轴和 Y 轴进给速度 v_X 和 v_Y：

$$\begin{cases} v_X = \dfrac{\Delta X}{T} = 360\text{mm/min} \\ v_Y = \dfrac{\Delta Y}{T} = 270\text{mm/min} \end{cases}$$

求第一个插补点的坐标：

$$\begin{cases} X_1 = X_0 + \Delta X = 0.048\text{mm} \\ Y_1 = Y_0 + \Delta X = 0.036\text{mm} \end{cases}$$

求第二个插补点的坐标：

$$\begin{cases} X_2 = X_1 + \Delta X = 0.096\text{mm} \\ Y_2 = Y_1 + \Delta X = 0.072\text{mm} \end{cases}$$

前两个插补点与终点间距离为：

$$S_1 = |X_e - X_1| \frac{1}{\cos\alpha} = |4 - 0.048| \times \frac{5}{4}\text{mm} = 4.94\text{mm}$$

$$S_2 = |X_e - X_2| \frac{1}{\cos\alpha} = |4 - 0.096| \times \frac{5}{4}\text{mm} = 4.88\text{mm}$$

例 3-7 加工第一象限圆弧，圆心为坐标原点，起点为（0，5），终点为（5，0）（单位为 mm），且稳定进给时刻某动点位置为 A（4，3）（单位为 mm）。已知编程进给速度为 800mm/min，进给倍率为 90%，插补周期为 8ms，用直线函数法插补计算下一个插补点 $B(X_{i+1}, Y_{i+1})$。

解：计算轮廓步长 l：

$$l = KFT = \frac{0.9 \times 800 \times 8}{60 \times 1000}\text{mm} = 0.096\text{mm}$$

由式（3-33）得：$\tan\alpha' = \dfrac{X_i + \dfrac{1}{2}l\cos45°}{Y_i - \dfrac{1}{2}l\sin45°} = \dfrac{4 + \dfrac{1}{2} \times 0.096 \times \dfrac{\sqrt{2}}{2}}{3 - \dfrac{1}{2} \times 0.096 \times \dfrac{\sqrt{2}}{2}} = 1.360$

由式（3-34）得：$\Delta X' = l\cos\alpha' = 0.096 \times 0.5924\text{mm} = 0.0569\text{mm}$

根据式（3-35）用迭代法求出 $\Delta Y' = 0.0774\text{mm}$，则

$$\begin{cases} X_{i+1} = X_i + \Delta X' = 4.0569\text{mm} \\ Y_{i+1} = Y_i - \Delta Y' = 2.9226\text{mm} \end{cases}$$

也可用下面的精确算法推导后一个插补点：如图 3-32 所示，$A(X_i, Y_i)$ 为当前插补点，

其坐标为：

$$\begin{cases} X_i = R\sin\phi_i \\ Y_i = R\cos\phi_i \end{cases}$$

$B(X_{i+1}, Y_{i+1})$ 为插补后到达点，其坐标为：

$$\begin{cases} X_{i+1} = R\sin\phi_{i+1} \\ Y_{i+1} = R\cos\phi_{i+1} \end{cases}$$

式中，$\phi_{i+1} = \phi_i + \delta$。

圆弧插补以弦线 AB 逼近给定圆弧，且弦线等于一个插补周期的进给步长 l，则

$$l^2 = (X_{i+1} - X_i)^2 + (Y_{i+1} - Y_i)^2$$

整理得$(X_{i+1} - X_i)^2 + (Y_{i+1} - Y_i)^2 = R^2\{[\sin\phi_{i+1} - \sin\phi_i]^2 + [\cos\phi_{i+1} - \cos\phi_i]^2\}$

求出

$$\cos\delta = 1 - \frac{l^2}{2R^2}$$

若给定圆弧半径和进给步长，则圆心角为：

$$\delta = \arccos\left(1 - \frac{l^2}{2R^2}\right)$$

得

$$\begin{cases} X_{i+1} = 4.0569\text{mm} \\ Y_{i+1} = 2.9227\text{mm} \end{cases}$$

计算结果表明，直线函数法与精确算法的偏差很小，直线函数法采用近似求解，运算量小、速度快。

3.3 进给速度控制原理

3.3.1 进给速度控制的必要性

轮廓控制数控机床，既要对加工轨迹进行严格控制，也要对进给速度进行严格控制。进给速度控制，不仅会影响所加工零件的表面粗糙度和加工精度，而且与刀具、机床的寿命和生产率密切相关。按照加工工艺的要求，进给速度的给定一般是用F代码编入程序，称为指令进给速度。对于不同材料零件的加工，应根据切削速度、背吃刀量、表面粗糙度和加工精度的要求，选择合适的进给速度。在加工过程中，还可能发生各种不能确定或没有预料到的情况，需要随时改变进给速度，因此，大部分数控机床操作面板上设计有速度倍率调节按钮，可以在程序给定速度的基础上进行手动调节。

另外，在机床加工过程中，由于进给状态的变化，会使速度发生改变，如起动、升速、降速和停止，为了防止产生冲击、失步、超程或振荡等情况，保证运动平稳和准确定位，数控系统需要对机床的进给速度进行加减速控制。基准脉冲插补和数据采样插补由于计算方法不同，其速度控制方法也不同。

3.3.2 基准脉冲插补法进给速度控制和加减速控制

1. 进给速度控制

基准脉冲插补以脉冲的形式输出，脉冲频率与进给速度成正比，因此，可通过控制脉冲

频率来控制进给速度。基准脉冲插补一般用于以步进电动机为驱动元件的开环控制数控系统，各坐标的进给速度通过控制向步进电动机发出脉冲的频率来实现，所以进给速度控制是根据编程进给速度值来确定对应的进给脉冲频率的过程。常用的方法有程序计时法和中断控制法。

（1）程序计时法　进给速度 F 与脉冲源频率 f_g 之间关系为：

$$F = 60\delta f_g \tag{3-48}$$

式中　δ——脉冲当量（mm/p）；

f_g——脉冲源频率（Hz）；

F——进给速度（mm/min）。

程序计时法控制进给速度，就是利用软件程序来控制进给脉冲的间隔时间。根据要求的进给速度 F，求出与之对应的脉冲源频率 $f_g = F/(60\delta)$，再计算出两个进给脉冲的时间间隔 $t = 1/f_g$。这一时间间隔 t，通常由插补运算时间 t_c 和程序计时时间 t_j 两部分组成，即 $t = t_c + t_j$，如图 3-38 所示。由于插补运算时间一般来说是固定的，因此，只要改变程序计时时间，就可以控制进给速度。用 CPU 执行延时子程序的方法来实现速度控制，延时子程序的循环次数少，进给脉冲间隔时间短，速度就快；延时子程序的循环次数多，进给脉冲间隔时间长，速度就慢。在控制软件中，只要控制两个脉冲的间隔时间，就可以方便地实现速度控制。

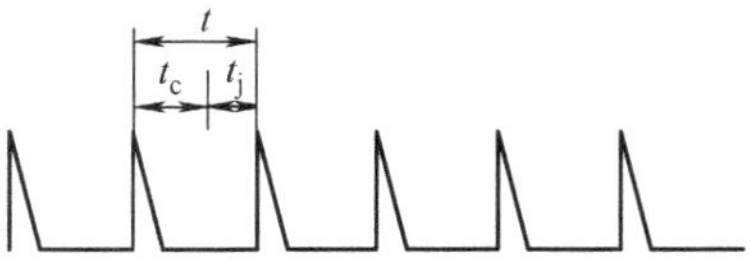

图 3-38　进给脉冲的间隔时间

例 3-8　已知系统脉冲当量 $\delta = 0.01$mm/p，进给速度 $F = 300$mm/min，插补运算时间 $t_c = 0.1$ms，延时子程序延时时间为 $t_y = 0.1$ms，求延时子程序循环次数 n。

脉冲源频率：$f_g = \dfrac{F}{60\delta} = \dfrac{300}{60 \times 0.01}\text{Hz} = 500\text{Hz}$

进给脉冲间隔时间：$t = \dfrac{1}{f_g} = 0.002\text{s} = 2\text{ms}$

设程序计时时间为 t_j，则

$$t_j = t - t_c = 1.9\text{ms}$$

循环次数：$n = t_j / t_y = 19$

（2）中断控制法　中断控制法是指每隔规定的时间向 CPU 发出中断请求，CPU 响应中断，执行一次中断服务程序，在中断服务程序中完成一次插补运算并发出进给脉冲。根据编程进给速度计算出定时器/计数器的时间常数，以控制 CPU 中断，改变时间常数，就可以改变中断请求信号的频率，从而改变进给速度。如此连续进行，直至插补完毕。这种方法使得 CPU 可以在两个进给脉冲时间间隔内，完成输入、译码、输出处理及显示等工作。

2. 加减速控制

数控系统为保证机床在起动或停止时不产生冲击、失步、超程或振荡，必须对送到进给电动机的进给脉冲频率进行调整，即在机床加速起动时，保证加在步进电动机上的进给脉冲频率逐渐提高；而当机床减速停止时，保证加在步进电动机上的进给脉冲频率逐渐降低。因此，在步进电动机开环控制系统中，运行速度都需要经历起动→加速→恒速→减速→停止的过程。机械系统在工作过程中，都要求加减速过程尽量短，恒速时间尽量长。

加减速控制，实际上就是改变输出脉冲的时间间隔，升速时使脉冲串逐渐加密，减速时使脉冲串逐渐稀疏。具体实现时，可按直线加减速或指数加减速规律控制。

3.3.3 数据采样插补法进给速度控制和加减速控制

1. 进给速度控制

数据采样插补法多用于闭环和半闭环数控系统，速度控制的任务是控制轮廓步长 l，即一个插补周期 T 内的进给量。一般 CNC 系统允许通过操作面板上的进给速度倍率修调旋钮，对进给速度倍率进行修调。为了调速方便，设置了快速和切削进给两种倍率开关，因此，速度计算中还要包括速度倍率调整的因素在内。稳定速度的计算公式为：

$$v_w = \frac{KFT}{60 \times 1000} \tag{3-49}$$

式中 v_w——稳定速度（mm/T）；

F——编程进给速度（mm/min）；

T——插补周期（ms）；

K——速度系数，调节范围在 0 ~ 200% 之间，它包括快速倍率、切削进给倍率等。

以上给出的是稳定状态下进给速度的处理方法。当机床起动、停止或加工过程中改变进给速度时，系统应自动进行加减速处理。

2. 加减速控制

在 CNC 装置中，加减速控制多数都利用软件来实现，这给系统带来了较大的灵活性。这种用软件实现的加减速控制可以放在插补前进行，也可以放在插补后进行，放在插补前的加减速控制称为前加减速控制，放在插补后的加减速控制称为后加减速控制。

前加减速控制仅对编程进给速度 F（合成速度）进行控制，它是在插补前计算出编程进给速度 F，然后根据编程进给速度进行插补，得到各坐标轴的进给量 ΔX、ΔY、ΔZ。其优点是不会影响实际插补输出的位置精度，不存在轨迹轮廓误差；其缺点是需要预测减速点，而这个减速点要根据实际刀具位置与程序段终点之间的距离来确定，计算工作量比较大。这种算法目前应用比较广泛。

后加减速控制是在插补后再进行加减速处理，它是对各运动轴分别进行加减速控制，这种加减速控制不需要专门预测减速点，而是在插补输出为零时才开始减速，经过一定的延时逐渐靠近程序段终点。该方法的缺点是，由于它是对各运动轴分别进行控制，因此在加减速控制以后，实际的各坐标轴合成位置就可能不准确。但这种影响仅在加减速过程中才会有，当系统进入匀速状态时，这种影响就不存在了。

（1）前加减速控制　主要控制内容是计算出稳定速度和瞬时速度。所谓稳定速度，就是系统处于稳定进给状态时，每插补一次（一个插补周期）的进给量。

由式（3-49）计算出稳定速度 v_w 之后，进行速度限制检查，如果稳定速度超过由参数设定的最高速度，则取设定的最高速度作为稳定速度。

瞬时速度 v_i，即系统在每一瞬时，每个插补周期的进给量。当系统处于稳定进给状态时，$v_i = v_w$；当系统处于加速或减速状态时，$v_i < v_w$。

以直线加减速说明其计算方法，线性加减速的加速度 a 可按下式计算：

$$a = 1.67 \times 10^{-5} \frac{F}{t} \tag{3-50}$$

式中 F——进给速度（mm/min）；

t——加速时间（ms）；

a——加速度 [mm/(ms)^2]。

加速时，系统每插补一次都要进行稳定速度、瞬时速度和加速处理。当上一个插补周期的瞬时速度 v_i 小于当前稳定速度 v_w 时，将加速，每加速一次，瞬时速度为：

$$v_{i+1}=v_i+aT \tag{3-51}$$

新的瞬时速度 v_{i+1} 参加插补计算，对各坐标轴进行分配。

当刀具接近进给运动终点时，将减速。首先计算出减速区域长度 S_0，当稳定速度 v_w 和设定的加速度 a 确定后，S_0 可由下式求得：

$$S_0=\frac{v_w^2}{2a} \tag{3-52}$$

减速时，系统每进行一次插补计算，都要进行终点判别，计算出离开终点的瞬时距离 S_i。若本程序段要减速，且 $S_i \leqslant S_0$，则开始减速处理。每减速一次，瞬时速度为：

$$v_{i+1}=v_i-aT \tag{3-53}$$

新的瞬时速度 v_{i+1} 参加插补运算，一直减速到新的稳定速度或减到零。若要提前一段距离开始减速，将提前量 ΔS_0 作为参数预先设置好，由下式计算新的减速区长度：

$$S_0=\frac{v_w^2}{2a}+\Delta S_0 \tag{3-54}$$

在每次插补结束后，系统都要根据求出的各轴的插补进给量，来计算刀具中心与本程序段终点间的距离 S_i，然后进行终点判别。

（2）后加减速控制　后加减速控制可以按直线加减速控制算法进行，也可以按指数加减速控制算法进行。在切削加工中，使用平滑性好的指数规律；在快速进给和辅助退刀时，采用快速性好的直线规律。

1）指数加减速控制。指数加减速控制的目的，是将起动或停止时的速度变为随时间按指数规律加速或减速，如图 3-39 所示。指数加减速控制算法原理图如图 3-40 所示，图中，τ 为时间常数，Δt 表示采样周期，它在算法中的作用是对加减速运算进行控制，即每个采样周期进行一次加减速运算。误差寄存器 E 的作用是对每个采样周期的输入速度 v_c 与输出速度 v 之差（v_c-v）进行累加。累加结果一方面保存在误差寄存器中，另一方面与 $1/\tau$ 相乘，乘积作为当前采样周期加减速控制的输出 v，同时又将输出速度 v 反馈到输入端，以便在下一个采样周期中重复以上过程。

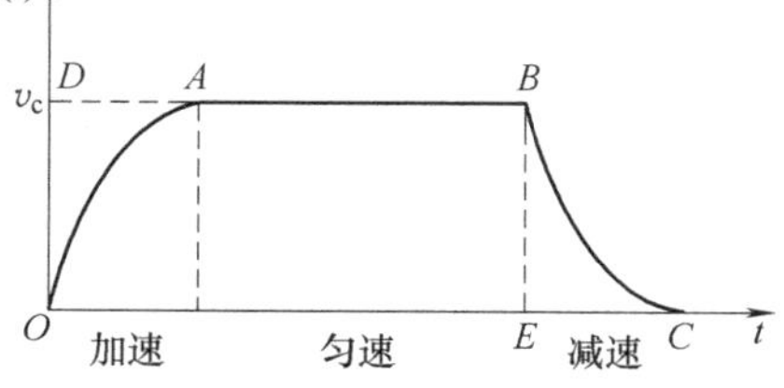

图 3-39　指数加减速曲线

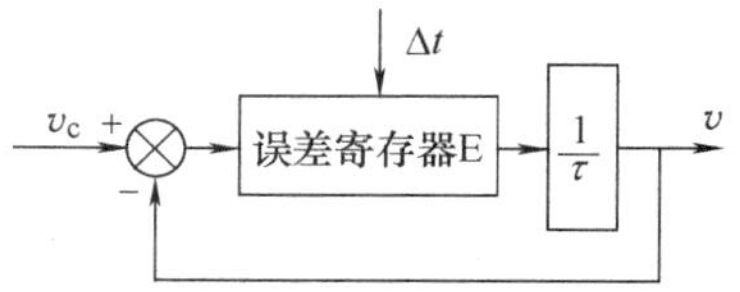

图 3-40　指数加减速控制算法原理图

指数加减速控制中速度与时间的关系为：

加速时
$$v(t)=v_c\left(1-e^{-\frac{t}{\tau}}\right) \tag{3-55}$$

式中　τ——时间常数；

v_c——输入速度。

匀速时
$$v(t)=v_c \tag{3-56}$$

减速时
$$v(t)=v_c e^{-\frac{t}{\tau}} \tag{3-57}$$

上述过程可以用下面的迭代公式来实现：

$$E_i=\sum_{k=0}^{i-1}(v_c-v_k)\Delta t \tag{3-58}$$

$$v_i=\frac{E_i}{\tau} \tag{3-59}$$

式中　E_i——第 i 个采样周期误差寄存器 E 中的值，迭代初值 E_0 为零；

v_i——第 i 个采样周期的输出速度值，迭代初值 v_0 为零。

当 Δt 足够小时，式（3-58）和式（3-59）可以写成：

$$E(t)=\int_0^t[v_c-v(t)]dt \tag{3-60}$$

$$v(t)=\frac{1}{\tau}E(t) \tag{3-61}$$

对式（3-60）和式（3-61）分别求导得：

$$\frac{dE(t)}{dt}=v_c-v(t) \tag{3-62}$$

$$\frac{dv(t)}{dt}=\frac{1}{\tau}\frac{dE(t)}{dt} \tag{3-63}$$

将式（3-62）和式（3-63）合并得：

$$\frac{dv(t)}{v_c-v(t)}=\frac{dt}{\tau} \tag{3-64}$$

对式（3-64）两端积分得：

$$\ln[v_c-v(t)]\Big|_{v(0)}^{v(t)}=-\frac{t}{\tau}$$

即
$$\frac{v_c-v(t)}{v_c-v(0)}=e^{-t/\tau} \tag{3-65}$$

加速时 $v(0)=0$，代入式（3-65）可得：

$$v(t)=v_c(1-e^{-t/\tau}) \tag{3-66}$$

减速时 $v(0)=v_c$，且输入为零，$v_c=0$，由式（3-62）得：

$$\frac{dE(t)}{dt}=v_c-v(t)=-v(t)$$

代入式（3-63）得：

$$\frac{dv(t)}{dt}=-\frac{v(t)}{\tau}$$

整理得：

$$\frac{dv(t)}{v(t)}=-\frac{dt}{\tau} \tag{3-67}$$

对式（3-67）两端积分可得：

$$v(t)=v_0 e^{-t/\tau}=v_c e^{-t/\tau} \tag{3-68}$$

匀速时，有：

$$v(t)=v_c \tag{3-69}$$

2）直线加减速控制。该算法是使机床在起动和停止时，速度沿一定斜率的直线上升或下降，如图 3-41 所示，速度变化曲线是 *OABC*。

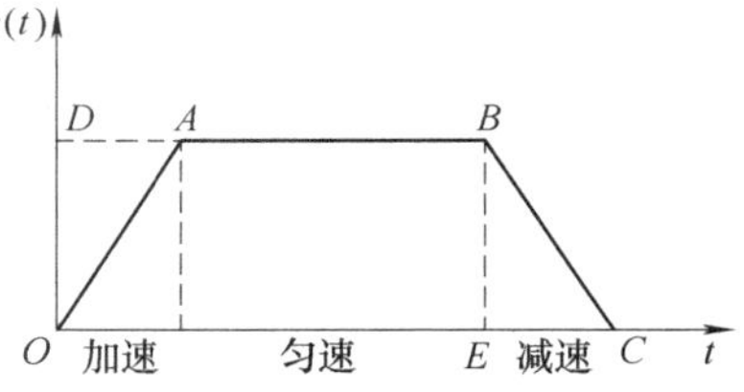

图 3-41 直线加减速曲线

可将加减速控制分为五个过程：

① 加速过程。设 *KL* 为加减速常数，当输入速度 v_c 与上一个采样周期的输出速度 v_{i-1} 之差大于 *KL*，即 $v_c-v_{i-1}>KL$ 时，必须进行加速控制，使本次采样周期的输出速度增加一个 *KL* 值，即

$$v_i=v_{i-1}+KL \tag{3-70}$$

在加速过程中，输出速度 v_i 沿斜率为 $K'=KL/\Delta t$ 的直线上升，Δt 为采样周期。

② 加速过渡过程。当输入速度 v_c 与上次采样周期的输出速度之差满足以下关系时：

$$0<v_c-v_{i-1}<KL$$

说明速度已上升至接近匀速，这时可改变本次采样周期的输出速度 v_i，使其与输入速度相等，即

$$v_i=v_c \tag{3-71}$$

经过这个过程后，系统进入稳定速度状态。

③ 匀速过程。在这个过程中，输出速度保持不变，即

$$v_i=v_{i-1} \tag{3-72}$$

④ 减速过渡过程。当输入速度 v_c 与上一个采样周期的输出速度 v_{i-1} 满足以下关系时：

$$0<v_{i-1}-v_c<KL$$

说明应开始减速处理，改变本次采样周期的输出速度 v_i，使其减小到与输入速度 v_c 相等，即

$$v_c=v_i \tag{3-73}$$

⑤ 减速过程。若输入速度 v_c 小于上一个采样周期的输出速度 v_{i-1}，但两者的差值大于 *KL* 值时，即

$$v_{i-1}-v_c>KL$$

则进行减速控制，使本次采样周期的输出速度 v_i 减小一个 *KL* 值，即

$$v_i = v_{i-1} - KL \tag{3-74}$$

显然，在减速过程中，输出速度沿斜率为 $K' = -KL/\Delta t$ 的直线下降。

对于后加减速控制，不论采用哪一种算法，其关键都是系统在整个加速和减速过程中，必须保证输入到加减速控制器的总位移量与加减速控制器的实际输出位移量之和相等。只有这样，才能保证系统不失步、不超程。为此，必须使图 3-39 和图 3-41 中区域 *OAD* 的面积等于区域 *BCE* 的面积。为了保证这两个区域的面积相等，在加减速算法中采用了位置误差累加器。

在加速过程中，用位置误差累加器记住由于加速延迟失去的位置增量之和；在减速过程中，再将位置误差累加器中的位置增量按一定规律（直线或指数）逐渐放出。这样就可以保证在加减速过程全部结束时，机床工作台（或刀架）能够到达指定的位置。

3.3.4 速度前瞻控制

在复杂轮廓零件的高速高精度加工过程中，一方面，为了保证加工精度，插补算法要将加工曲面离散成大量首尾衔接的微线段，刀位点非常密集；另一方面，为了实现高速加工，要求刀具沿零件轮廓表面的进给速度大幅提高，需要在短时间内走过大量这种微线段。当遇到大曲率点或轨迹急转弯等情况时，如果没有足够的时间和距离降低进给速度，将产生很大的加减速度，造成较大的轮廓误差，而且产生的冲击将使机床结构无法承受。

数控系统需要提前对加工轨迹进行分析和处理，将速度减小到允许范围内。但是，由于受机床性能的限制，不可能将速度瞬间减小到允许范围内，速度变化是一个连续的时间过程，刀具要走过一段加工轨迹才能完成这一过程。因此，数控系统必须超前处理若干段程序段，识别出大曲率点或急转弯点，也就是尖角点，然后对路径上的速度进行规划，在大曲率点或者轨迹急转弯之前进行减速，找出减速点，及时发出减速信号，以保证程序段间的速度平滑过渡。

高速数控系统必须具备的这种功能称为前瞻控制（Look Ahead）。速度前瞻控制也称轨迹前瞻控制，是数控加工向高速度、高精度发展而出现的新控制方法，是数控系统的一项关键技术。

1. 基本原理

前瞻控制是一种提前发现轨迹突变，并对进给速度进行有效控制的方法。由于数控机床的进给速度不能突变，要将很高的速度降低到较低值，必须经过一定的过程。因此，需要提前发现轨迹的突变，提前减速，高档数控系统具有前瞻控制功能。

在图 3-42 所示的刀具运动轨迹中，刀具运动轨迹在 P_i 点附近出现急弯，为保证急弯处的轨迹精度，并避免机床结构承受过大的动力冲击，必须限制 P_i 点处的进给速度，即该处的进给速度必须小于或等于由弯道情况确定的允许进给速度。为此，数控系统需要根据允许进给速度的大小以及最大加速度和加速度变化率的约束，在 P_i 点之前的 P_k 点开始减速，使到达 P_i 点时的速度正好满足允许速度的要求，并在 P_i 点后逐步加速，当

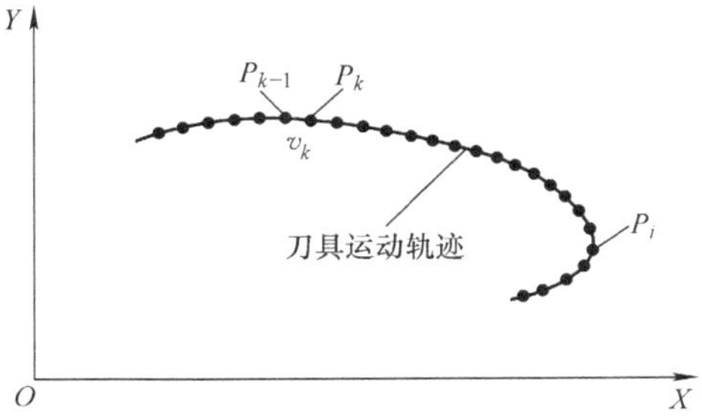

图 3-42　速度前瞻控制刀具运动轨迹

刀具运动轨迹比较平坦时，迅速将速度提高到给定进给速度。为实现轨迹前瞻控制，需要解决两个问题：一是减速特征判别；二是进给速度处理。

2. 减速特征判别

在给定插补周期的条件下，要得到尽可能高的插补精度，要求进给速度尽可能小，曲率半径越小的区域，可能得到的最大进给速度也越小，这就是在加工到曲率半径小的区域时，系统必须减速的原因，否则就会超过加工要求的误差。

对于图 3-42 所示轨迹，可根据轨迹的几何形态和进给速度的变化信息，实现轨迹减速特征的判别。具体做法是，在预处理过程中超前于插补求出刀具运动轨迹在各刀位点处的曲率半径，然后根据曲率半径越小允许进给速度越小的原则，确定该点的允许进给速度 v_y，最后将允许进给速度 v_y 与插补点处给定进给速度 v_c 间的差值作为是否进行提前减速的判据，如果速度差值超过规定的阈值，则意味着必须提前进行减速处理。

3. 进给速度处理

由图 3-42 可见，当插补模块按给定进给速度 v_c 沿图示进给方向插补到 P_{k-1}处时，预处理模块已经超前处理到 P_i 处，P_{k-1}与 P_i 间的微线段为预处理需要超前处理的段数。超前段数的多少，由前瞻控制所需的减速距离来决定。显然，前瞻控制的减速点 P_k 必须位于插补点 P_{k-1}之后。

前瞻控制中的速度处理，是确定减速点 P_k，并对 P_i 至 P_k 间各微线段的对应进给速度进行修正，以满足以下要求：P_i 处的进给速度 v_i 等于允许进给速度 v_y；P_{k-1}处的进给速度等于给定进给速度 v_c；P_k 至 P_i 间各微线段的进给速度递减，相邻段间速度的变化和最大加速度变化必须小于允许值。

当给定进给速度与允许进给速度间的速度差较大时，需要经过较长路径才能将进给速度降至允许进给速度范围内。由于刀具路径是由许多微线段组成的，减速过程要涉及很多微线段，可通过递推过程计算求出。

3.4 刀具补偿

3.4.1 刀具补偿功能

刀具补偿主要是指刀具半径补偿和刀具长度补偿。

1. 刀具半径补偿功能

以铣削加工为例（见图 3-43），在铣床上用半径为 r 的刀具加工外形轮廓为 A 的零件，刀具中心需沿着与轮廓 A 距离为 r 的轨迹 B 移动。可见，数控机床在进行轮廓铣削加工时，刀具中心（刀位点）轨迹和零件轮廓轨迹不重合。刀具半径补偿的作用就是把零件轮廓轨迹转换成刀具中心轨迹。

编程人员根据零件实际轮廓尺寸编程，在零件实际加工时，将刀具半径补偿值输入系统的刀补存储器内，数控装置便能自动计算出刀具中心轨迹，使刀具中心沿零件轮廓线法线方向偏置一个补偿值，从而正确地加工出所需零件轮廓。这种以按照零件轮廓编制的程序和预先设定的偏置值为依据，自动生成刀具中心轨迹的功能称为刀具半径补偿功能。

当刀具磨损、重磨及更换新刀具而导致刀具半径补偿值发生变化时，可以仅改变刀具半径补偿值，无须重新编写程序。另外，刀具半径补偿功能还可以满足加工工艺的其他要求。例如，用一把半径为 r 的刀具加工图 3-43 所示零件，为了达到一定的加工精度，该零件需要经过粗、精加工循环，这时可以采用逐次改变刀具半径补偿值的方法，调整每次进给量，以达到利用同一程序实现粗、精加工循环的目的。设精加工余量为 Δ，则粗加工时的补偿值为 $r+\Delta$，精加工时的补偿值为 r。

2. 刀具长度补偿功能

以数控车床为例，数控车床中前置刀架机床坐标系如图 3-44 所示，可控制的两个坐标轴定义为 X 轴、Z 轴。零件加工程序是刀尖点 P 相对于零件的运动轨迹，而数控装置控制的是刀架某一基准点 Q 的移动轨迹，刀具长度补偿的作用是建立两者之间的联系。刀具长度方向上的磨损，也可利用刀具长度补偿功能加以实现。

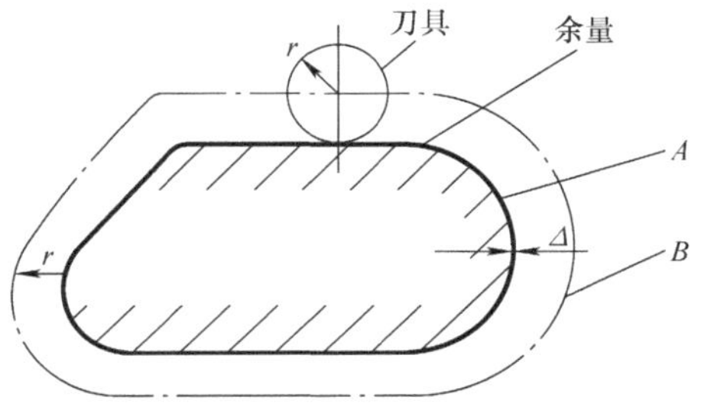

图 3-43　刀具半径补偿

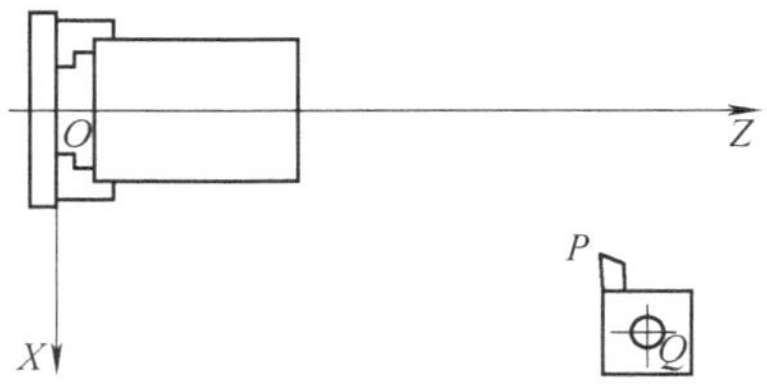

图 3-44　数控车床坐标系

3.4.2　钻削加工中的刀具补偿

数控钻床主要应用刀具长度补偿功能。因刀具磨损、重磨而使长度发生改变时，不必修改程序中的坐标值，可通过刀具长度补偿，伸长或缩短一个偏置量来补偿其尺寸的变化，以保证加工要求。刀具长度补偿指令比较简单，由 G43、G44、G40 或 H（D）代码指定。

刀具长度补偿常用两种方法。一种方法是以机床的某一基准点为编程原点，当使用多把不同长度的刀具进行加工时，预先测量各刀具的长度，将刀尖点与基准点偏移作为补偿值设定在数控装置的刀补存储器内。如图 3-45a 所示，设基准点在主轴端面中心，刀具长度为 100mm，磨损量为 a，编程时将实际刀具长度 $100-a$ 存入 H01 存储器内。另一种方法是以新刀的刀位点为编程原点，如图 3-45b 所示，如果钻头因磨损、重磨而使长度变短，实际位置偏离编程位置 a，将偏移值 a 存入代码为 H02 的存储器内。

两种补偿方法的程序如下：

图 3-45a：

```
N005 G91 G00 G43 Z-177.0 H01;
N010 S500 M03;
N015 G01 Z-28.0 F100;
N020 G04 P2000;
N025 G00 Z205.0 H00;
```

图 3-45b：

```
N005 G91 G00 G43 Z-77.0 H02;
N010 S500 M03;
N015 G01 Z-28.0 F100;
N020 G04 P2000;
N025 G00 Z105.0 H00;
```

图 3-45a 执行 N005 程序段时，刀具实际移动距离为编程值加上偏移值[$-177.0+(100-a)$]，H01 中存放的是 $100-a$，补偿了刀具的磨损量。

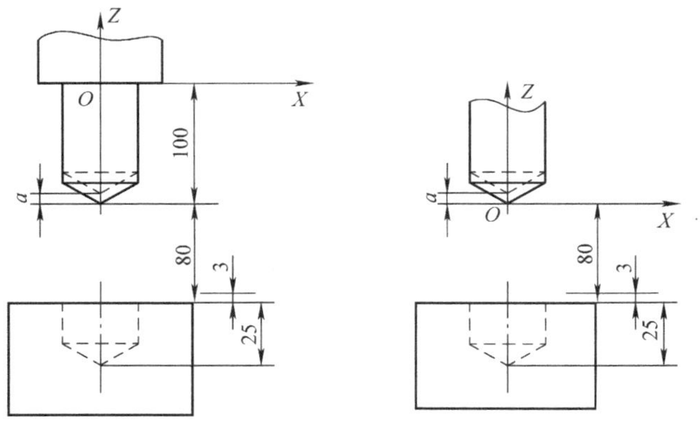

a) 机床基准点编程实例　　b) 刀具基准点编程实例

图 3-45　刀具长度补偿实例

图 3-45b 执行 N005 程序段时，刀具实际移动距离为编程值加上偏移值[−77.0 + (−a)]，H02 中存放的是 −a，补偿了刀具的磨损量。加工结束后，用 H00 取消刀补。

3.4.3　车削加工中的刀具补偿

车削刀具需要两坐标长度补偿和刀具半径补偿。

1. 车削刀具长度补偿

刀具长度补偿用来实现刀尖轨迹与刀架基准点轨迹之间的转换。如图 3-46 所示，P 为刀尖，Q 为刀架基准点，这里假设刀尖圆弧半径为零。利用刀具长度测量装置测出刀尖点相对于刀架基准点的坐标（X_{pq}，Z_{pq}），存入刀补存储器中。

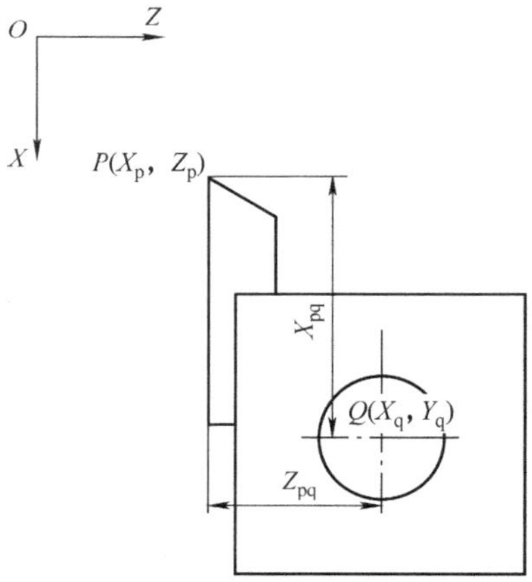

图 3-46　车削刀具长度补偿

因为零件轮廓轨迹是由刀尖切出的，所以编程时以刀尖点 P 来编程，设刀尖点 P 的坐标为（X_p，Z_p），刀架基准点 Q 的坐标（X_q，Z_q）可由下式求出：

$$\begin{cases} X_q = X_p + X_{pq} \\ Z_q = Z_p + Z_{pq} \end{cases} \tag{3-75}$$

这样，零件轮廓轨迹通过式（3-75）补偿后，就能通过控制刀架基准点 Q 来实现。

2. 车削刀具半径补偿

数控车削加工中，按假想刀尖轨迹编程，即零件轮廓与假想刀尖重合。实际应用中，为了提高刀具寿命和零件表面质量，车刀刀尖常磨出一个半径不大的圆弧（见图 3-47），而车削时实际起作用的切削刃是刀尖圆弧上的接触点，这样会引起加工表面的形状误差。车内外圆柱、端面时并无误差产生，因为实际切削刃的轨迹与零件轮廓一致；车锥面、倒角或圆弧时，则会造成欠切削或过切削的现象。为此，编制数控车削程序时，需要对刀具半

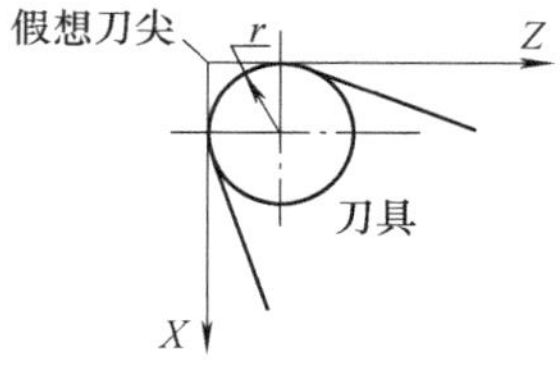

图 3-47　车刀假想刀尖

径进行补偿。

由于大多数数控车床都具有刀具半径补偿功能，因此可直接按零件轮廓尺寸编程。加工前，将刀尖圆弧半径值输入 CNC 装置，程序执行时 CNC 装置会根据输入的补偿值对刀具实际运动轨迹进行补偿。即执行刀具半径补偿后，刀具会自动偏离零件轮廓一个刀尖圆弧半径值，使切削刃与零件轮廓相切，从而加工出所要求的零件轮廓。

3.4.4 轮廓铣削加工中的刀具补偿

1. 刀具半径补偿原理

假设零件不动，刀具运动，当刀具中心轨迹在编程轨迹（零件轮廓）前进方向的左侧时，称为左刀补，用 G41 表示；反之，当刀具处于轮廓前进方向的右侧时，称为右刀补，用 G42 表示，如图 3-48 所示。G40 为取消刀具补偿指令。刀具半径补偿通常不是由程序编制人员完成，而是由 CNC 系统软件中的刀补程序完成，编程人员在零件程序中指明刀具半径、左刀补或右刀补，以及撤销刀补即可。

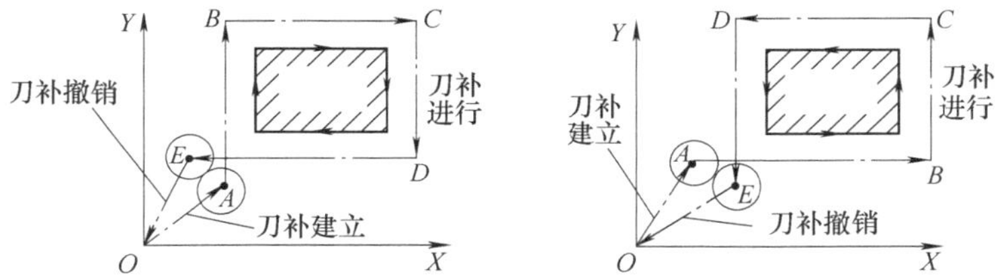

a) G41左刀补　　b) G42右刀补

图 3-48　刀具补偿方向

在切削加工中，刀具半径补偿过程分为三个步骤：

（1）刀补建立　刀具从起刀点接近工件，在原来程序轨迹的基础上偏移一个刀具半径值，即刀具中心从与编程轨迹重合过渡到与编程轨迹距离一个刀具半径值。在该段中，动作指令只能用 G00 或 G01。因被加工工件具有一定的切削余量，采用快速切入进给时，要留有一定的切入量，避免刀具和工件相撞。

（2）刀具补偿进行　刀具补偿进行期间，刀具中心始终偏离编程轨迹一个刀具半径的距离。在此状态下，G00、G01、G02、G03 都可使用。

（3）刀补撤销　刀具撤离工件，返回起刀点。即刀具中心从与编程轨迹相距一个刀具半径值过渡到与编程轨迹重合。此时也只能用 G00、G01。

2. B 功能刀具半径补偿

刀具半径补偿算法有 B 功能刀补和 C 功能刀补之分，B 功能刀补为基本的刀具半径补偿，就是根据零件轮廓尺寸和刀具半径值计算出刀具中心轨迹。对于一般的 CNC 装置，所能实现的轮廓仅限于直线和圆弧。

（1）加工直线时刀具补偿计算　对直线而言，刀具补偿后的轨迹是与原直线平行的直线，只需要计算出刀具中心轨迹的起点和终点坐标值。

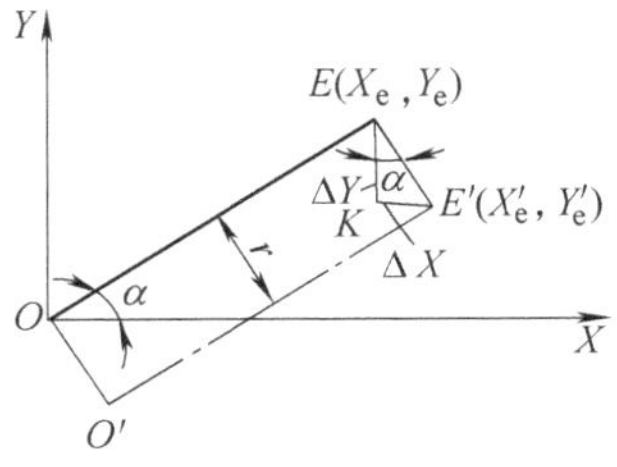

图 3-49　直线刀具半径补偿

如图 3-49 所示，被加工直线段的起点在坐标原点，终点坐标为 $E(X_e, Y_e)$。假定上一程序段加工完后，刀具中心在O'点（坐标已知）。刀具半径为r，现要计算刀具右补偿后直线段$O'E'$的终点坐标E'（X'_e，Y'_e）。设刀具补偿矢量EE'的投影坐标为ΔX、ΔY，则

$$\begin{cases} X'_e = X_e + \Delta X \\ Y'_e = Y_e - \Delta Y \end{cases} \tag{3-76}$$

$$\angle XOE = \angle E'EK = \alpha$$

$$\begin{cases} \Delta X = r\sin\alpha = r\dfrac{Y_e}{\sqrt{X_e^2 + Y_e^2}} \\ \Delta Y = r\cos\alpha = r\dfrac{X_e}{\sqrt{X_e^2 + Y_e^2}} \end{cases} \tag{3-77}$$

$$\begin{cases} X'_e = X_e + \dfrac{rY_e}{\sqrt{X_e^2 + Y_e^2}} \\ Y'_e = Y_e - \dfrac{rX_e}{\sqrt{X_e^2 + Y_e^2}} \end{cases} \tag{3-78}$$

式（3-78）为直线刀补计算公式，是在增量编程条件下推导出的。对于绝对编程，仍可应用此公式计算直线刀补，所不同的是$E(X_e，Y_e)$和$E'(X'_e，Y'_e)$应是绝对坐标。

（2）加工圆弧时刀具半径补偿计算　对于圆弧而言，刀具补偿后的刀具中心轨迹是与原圆弧同心的一段圆弧，只需要计算刀补后圆弧的起点坐标和终点坐标值。如图3-50所示，被加工圆弧的圆心坐标在坐标原点O，圆弧半径为R，圆弧起点为$A(X_a,Y_a)$，终点为$B(X_b,Y_b)$，刀具半径为r。

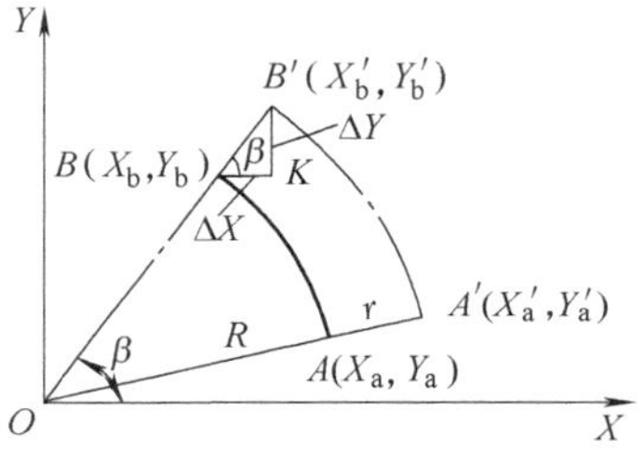

图3-50　圆弧刀具半径补偿

假定上一个程序段加工结束后，刀具中心为A'，其坐标已知，圆弧刀具半径补偿计算的目的，就是计算出刀具中心轨迹的终点坐标$B'(X'_b，Y'_b)$。设BB'在两个坐标上的投影为ΔX，ΔY，则

$$\begin{cases} X'_b = X_b + \Delta X \\ Y'_b = Y_b + \Delta Y \end{cases} \tag{3-79}$$

$$\angle BOX = \angle B'BK = \beta$$

$$\begin{cases} \Delta X = r\cos\beta = r\dfrac{X_b}{R} \\ \Delta Y = r\sin\beta = r\dfrac{Y_b}{R} \end{cases} \tag{3-80}$$

$$\begin{cases} X'_b = X_b + \dfrac{rX_b}{R} \\ Y'_b = Y_b + \dfrac{rY_b}{R} \end{cases} \tag{3-81}$$

3. C功能刀具半径补偿

如图3-51所示的外部轮廓零件，按$ABCD$顺序加工，根据AB、BC两个程序段，按B

刀补处理后可求出相应的刀心轨迹 A_1B_1 和 B_2C_1。事实上，加工完第一个程序段后，刀具中心落在 B_1 点上，而第二个程序段的起点为 B_2，两个程序段之间出现了断点。

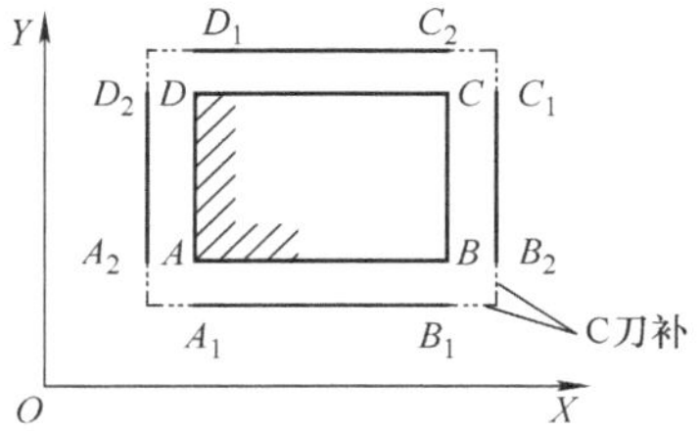

图 3-51　刀具补偿的断点处理

现代数控系统 C 功能刀具半径补偿能自动处理两个相邻程序段之间连接（即尖角过渡）的各种情况，并直接求出刀具中心轨迹的转接交点，然后再对原来的刀具中心轨迹做伸长或缩短修正。

图 3-52 所示为 CNC 装置中采用 C 刀补方法的原理框图。在数控装置内设置刀补缓冲区 CS，用来存放下一个加工程序段信息；数据缓冲寄存区 BS 用以存放再下一个加工程序段的信息；工作寄存区 AS 用来存放正在加工的程序段信息，其运算结果送到输出寄存区 OS，作为插补模块的输入信息。

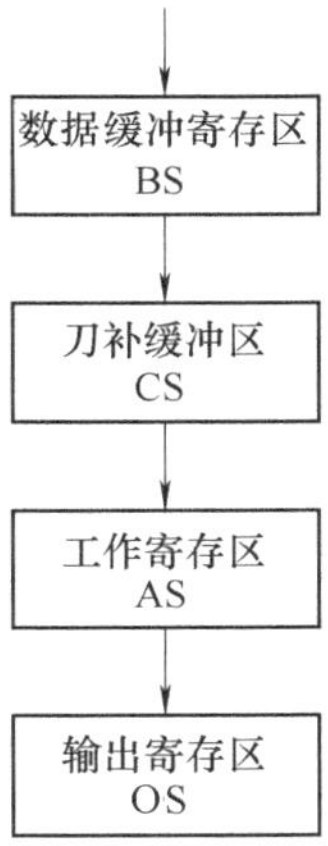

图 3-52　采用 C 刀补方法的原理框图

数控系统在工作时，总是同时存储连续三个程序段的信息。当系统起动后，第一个程序段先被读入 BS，在 BS 中算得第一段刀具中心轨迹，被送到 CS 中暂存后，又将第二个程序段读入 BS，算出第二个程序段的刀具中心轨迹。接着对第一、第二两段刀具中心轨迹的连接方式进行判别，根据它们之间转接的具体情况，再对第一段刀具中心轨迹进行修正。修正结束后，顺序地将修正后的第一段刀具中心轨迹由 CS 送入 AS 中，第二段刀具中心轨迹由 BS 送入 CS 中。然后，由 CNC 装置将 AS 中的内容送到 OS 中进行插补运算，运算结果送到伺服系统中予以执行。当修正了的第一段刀具中心轨迹开始被执行后，利用插补间隙，CNC 装置又将第三段程序读入 BS，随后，又根据 BS 和 CS 中第三、第二段轨迹的连接情况，对 CS 中第二程序段的刀具中心轨迹进行修正。依此下去，可见在刀补工作状态，CNC 装置内部总是同时保存三个程序段的信息，并能根据相邻轮廓段的信息自动处理两个程序段刀具中心轨迹的转接，自动在转接点处插入过渡圆弧或直线，从而避免刀具干涉和断点情况的出现。

4. 程序段间转接过渡

在 CNC 装置中，处理的基本廓形是直线和圆弧，它们之间的相互连接方式有直线与直线相接、直线与圆弧相接、圆弧与直线相接、圆弧与圆弧相接。在刀具半径补偿执行的三个步骤中，都会有转接过渡，以直线与直线转接为例来讨论刀补建立、刀补进行过程中可能碰到的三种转接形式。刀补撤销是刀补建立的逆过程，可参照刀补建立过程。

图 3-53 和图 3-54 所示为两个相邻程序段为直线与直线，左刀补 G41 的情况下，刀具中心轨迹在连接处的过渡形式。图中 α 为工件侧转接处两个运动方向的夹角，其变化范围为 $0° < \alpha < 360°$。当轮廓段为圆弧时，只要用其在交点处的切线作为角度定义的对应直线即可。在图 3-54a 中，编程轨迹为 *FG* 和 *GH*，刀具中心轨迹为 *AB* 和 *BC*，刀具中心轨迹相对于编程轨迹分别缩短一个 *BD* 与 *BE* 的长度，这种转接为缩短型。在图 3-54b 中，刀具中心轨迹 *AB* 和 *BC* 相对于编程轨迹 *FG* 和 *GH* 伸长一个 *BD* 与 *BE* 的长度，这种转接为伸长型。在图 3-54c中，若采用伸长型，刀心轨迹为 *AM* 和 *MC*，相对于编程轨迹 *FG* 和 *GH* 来说，刀具

空行程时间较长，为减少刀具非切削的空行程时间，可在中间插入过渡直线 BB_1，并令 BD 等于 B_1E 且等于刀具半径 r，这种转接为插入型。根据转接角 α 不同，可以将 C 刀补的各种转接过渡形式分为三类：

1）当 $180° \leqslant \alpha < 360°$ 时，属缩短型，如图 3-53a 和图 3-54a 所示。

2）当 $90° \leqslant \alpha < 180°$ 时，属伸长型，如图 3-53b 和图 3-54b 所示。

3）当 $0° < \alpha < 90°$ 时，属插入型，如图 3-53c 和图 3-54c 所示。

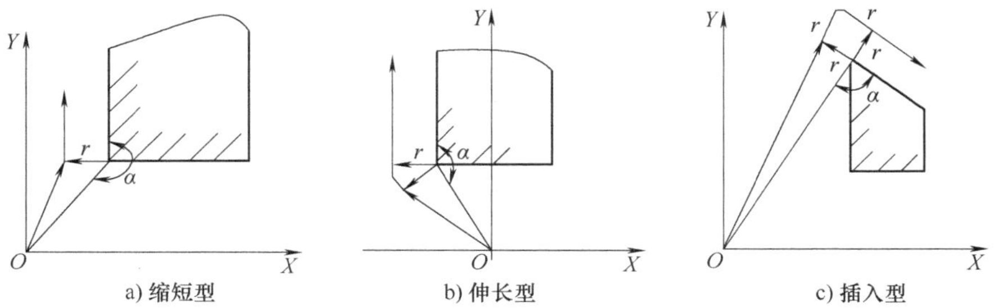

图 3-53 G41 刀补建立时直线与直线转接情况

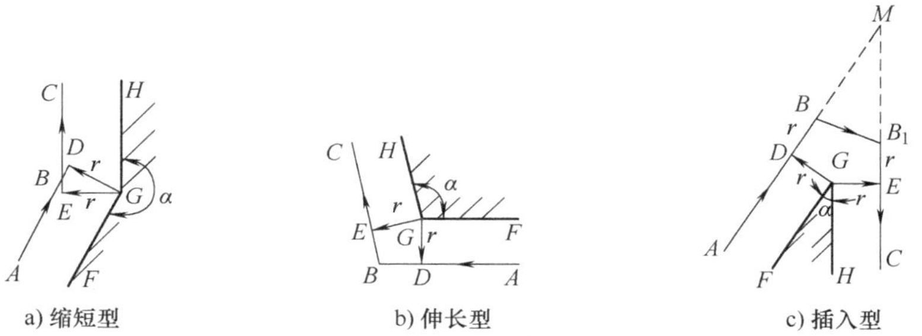

图 3-54 G41 刀补进行时直线与直线转接情况

在具体实现时，为了便于交点的计算，需要对各种编程情况进行综合分析，从中找出规律，C 功能刀具补偿方法需要将所有的编程输入轨迹、计算中的各种线型都当作矢量看待。显然，直线段本身就是一个矢量，而圆弧则将圆弧的起点、终点、半径及起点到终点的弦长都作为矢量。刀具半径也作为矢量，在加工过程中，它始终垂直于编程轨迹，大小等于刀具半径值，方向指向刀具中心。加工直线时，刀具半径矢量始终垂直于刀具的移动方向；加工圆弧时，刀具半径矢量始终垂直于编程圆弧瞬时切点的切线，方向始终在改变。

复习思考题

1. 试述 CNC 装置的工作过程。

2. 什么是插补？插补的实质是什么？

3. 基准脉冲插补中，已知插补运算的时间为 80μs，当系统脉冲当量为 0.01mm/p 时，求最高进给速度。

4. 目前应用的插补方法分为哪两类？各有何特点及应用？

5. 用逐点比较法加工第一象限直线 OA，起点为坐标原点，终点为 $A(4, 5)$（单位为脉冲当量），写出插补过程，并绘出插补轨迹。

6. 加工第二象限直线 $0B$，起点为坐标原点，终点为 $B(-4, 5)$（单位为脉冲当量）。试用逐点比较法对该段直线进行插补，写出插补过程，并绘出插补轨迹。

7. 加工圆心在坐标原点，半径为5的一段逆圆弧 CD，起点为 $C(-4, 3)$，终点为 $D(4, 3)$（单位为脉冲当量），试用逐点比较法进行圆弧插补，写出插补过程，并绘出插补轨迹。

8. 设有第一象限直线 $0A$，起点为坐标原点，终点为 $A(7, 5)$（单位为脉冲当量），累加器与寄存器的位数为3位，请用DDA法对其进行插补，写出插补过程，并绘出插补轨迹。

9. 用数字积分法插补第一象限逆圆弧 AB，起点为 $A(4, 3)$，终点为 $B(0, 5)$（单位为脉冲当量），写出插补过程，并绘出插补轨迹。

10. 设有第四象限直线 $0E$，起点为坐标原点，终点为 $E(4, -3)$（单位为脉冲当量），累加器与寄存器的位数为4位，请用DDA法对其进行插补，写出插补过程，并绘出插补轨迹。

11. DDA插补时合成进给速度 v 与脉冲源速度 v_g 有何关系？说明了什么？

12. DDA插补稳速控制的措施有哪些？

13. 以直线函数法直线插补为例，说明数据采样插补原理。

14. 数据采样插补中，用弦线逼近圆弧时，最大径向误差 e_r 与哪些因素有关？

15. 直线函数法圆弧插补的特点是什么？

16. 说明扩展DDA数据采样插补原理。

17. 加工第一象限直线 $0E$，起点为坐标原点，终点为 $E(3, 4)$（单位为mm），已知编程进给速度为800mm/min，进给倍率为80%，插补周期为8ms，求每个插补周期内各坐标轴进给量 ΔX 和 ΔY，进给速度 v_X 和 v_Y，前两个插补点与终点间的距离 S_1 和 S_2。

18. 为什么要控制数控机床的进给速度？

19. 何谓前加减速控制和后加减速控制？各有何优缺点？

20. 在CNC装置中，为何对进给电动机进行加减速控制？常用的控制算法有哪些？请简要说明。

21. 何谓刀具半径补偿功能？它在零件加工中的主要用途有哪些？

第 4 章 数控装置

本章提要

计算机数控技术中，数控装置是实现加工过程控制的计算机系统，是数控系统的核心。本章介绍数控装置的组成及作用、数控装置的硬件系统和软件系统、数控装置的输入/输出接口以及数控装置的 PLC 控制功能。最后简要介绍了基于 PC 的数控系统开发实例。本章内容是进行数控系统设计和开发的基础。

4.1 数控装置的组成及作用

4.1.1 组成

数控机床的组成如图 1-2 所示，除机床本体以外的部分称为数控系统，数控系统的核心是数控装置。早期的数控装置完全由数字逻辑电路构成，称为硬件数控（NC）。随着半导体技术和计算机技术的发展，现代数控装置大都以微型计算机为主体，部分功能由软件来实现，称为计算机数控装置（CNC）。计算机数控装置的灵活性增强、可靠性提高、成本下降，从而推动了数控技术的普及和发展。

数控装置的主要作用是，读入零件加工程序，将其转换成控制机床运动和辅助功能要求的内部数据格式，分别送给进给电动机控制单元、主轴电动机控制单元和 PLC，具有内置 PLC 功能的数控装置本身具有逻辑量解算功能，直接通过接口将解算结果送给机床强电控制系统。具有闭环控制功能的数控装置还会读入位置检测装置发出的机床实际位置信号，将其与指令位置比较后，用比较的差值控制机床的移动，以获得较高的位置控制精度。

4.1.2 数控装置的软硬件功能界面

数控装置是由硬件系统和软件系统组成的，硬件为软件的运行提供支持环境。从信息处理的角度看，软件和硬件在逻辑上是等价的，即硬件能完成的任务理论上说也可以由软件来完成。因此，在数控装置的设计阶段就要考虑哪些功能由软件来实现，哪些功能由硬件来实现，或怎样确定软件和硬件在数控装置中所承担的任务，也就是软硬件功能界面问题。

一般来说，硬件处理速度快，但价格高、灵活性差；软件适应性强，但处理速度慢。合理地划定软硬件界面，可以获得较高的性能价格比。图 4-1 所示为四种典型软硬件界面的划分。

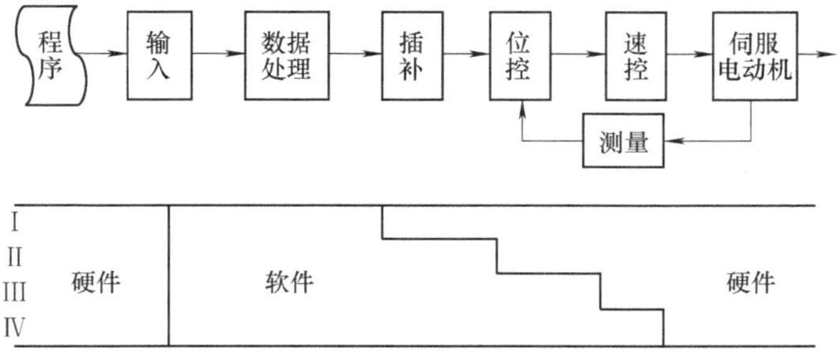

图 4-1　四种典型软硬件界面的划分

四种功能界面的划分，代表了不同时期的数控装置产品。数控装置发展的趋势是软件承担的任务越来越多，这主要是由于计算机的运算处理能力不断增强，使软件的运行速度大大提高的结果。这种趋势并不是一成不变的，随着电子技术的发展，硬件的成本也在不断降低，如果硬件的制造可以做到像软件一样灵活，能够根据特殊需求专门制作，则硬件所担负的功能还会逐步增加。

4.2　数控装置的硬件系统

4.2.1　单片机数控装置

单片机又称微控制器（Micro Controller），它的主要特点是抗干扰性强，可靠性高，速度快，指令系统的效率高、体积小、价格低，最适合用来开发简易的和小型专用的数控装置及嵌入式系统。

图 4-2 所示为用 80C31 单片机组成的简易数控装置的硬件系统图。这是一台裁纸机上的数控装置，它包含了输入、输出、运动控制和开关量控制等数控装置的基本功能。图中芯片 2764 是 64KB 的 EPROM，用于存储系统程序。80C31 有四个双向的 I/O 接口，这个系统很简单，只用到其中的三个。P0 口的 8 位信号用于访问 EPROM 的地址和数据线、向数码管输出片选和位选信号以及由键盘读入的列信号。P2 口的高三位用作片选信号，以区分对 EPROM、数码管和键盘的访问，其余三位用来构成地址信号的高五位。P1 口的低三位用作键盘的行信号，第四位用来控制切纸刀的动作，第四～第六位输出环行分配信号，用于控制三相步进电动机的转动，步进电动机带动进给机构实现送纸动作。第七位设定为输入信号，如果纸筒是空的，则输入一个高电平，机器停止动作，并通过数码管给出提示。纸的剪切尺寸、进给速度和裁剪张数由键盘输入，保存在指定的存储单元中。数码管在剪切过程中显示剪切次数。

4.2.2　单 CPU 数控装置

图 4-3 所示为一个典型的基于总线结构的单微处理机三坐标数控装置的硬件结构图。单微处理机数控装置以中央处理器（CPU）为核心，CPU 通过总线与存储器以及各种接口相连接，采用集中控制、分时处理的工作方式，完成数控加工中的各个任务。有的数控装置虽

然有两个以上 CPU，但其中只有一个 CPU 能够控制总线，其他 CPU 只是附属的专用智能部件，不能控制总线，也不能访问主存储器。这种主从结构的多 CPU 数控装置也可以归为单微处理机结构。

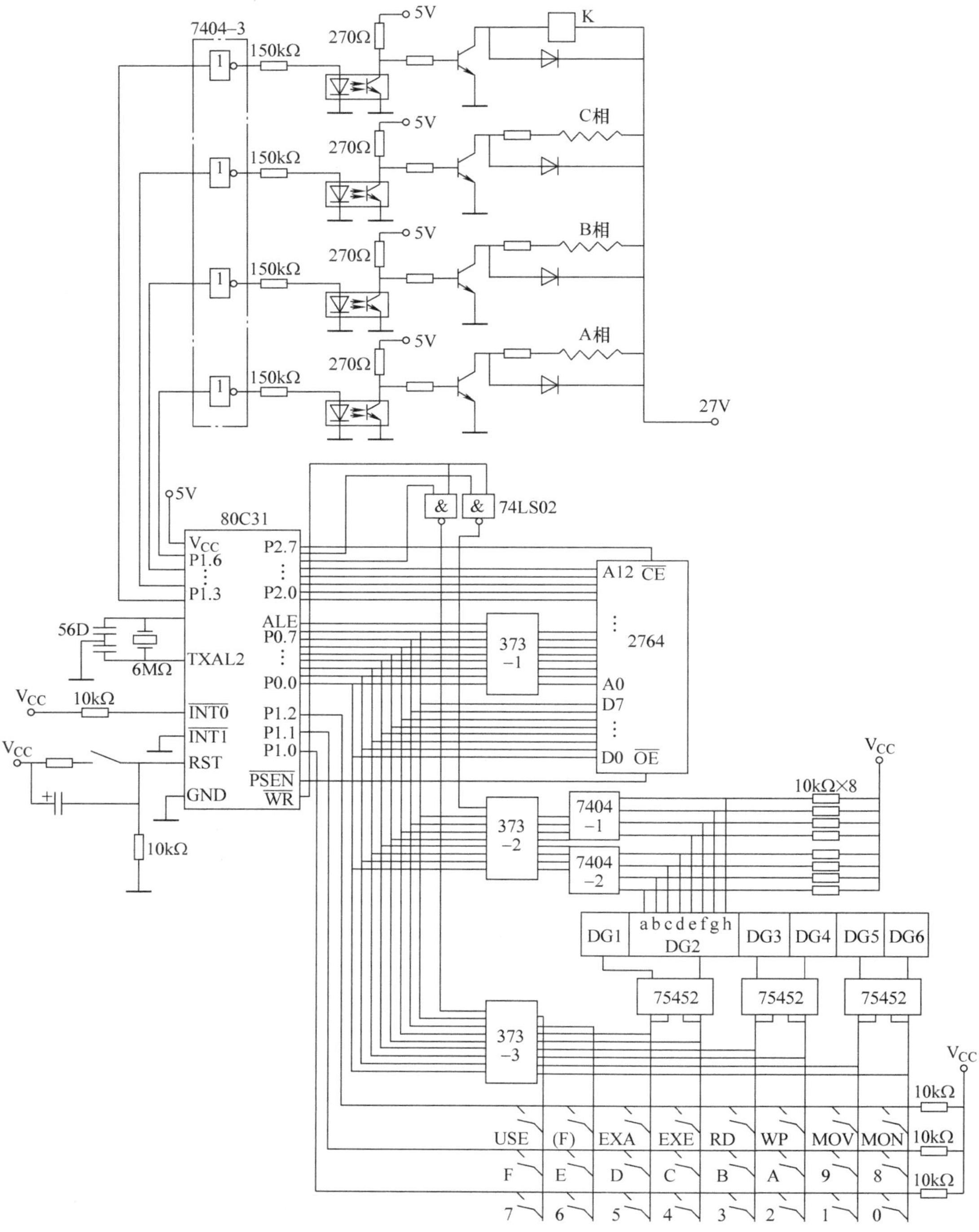

图 4-2 用 80C31 单片机组成的简易数控装置的硬件系统图

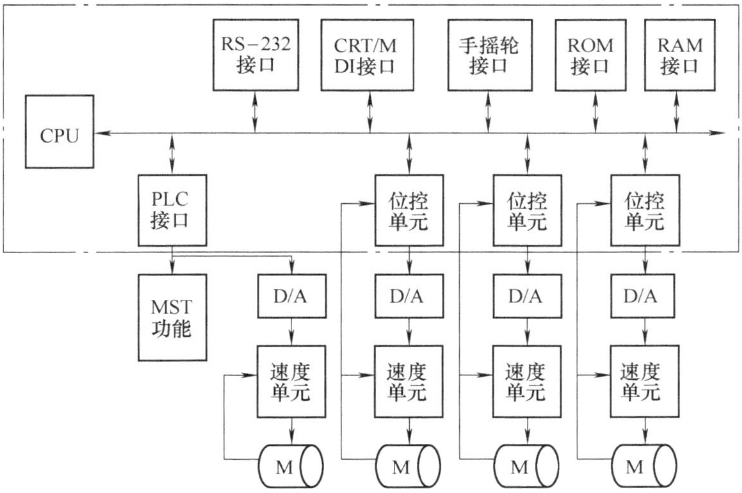

图 4-3　单 CPU 三坐标数控装置的硬件结构图

单 CPU 数控装置结构中包含了微机系统的基本结构：CPU 和总线接口、I/O 接口、存储器、串行接口和 CRT/MDI 接口等，还包含了数控系统中的位置控制单元、可编程序逻辑控制器、主轴控制单元等。

CPU 是数控装置的核心，主要完成控制和运算两方面的任务。控制功能包括内部控制、零件加工程序的输入输出控制和对机床加工现场状态信息的记忆控制。内部控制是指数控装置内各功能部件的通信以及各部件间的协调。运算任务是完成一系列的数据处理工作，包括译码、刀补计算、运动轨迹计算、插补计算和位置控制的给定值与反馈值的比较运算等。

数控装置中的存储器包括只读存储器（ROM）和随机存储器（RAM）两类。系统程序存放在可擦除可编程序只读存储器（EPROM）中，由生产厂家固化，即使断电，程序也不会丢失。系统程序只能被 CPU 读出，不能写入，必要时可用专门的设备擦除后再重写。随机存储器用于存放运算的中间结果、需要显示的数据、运行状态、标志信息等，它可以随时读出和写入，断电后信息就消失。

位置控制单元的作用主要是对数控机床有进给运动的坐标轴进行位置控制，如工作台的前后左右移动、主轴箱的上下移动、围绕某一轴线的旋转运动等。进给运动的控制是数控机床上要求最高的控制，不仅对单个轴的运动精度有严格的要求，在多轴联动时，还要求各运动轴有很好的动态配合。对主轴的控制要求是在较宽的范围内速度连续可调，并在每一种速度下均能提供足够的转矩。某些机床上还要求主轴的圆周位置可以控制。

只由硬件构成的位置控制单元可以集成在一块芯片上，称为位置控制芯片，由软件和硬件共同完成的位置控制通常做成包含 CPU 的位置控制模板。目前，还有将运动控制和 I/O 控制集成在一块模板上的运动控制器产品，如 PMAC、GM400 等。这些产品的出现使数控系统的开发更加灵活方便。

数控装置的物理结构分为大板式和模块式两种。图 4-4 所示为大板式数控装置的物理结构，包括主电路板、PLC 板、附加 I/O 板、图形控制板和电源单元等。主电路板是大的印制电路板，其他电路板为小板并插在大电路板的插槽内。六块小电路板由左到右依次为：感应同步器/旋转变压器控制板、PLC 控制板、控制用 ROM 板、CRT 和 I/O 接口、附加轴控制板和磁泡存储器板。

模块式数控装置中，整个数控装置按照功能划分为若干个模块，硬件和软件的设计都采用模块化方法，每个功能模块都被做成尺寸相同的印制电路板，和具有相应功能的软件集成在一起，形成一个 CNC 系统的系列化模块产品。功能模板和控制单元母板通过标准的插槽连接。另外，机床操作面板的按钮箱也是标准化的，上面有由用户定义的按键。用户只要按产品的型号、功能购入所需的功能模块、外设、相应的电缆插头及按钮箱，并经简单组装，就可得到满足要求的 CNC 装置。

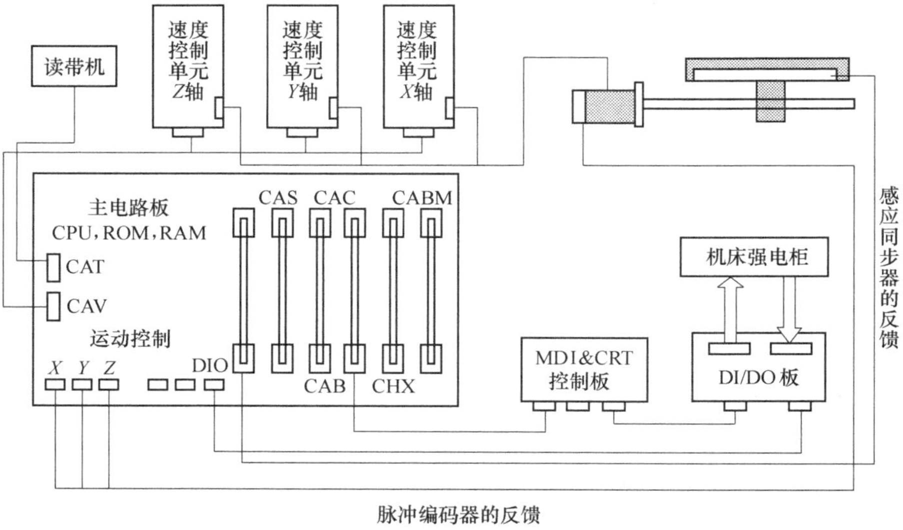

图 4-4 大板式数控装置的物理结构（FANUC-6MB）

4.2.3 多 CPU 数控装置

单 CPU 结构的数控装置只有一个 CPU，实行集中控制，其功能受 CPU 字长、寻址能力和运算速度的限制。由于程序输入、插补等功能均由软件实现，由同一个 CPU 处理，因此，扩展数控装置的功能和提高处理速度是单 CPU 数控装置中的突出矛盾。

多 CPU 结构数控装置中有两个或两个以上的 CPU 部件，每个 CPU 独立处理数控装置的一部分工作，部件之间采用紧耦合，有集中的操作系统，通过总线仲裁器来解决总线争用问题，通过公共存储器来进行信息交换。多 CPU 结构具有以下特点。

1. 能实现真正意义上的并行处理，处理速度快

多 CPU 结构中的每一个 CPU 完成系统中的一部分指定功能，独立执行程序，并行运行，与单 CPU 相比，提高了计算处理速度。它适应多轴控制、高进给速度、高精度、高效率数控系统的要求。

2. 可靠性高

由于系统中每个 CPU 分管各自的任务，形成若干个模块，插件模块更换方便，可将故障对系统的影响减到最小。

3. 有良好的适应性和可扩展性

多 CPU 的数控装置大都采用模块化结构，可将 CPU、存储器、输入/输出控制设计成独立的微机级硬件模块。相应的软件也是模块化结构，固化在硬件模块中，硬软件模块形成一个特定的功能单元，称为功能模块。功能模块间有明确定义的接口，接口是标准的，不同厂家的产品之间可以进行信息交换，可以积木式地组成 CNC 装置，使设计简单，能适应不同机床的要求，并且可以扩展功能。

多 CPU 数控装置按信息交换方式，可以分为共享总线式、共享存储器式和混合式三种类型。图 4-5 所示为共享总线式多 CPU 数控装置结构。

一般来说，计算机数控装置可以分为 CNC 管理模块、插补模块、PLC 模块、位置控制模块、操作控制模块、数据输入/输出模块和存储器模块。数控装置的功能和结构不同，功能模块的数量和划分方法也不同，如果需要扩充功能，可以增加相应的功能模块。

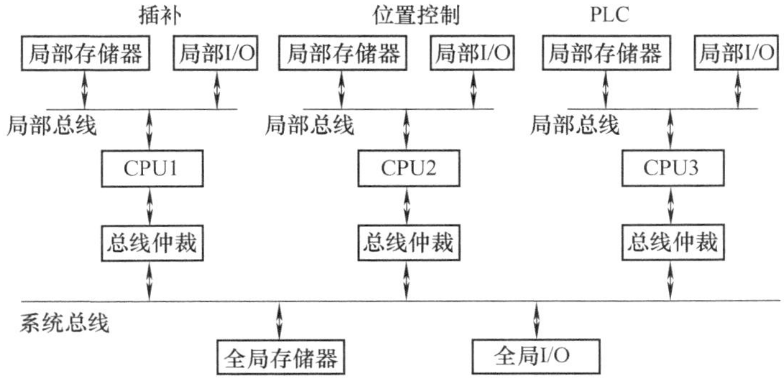

图 4-5　共享总线式多 CPU 数控装置结构

4.2.4　基于 PC 的数控装置

虽然第五代数控系统也称为计算机数控系统，但这种计算机系统是专用的，不仅其硬件系统是由数控系统生产厂家自行开发和生产的，其操作系统也是根据硬件的特点自行开发的。这种基于专用计算机系统的数控装置有很多缺点，如开发周期长、更新换代慢、性能难以达到最佳、开发和生产成本高、维护困难等。进入 20 世纪 80 年代以来，通用化的个人计算机（Personal Computer，PC）得到迅速发展，以 PC 作为数控装置的 PC 数控技术应运而生。PC 数控具有一系列的技术、经济优势，如容易获得高性能和高可靠性、成本低、标准化程度高、软硬件资源丰富、便于信息集成等。PC 技术和数控技术结合而产生的 PC 数控技术，是自数控技术诞生以来最具深远意义的一次飞跃，PC 数控系统也因此被誉为第六代数控系统。

PC 数控系统的体系结构有 NC + PC 的复合式结构、PC + NC 的递阶式结构、PC + I/O 的软件化结构、PC + 功率接口的集成化结构和 PC + 实时网络的分布式结构几种形式。下面介绍常用的两种结构。

1. PC + NC 的递阶式结构

PC + NC 结构的数控系统的设计思想是利用 PC 作为数控系统的软硬件平台，在其标准总线上直接连接实时控制单元而组成完整的数控系统。这是一种递阶式的体系结构，其总体结构框图如图 4-6 所示。第一级为宏观控制级，主要利用 PC 的硬软件资源，完成数控装置上层一些实时性不是很强的任务，如人机交互、动态显示、程序译码、刀补计算、粗插补等，并对整个系统的运行进行协调管理。第二级为运动控制级，由实时控制单元完成数控装置下层的强实时性控制任务。实时控制单元可以是带精插补计算、位置控制、开关量控制等的完整 CNC 单元，也可以是仅有位置控制功能的简单位置控制卡。一般实时控制单元包括进给轴运动控制模块、主轴运动控制模块、PLC 控制模块。各模块有自己的 CPU，在其上运行自己的控制软件。第三级为驱动控制级，其主要任务是完成电动机的驱动控制，如对交流伺服电动机进行矢量变换控制、脉宽调速控制等。由于驱动控制级对实时性要求较高，一般采用高速 DSP 作为控制器。一般驱动控制级由若干个驱动单元组成，这些单元由专业厂家生产。递阶式结构的优点是具有较好的开放性，易于采用标准部件，开发和生产比较方便，成本相对较低。

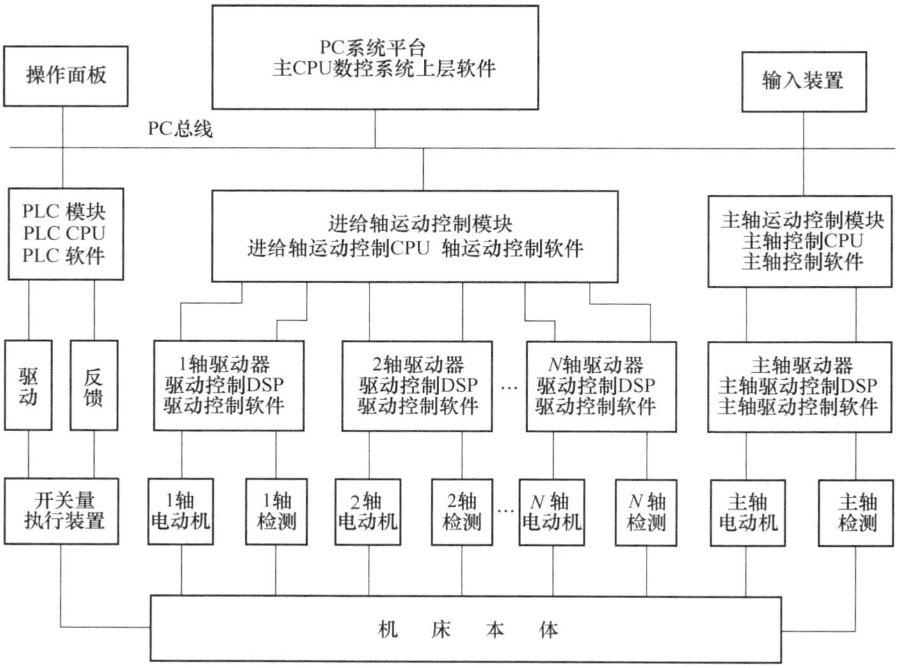

图 4-6 递阶式 PC 数控机床体系结构框图

2. PC + I/O 的软件化结构

PC + I/O 的软件化结构的基本思想：采用功能强大的 PC 硬件平台和更有效的实时控制程序设计技术，将 PC + NC 系统中 NC 部分的控制功能纳入 PC 平台中，由 PC 的主 CPU 来完成，从而减小 PC 数控系统的硬件规模，使 PC 数控硬件平台完全由 PC 硬件平台加少量 I/O 接口来实现。

PC + I/O 的软件化数控机床的结构框图如图 4-7 所示。其中，进给轴运动控制 I/O 接口用于实现 PC 数控装置与进给驱动装置间的连接，将插补器输出的数字信息转换成进给驱动装置所能接收的信号形式，同时将来自编码器等位置传感器的位置信息转换成数控装置能够接收的信号形式，并传回数控装置。主轴运动控制 I/O 接口的功能是实现数控装置和主轴驱

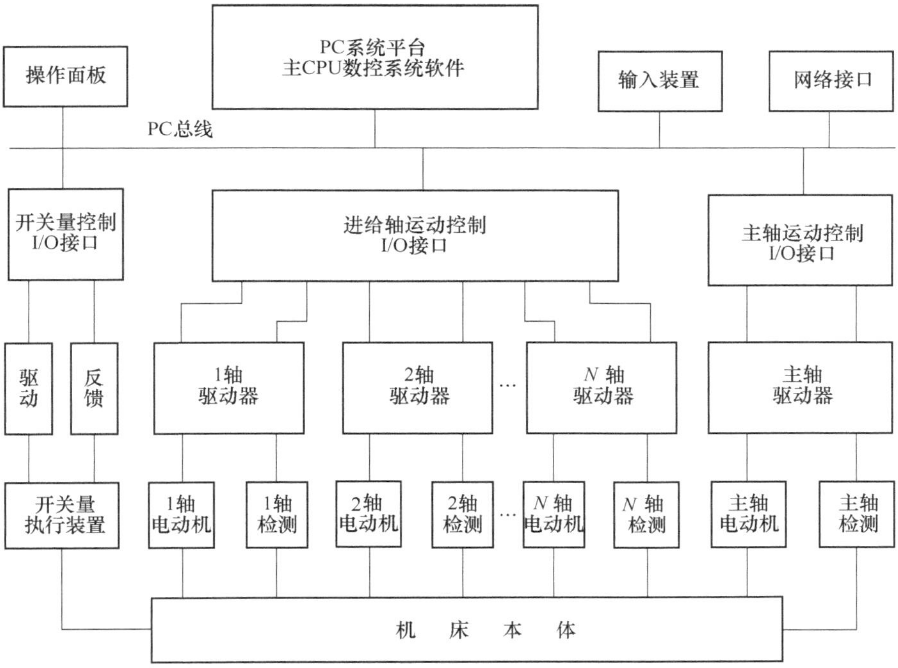

图4-7 PC+I/O的软件化数控机床的结构框图

动装置间的连接，完成两者之间相应的信号转换。

开关量控制I/O接口可提供一定数量的符合通用PLC标准的输入/输出接点。这些接点可根据需要与对应的开关量执行装置连接。数控系统软件中的开关量控制模块，通过开关量接口及开关量执行装置对机床的逻辑顺序动作，如主轴起停、刀具交换、工件装夹、切削液浇注、行程保护等功能进行控制。开关量控制模块与轨迹控制、主轴控制等模块相配合，共同完成对机床加工过程的控制。

4.3 数控装置的软件系统

4.3.1 数控软件的数据处理流程

数控软件的主要任务是将零件加工程序表达的加工信息，转换成各进给轴的位移指令、主轴转速指令和辅助动作指令，控制加工设备的运动轨迹和逻辑动作，加工出符合要求的工件。其数据处理流程如图4-8所示。下面简要介绍各

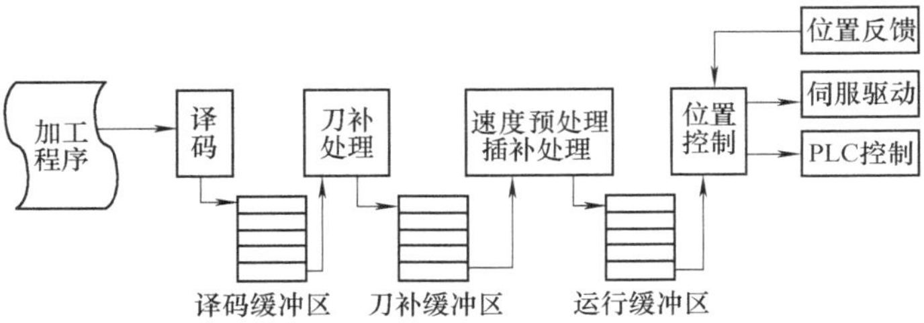

图4-8 数控装置软件的数据处理流程

环节的基本算法。

1. 译码

译码就是把数控装置读入的ASCⅡ码格式的零件加工程序翻译成数控装置能够识别和使用的数据形式，存放到指定的译码缓冲区，供后续程序使用。译码是以程序段为单位进行的，每次翻译一个程序段。从信息处理的角度看，译码就是把程序段中包含的几何信息、工艺信息和辅助功能信息分离出来，按照约定的规则存放到译码缓冲区。对于每一个程序段，译码又是以字为单位进行的，每次读入一个字，先识别出字地址和数字码，然后根据字地址所代表的功能，将后面的数字送到译码缓冲区中指定的单元。

对于译码程序来说，必须建立一个具有合理规模和数据格式的译码缓冲区，译码缓冲区应能保存一个程序段中的所有信息，又不过多地占据内存空间。首先分析一下程序段中所包含的数据类型和性质。

（1）准备功能代码G和辅助功能代码M　这两类代码中，有些代码的功能属性相同或相近。它们具有互斥性，不能同时出现在同一程序段中。例如G01、G02和G03就不能同时出现在同一程序段中，M03、M04和M05也不能出现在同一程序段中。根据这一特点，可以将G代码和M代码按照功能分组，每组代码只需要设置一个独立的存储单元。表4-1所列为G代码的分组。

表4-1　G代码的分组

组别	G代码	功能	组别	G代码	功能
Ga	G00	点定位	Gb	G17	*XY*平面选择
	G01	直线插补		G18	*ZX*平面选择
	G02	顺时针圆弧插补		G19	*YZ*平面选择
	G03	逆时针圆弧插补	Gc	G40	撤消刀具补偿
Gd	G90	绝对坐标编程		G41	左刀具补偿
	G91	相对坐标编程		G42	右刀具补偿

（2）其他功能代码　主轴功能代码S、进给功能代码F、刀具功能代码T和表示坐标的字，在一个程序段中只能出现一次。因此在译码缓冲区中，这些功能代码分别只需占用一个存储单元。

（3）数据类型　G功能、M功能、F功能、S功能和T功能后面跟的是整型数，存放这些数据的存储单元应该设计成整型数。X、Y、Z、I、J和K等功能字后面跟的可以是实型数，因此，对应存储单元的数据类型应该设置为双精度实型数。

根据以上分析，译码缓冲区可以设计成表4-2所列的数据结构，表中Ga、Gb、Gc和Gd是具有相似功能的四组G代码。

表4-2　译码缓冲区的设计

序号	地址码	数据形式	序号	地址码	数据形式
1	X	双精度实型	7	F	整型
2	Y	双精度实型	8	Ga	整型
3	Z	双精度实型	9	Gb	整型
4	I	双精度实型	10	Gc	整型
5	J	双精度实型	11	Gd	整型
6	K	双精度实型			

译码程序除完成译码功能之外，还应具有零件加工程序的格式检查功能，能够对程序中出现的语法错误和逻辑错误给出提示，以防出现加工错误。语法错误是指程序段的格式或功能字的格式不规范，这类错误较容易诊断；逻辑错误是指一个程序段中或整个数控加工程序中出现互相排斥、互相矛盾的错误，这类错误的诊断则相对困难一些。

2. 刀补处理

零件轮廓加工程序是按照零件的实际轮廓编写的，而数控装置控制的是刀具中心的轨迹，因此，在实施运动控制之前，必须计算出刀具中心的轨迹。这就是刀补处理程序的任务。刀补处理程序主要进行以下几项工作：

1）计算本段零件轮廓的终点坐标值。

2）根据刀具的半径值和刀具补偿方向，计算出本段刀具中心轨迹的终点位置。

3）根据本段和下一段的转接关系进行段间处理。

刀补运算的详细过程见第3章有关内容。经过刀补运算的数据放在刀补缓冲区中，刀补缓冲区的数据结构和译码缓冲区相同。

3. 速度预处理

速度预处理功能是根据零件加工程序给定的合成进给速度，计算出每个插补周期内的合成位移量，供插补程序使用。速度预处理的重要内容是加减速控制，加减速控制的目的是保证机床在起动和停止时不产生冲击、失步或超程。加减速控制一般用软件来实现。速度预处理程序主要完成以下几步计算。

（1）计算本段总位移量　对直线要计算合成位移量，对圆弧则要计算其总角位移量。该数据供插补程序判断减速起点和终点用。

（2）计算每个插补周期内的合成进给量 ΔL（单位为 μm）

$$\Delta L = F\frac{T}{60}$$

式中　F——进给速度值（mm/min）；

T——数控系统的插补周期（ms）。

匀速进给时，进给速度 F 在一个程序段中是常数，在加减速控制阶段，F 值按加减速曲线的规律变化。速度预处理程序可以嵌入插补程序，也可以是独立的子程序。

4. 插补处理

插补程序的任务是在刀补计算后，将刀具中心轨迹细分成若干小的直线段，用这些小直线段去逼近刀具中心的真实轨迹。插补程序在每个插补周期内运行一次，在插补周期内，数控装置在控制刀具移动的同时，由插补程序计算出下一个插补周期刀具中心应该达到的位置，并计算出各坐标方向的位移分量。每个插补周期内，刀具中心移动的直线段长度应该足够小，使之与被代替的实际轨迹间的误差足够小，以保证加工精度。

对插补算法的要求是逼近误差足够小和计算速度足够快。在数控技术的发展过程中，出现了很多不同的插补算法，其特点和适用范围各有不同，第3章中有详细的介绍。

插补程序是实时性很强的程序，必须在一个插补周期内完成全部运算，否则会导致加工过程的停顿。现代数控装置多采用数据采样插补算法，每个插补周期程序要完成下面几步运算：

1）根据速度预处理后的合成进给量和速度倍率值计算本次插补周期的实际合成位

移量。

2）计算新的坐标位置。

3）将合成位移分解到各个进给轴方向，得到各个坐标轴的位置控制指令。

5. 位置控制

位置控制模块从运行缓冲区中读取下一个插补周期内每个进给轴方向的位移量，用来实现对相应进给轴的位置控制。图4-9所示为位置控制算法原理。在闭环控制系统中，数控装置在一个插补周期内，对于每一个进给轴，必须完成以下任务：

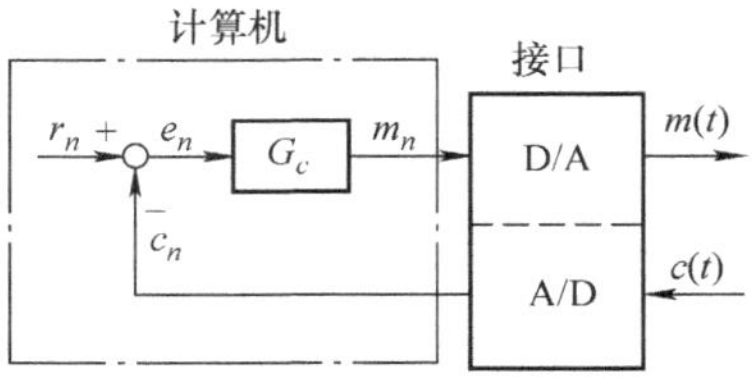

图4-9 位置控制算法原理

1）通过接口读取机床工作台在该方向的实际位置信息 c_n。

2）根据插补输出的该方向指令位置 r_n 和实际位置信息，求出位置误差值 e_n。

3）根据位置误差值，按照设定的控制算法 G_c 求出控制量的值 m_n。

4）将控制量通过接口送到被控对象，根据被控对象的不同，该控制量可以是模拟量，也可以是数字量。

位置控制是强实时性任务，所有计算必须在位置控制周期内完成，否则，伺服系统还未接到位移指令，工作台就会停下来等待，这是机械加工过程所不允许的。为了确保位置控制的实时性，系统设计时通常将上述四项任务所占用的时间限制在插补周期的十分之一左右。

4.3.2 数控软件的特点及关键技术

数控装置是典型的实时控制系统。数控装置的软件系统则是一个专用的实时多任务操作系统，必须满足机械加工过程对控制系统的要求。分析和了解这些要求是确定数控软件功能和设计数控软件系统的基础。数控软件最主要的特点就是多任务性和实时性。

1. 多任务与并行处理技术

（1）数控装置的多任务性　“任务”是指可并行执行的程序在一个数据集合上的运行过程。数控系统中的每项功能都可定义为一个任务，这些任务可以分为两大类：管理任务和控制任务。管理任务包括输入、I/O处理、显示、诊断和通信等，这类任务的特点是实时性要求不高；控制任务包括译码、刀具补偿、速度控制、插补运算和位置控制等，这类任务有很强的实时性。数控装置的任务及分类框图如图4-10所示。

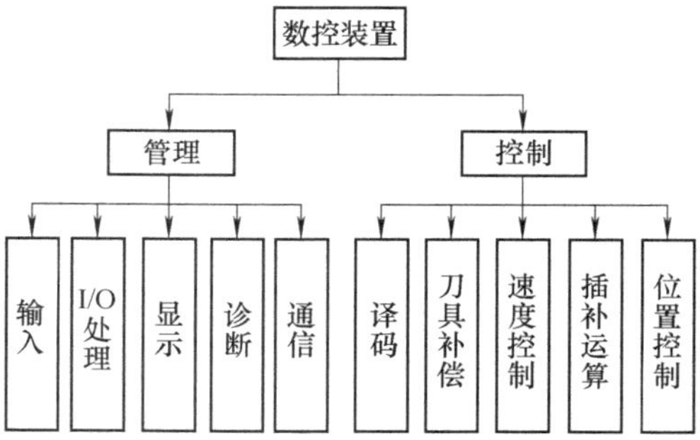

图4-10 数控装置的任务及分类框图

这些任务中有些可以顺序执行，有些则必须同时执行，例如，显示和控制任务必须同时执行，以便操作人员及时了解机床运行状态。在加工过程中，为使加工过程连续，译码、刀具补偿、速度控制、插补和位置控制模块应该顺序执行。

（2）多任务并行处理的实现　并行处理是指计算机在同一段时间内完成两个或两个以

上任务时的处理方法。采用并行处理技术可以提高计算机系统的资源利用率和处理速度。并行处理可以用硬件或软件实现，如多 CPU 系统就是用硬件实现多任务并行处理的。下面介绍两种在数控软件中实现多任务并行处理的方法。

1）资源分时共享。在单 CPU 数控装置中，一般采用分时共享的方法来解决多任务同时运行的问题。分时共享的基本思想是将 CPU 的运行时间分成若干时间片，用于处理不同的任务。从宏观上看，就好像这些任务是在同时执行一样。在采用分时共享并行处理技术的计算机系统中，首先要确定各任务占用 CPU 时间的分配原则。时间片太长，会使系统的实时性受损；时间片过小，则任务切换频繁，增加了系统负担。

在数控装置中，各任务占用 CPU 的时间可以采用循环轮流和中断优先相结合的方法来确定，图 4-11 所示为典型的数控装置各任务分时共享 CPU 时间的示意图。系统完成初始化后自动进入由各任务构成的时间分配环，在分配环中轮流执行各任务；而对于一些实时性很强的任务，则将其安排在环外，分别放在不同的优先级上，可随时中断环内各任务的执行。处于环内的各任务统称为背景程序，位置控制、插补运算和背景程序占用 CPU 时间示意图如图 4-12 所示。

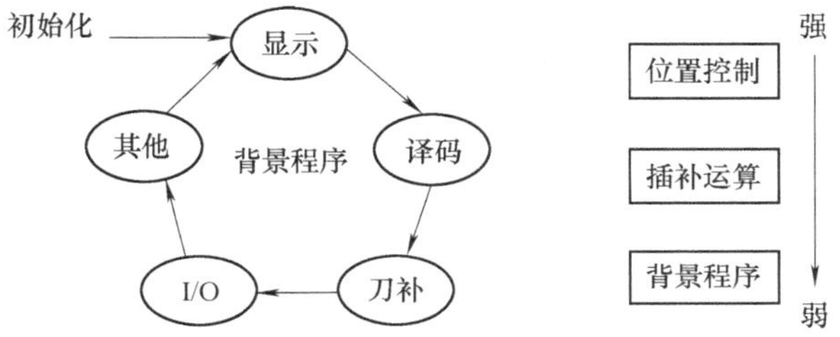

图 4-11　各任务分时共享 CPU 时间的示意图

2）时间重叠流水处理。在数控系统处于自动加工状态时，其数据转换过程由零件加工程序输入、插补准备（包括刀具补偿和速度控制）、插补运算、位置控制四个子过程组成。每个子过程可以作为一个任务，其处理时间分别为 t_1、t_2、t_3 和 t_4，每个程序段的数据转换时间是 $t=t_1+t_2+t_3+t_4$。如果以顺序方式处理每个程序段，即当前程序段处理完后再处理下一个程序段，这种顺序处理的时空关系如图 4-13a 所示。从图中可以看出，每两个程序段的输出时间间隔为 $t_1+t_2+t_3+t_4$。这种时间间隔反映在机床的加工过程中就是刀具的进给时断时续，时间间隔越长，数控装置的性能越差。应当尽量减少这段时间。

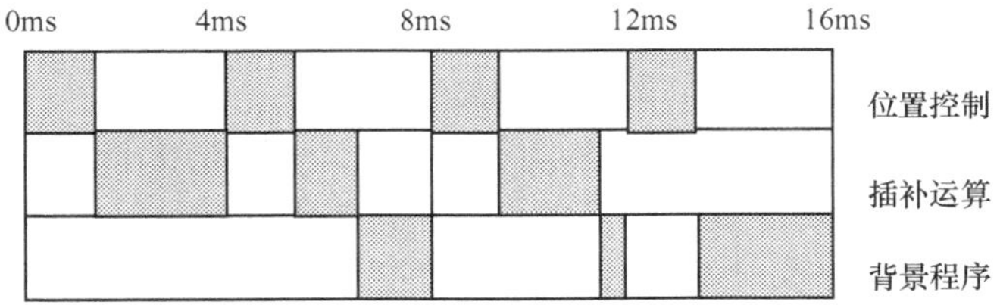

图 4-12　各任务占用 CPU 时间示意图

时间重叠流水处理技术可以有效地缩短时间间隔。上面这个例子采用时间重叠流水处理技术后的时空关系如图 4-13b 所示。时间重叠流水处理的关键是时间重叠，即在一段时间内不只处理一个过程，而是同时处理四个过程，经过时间重叠流水处理后，从 t_4 时刻起，每个程序段输出之间的间隔减小到原来的 1/4，从而保证了机床运动的连续性。

在单 CPU 数控系统中，时间重叠只有宏观上的意义，即在一段时间内，CPU 处理多个子过程。但从微观上看，各子过程还是分时占用 CPU 的时间。

2. 实时性和优先抢占调度机制

（1）实时性任务的分类　之所以说数控装置是一个专用的实时计算机系统，是因为数

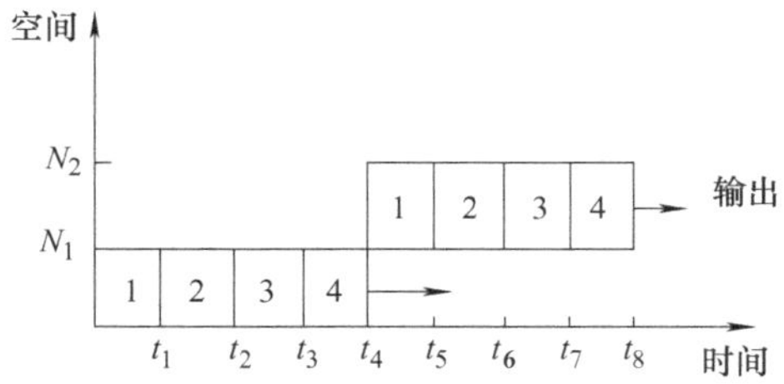

a) 顺序处理

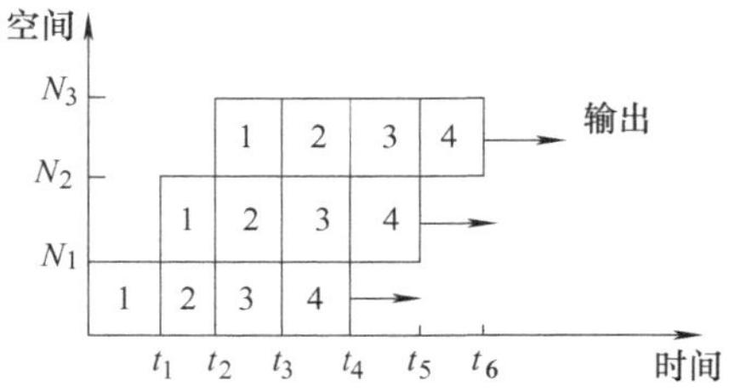

b) 并行处理

图 4-13　时间重叠流水处理示意图

控系统中各任务或多或少都有实时性要求，否则加工过程就会中断。从各任务对实时性要求的程度看，可以将其分为实时性突发任务、实时周期性任务和弱实时性任务三类：实时性突发任务的特点是任务的发生具有随机性和突发性，是一种异步中断事件，实时性要求最强，主要包括故障中断（急停、机械限位、硬件故障等）；实时周期性任务是精确地按一定时间间隔发生的任务，主要包括加工过程中的插补运算、位置控制等，为保证加工过程的连续性，这类任务处理的实时性是关键，在任务执行过程中，除系统故障外，不允许被其他任务中断；弱实时性任务的实时性要求相对较弱，在系统设计时，可以将其安排在背景程序中，或放在较低的优先级上，这类任务包括 CRT 显示、零件加工程序的编辑、加工状态的动态显示、加工轨迹的静态模拟仿真及动态显示等。

（2）优先抢占调度机制　为了满足数控装置处理实时性任务的要求，系统调度机制必须具有能根据外界的实时信息，以足够快的速度进行任务调度的能力。优先抢占调度机制就是满足上述要求的调度技术，它是一种基于实时中断技术的任务调度机制，是数控系统中解决多任务实时调度问题的方案之一。

优先抢占调度机制的功能有两个：一个是优先调度，在 CPU 空闲时，当同时有多个任务请求执行时，优先级高的任务将首先得到满足，例如，当位置控制、插补运算两个任务同时请求执行时，位置控制的要求将首先得到满足；另一个是抢占方式，当 CPU 正在执行某任务时，若另一优先级更高的任务请求执行，CPU 将停止正在执行的任务，转去执行优先级更高的任务。例如，当 CPU 正在执行插补程序时，若位置控制任务请求执行，则 CPU 首先将正在执行的任务现场保护起来，然后转去执行位置控制任务，执行完毕后再恢复到中断前的断点处，继续执行插补任务。

优先抢占调度机制是由硬件和软件共同实现的，硬件主要提供支持中断功能的芯片和电路，如中断管理芯片（如 8259 或类似芯片）、定时器/计数器芯片（如 8263、8254）等。现在的计算机系统都具有此功能。软件主要完成对硬件芯片的初始化、任务优先级定义、任务切换处理等。

4.3.3　数控软件的结构

1. 前后台型结构模式

这种模式将数控装置软件分为前台程序和后台程序两部分，前台程序主要完成插补运算、位置控制、故障诊断等实时性很强的任务，后台程序则完成译码、刀具补偿、速度处理、输入/输出、显示等弱实时性任务。前台程序是一个中断服务程序，严格按时间间隔运行；后台程序是一个循环运行程序，运行过程中可以被中断服务程序打断。前后台程序相互配合完成零件加工任务，其运行关系如图4-14所示。

2. 中断型结构模式

这种模式是除了初始化程序外，将整个系统的各个任务模块分别安排在不同级别的中断服务程序中，由中断管理系统对各级别的中断服务程序实施调度管理。整个软件是一个大的中断管理系统，中断型结构的数控软件系统如图4-15所示。

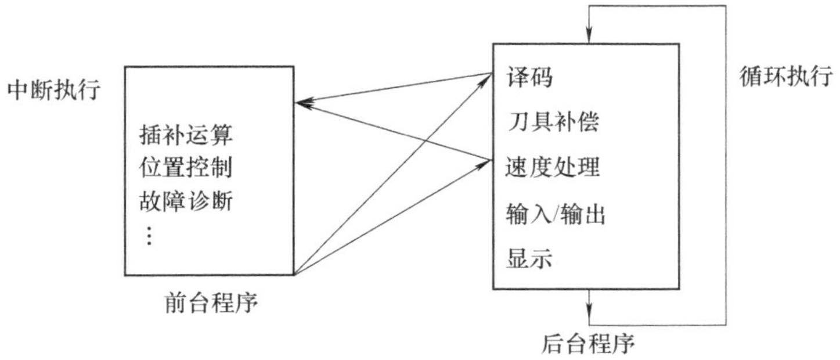

图4-14 前后台程序的运行关系

该结构中任务的调度采用的是优先抢占调度方式。各级中断服务程序之间的信息交换是通过缓冲区来进行的。由于系统中的中断级别较多，可按各任务实时性的强弱安排优先级。这类系统的实时性好，但模块间的关系复杂、耦合度大，不利于系统的维护和扩充。

3. 基于实时操作系统的结构模式

实时操作系统（RTOS）是操作系统的一个重要分支，它除了具有通用操作系统的功能外，还具有任务管理、多种实时任务的调度机制、任务间的通信机制等功能，完全满足了数控软件系统的要求。这种结构模式的优点在于：

（1）弱化了功能模块间的耦合关系　数控装置软件的各功能模块间存在着逻辑上的耦合关系和时间上的时序配合关系。为了协调这些模块间的关系，必须采用许多全局变量和大量的判断和分支结构，致使各功能模块间的关系十分复杂。在实时操作系统的基础上开发数控系统时，这一切都由操作系统来管理，设计者只需考虑模块本身功能的实现，并按操作系统的规定在功能模块上附加任务控制模块（TCB）即可，从而弱化了功能模块间的耦合关系。

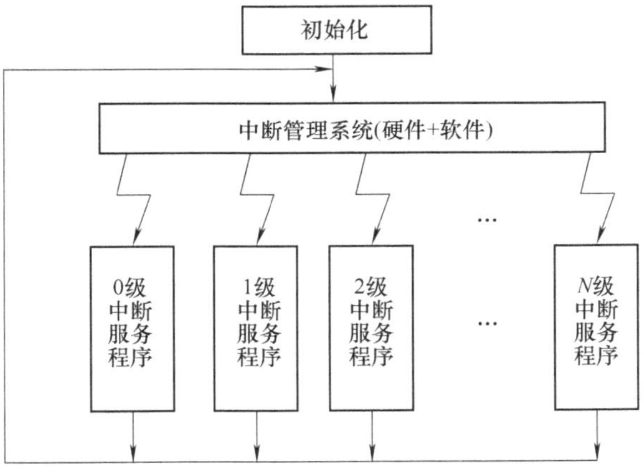

图4-15 中断型结构的数控软件系统

（2）系统的开放性和可维护性好　对于在实时操作系统基础上开发的数控软件系统，要扩充和修改系统功能十分方便，只需将编写好的任务模块和相应的任务控制模块挂到实时操作系统上，再按系统的要求进行编译即可。因而，这种模式的数控软件系统具有良好的开放性和可维护性。

(3) 减少系统开发的工作量　在数控软件中，任务的管理、调度和通信机制是系统的核心部分，其设计开发往往是最复杂的部分，工作量也最大。以实时操作系统为内核，显然可以减少系统开发的工作量和缩短开发周期。

目前，采用该模式开发数控软件的方法有两种：一种是在商品化的实时操作系统（如RTKernel）下开发数控软件，国外一些著名数控厂家采用了这种方法；另一种是将通用的PC操作系统（DOS、Windows）扩展为实时操作系统，再在此基础上开发数控软件，目前国内有些生产厂家采用的是这种方法（如华中Ⅰ型的NCBASE）。

4.4　数控装置的输入/输出接口

4.4.1　接口的分类与任务

1. 接口的分类

输入/输出接口是数控装置与外界交换信息的通道，在数控装置中占很重要的位置。在设计和调试数控机床时，必须首先熟悉数控装置的输入/输出接口的信号类型和规格，这样才能正确地连接数控装置和机床电器。为了使不同生产厂家生产的数控装置具有通用性，1975年国际电工委员会（IEC）第44届技术委员会制定了机床与数控装置接口标准。图4-16所示为数控装置、控制设备和机床之间的接口范围。数控装置与机床及机床电气设备间的接口分为四种类型。

第Ⅰ类为与驱动有关的连接电路，主要是指与进给驱动和主轴驱动有关的连接电路，传送的是位置控制信息和速度控制信息，是数控装置的输出信号。

第Ⅱ类是数控装置与测量系统和测量传感器间的连接电路，传递的是机床移动部件的实际位置和速度信息，是输入数控装置的信号。对传感器的激励信号则是输出信号。

第Ⅲ类是电源及保护电路，由数控机床强电电路中的电源控制电路构成。强电电路由电源变压器、控制变压器、各种断路器、保护开关、接触器、熔断器等组成，作用是给功率执行元件供电。强电电路不能与低电压下工作的控制电路或弱电电路直接连接，只能通过断路器、热动开关、中间继电器等器件转换成在直流低电压下工作的触点的开合动作，才能成为继电器逻辑电路、PLC可接收的信号。

第Ⅳ类是数控装置与外部传送的输入/输出控制信号。当数控装置不带内置PLC时，这些信号除极少数高速信号外，均通过外接PLC传送。

2. 接口的任务

(1) 电平和功率放大　数控装置内部是TTL电平，而所控制的设备需要的可能不是TTL电平，因此需要进行电平转换，在重负载的情况下还要进行功率放大。

(2) 强弱电隔离　机床强电部分的干扰信号可能通过连线进入控制部分，引起控制系统的误动作，通常使用光电耦合器、脉冲变压器或继电器，将数控装置和机床之间的信号在电气上加以隔离。

(3) 数/模（模/数）转换　数控装置只能处理数字信号，采用模拟量传送时，在数控装置和机床电气设备之间要接入数/模（D/A）或模/数（A/D）转换电路。

(4) 抗干扰　信号在传输过程中，由于衰减、噪声和反射等影响，会发生畸变，为此，

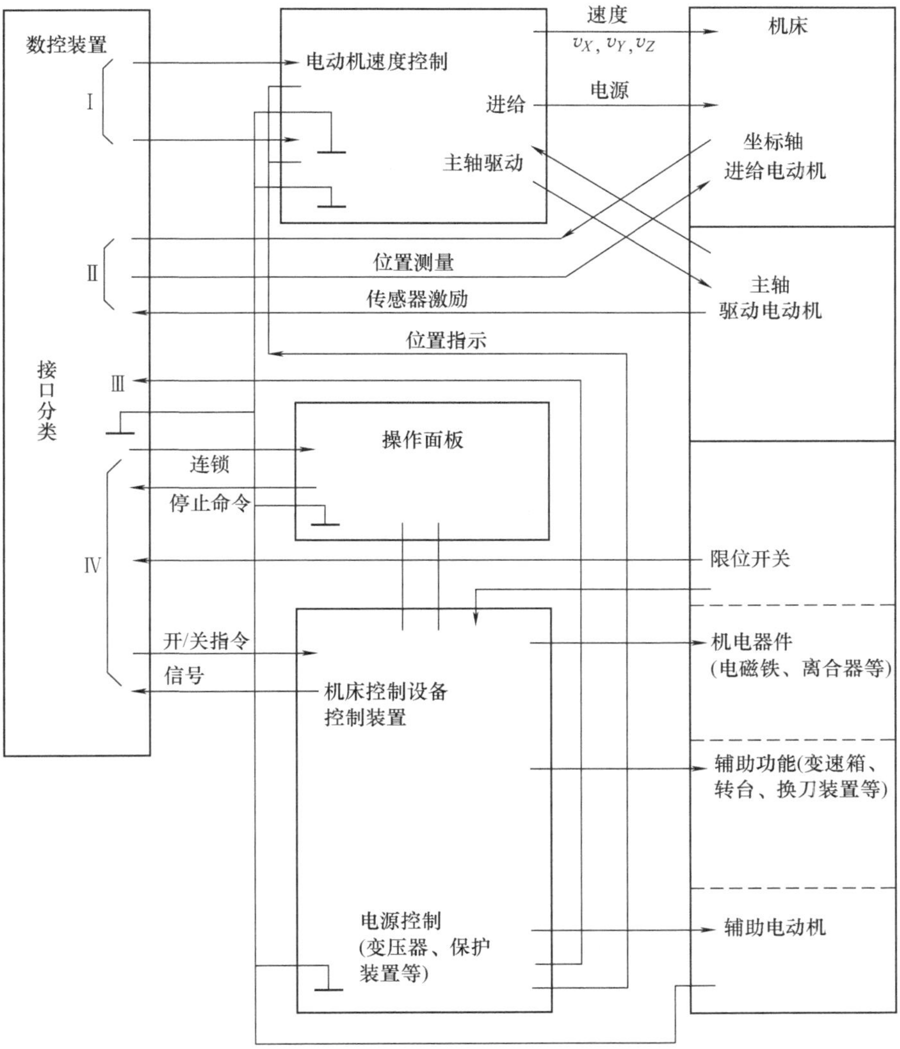

图 4-16　数控装置、控制设备和机床之间的接口范围

要根据信号的类型及传输线的质量，采取一些措施并限制信号的传输距离。

4.4.2　数控装置中常用的接口

1. 直流模拟信号接口

由于数控装置只能处理数字信号，当外围设备要求接收模拟信号时，要对数控装置的输出信号进行数/模转换；当送到数控装置的外部信号是模拟信号时，进入数控装置前要进行模/数转换。前一种情况常用于数控装置对位置控制单元或主轴伺服单元的输出，后一种情况则用于数控装置接收模拟信号传感器反馈回来的位置和速度信号。数/模和模/数转换一般用专门的芯片实现，现以数/模转换为例说明如下。

图 4-17 所示为 AD7520 组成的模拟电压输出电路。AD7520 是一种常用的 D/A 转换芯

片，由 CMOS 电流开关和梯形电阻网络构成，其结构简单、通用性好、配置灵活，有 10 位的中等分辨率。输出端 I_{OUT1}、I_{OUT2} 一般不能直接带负载，必须通过运算放大器将 I_{OUT1} 或 I_{OUT2} 转换成电压信号。

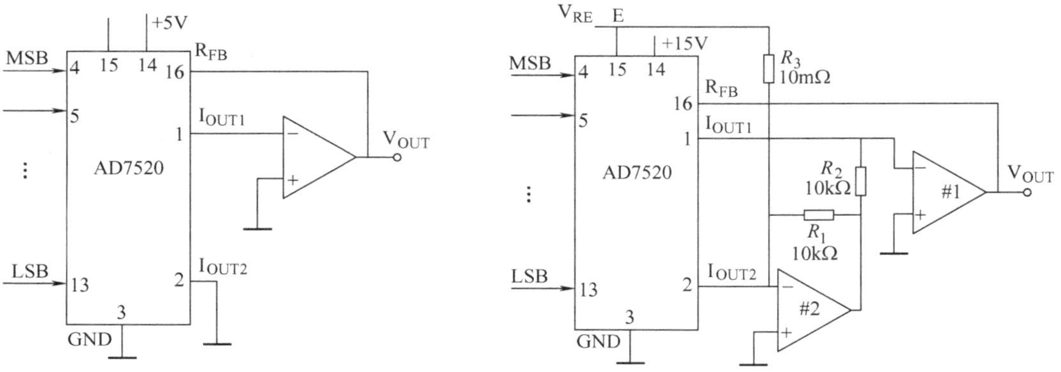

a) 单极性输出　　b) 双极性输出

图 4-17　AD7520 组成的模拟电压输出电路

2. 直流数字信号接口

(1) 直流输入信号接口　直流输入信号接口用于接收机床操作面板上的各种开关、按钮信号及机床的各种限位开关信号，有以触点输入的接收电路和以电压输入的接收电路。

以触点输入的接收电路又分为无源触点和有源触点两类，其示意图如图 4-18 所示。

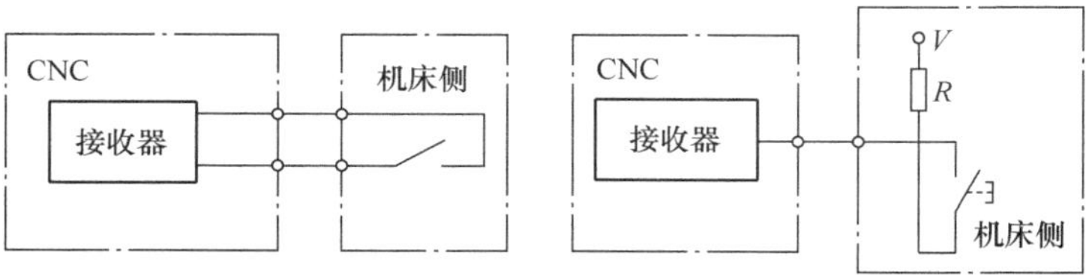

a) 无源触点　　b) 有源触点

图 4-18　以触点输入的接收电路

防止触点接触时的抖动是以触点输入的接收电路要解决的最大问题，因为触点的抖动会引起数控系统的误动作。可以采用专门的消除抖动电路或用软件来消除，图 4-19 所示为两种常用的消除抖动电路。

以电压输入的接收电路如图 4-20 所示。这种电路常见于用霍尔元件开关作为输入的情况，如回转刀架的位置信号、液压缸的限位信号、齿轮的位置信号、行程开关等。

(2) 直流输出信号接口　直流输出信号接口是将机床的各种工作状态送到操作面板上并用不同的指示灯显示出来或把控制机床动作的信号送到机床电器。直流输出接口电路分为继电器输出电路和无触点输出电路两种，如图 4-21 所示，图中的无触点输出电路又称光隔离电路，是目前数控装置中使用较多的接口电路之一。

3. 数控装置的通信接口

通信接口可用于数控机床与上级计算机的连接，将 CAD/CAM 系统生成的数控代码直

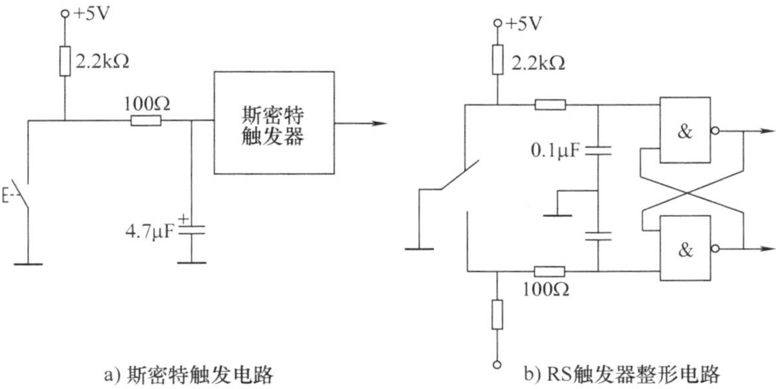

a) 斯密特触发电路　　b) RS触发器整形电路

图 4-19　消除抖动电路

接送到数控机床中，还可以通过通信接口将数控机床中的各种参数或加工程序送到计算机中保存起来，以便以后使用。现代计算机数控系统还可以通过网络通信接口实现数控机床间的联网，或数控系统和机床生产厂家之间的联网，从而实现数控机床的远程故障诊断和修复。

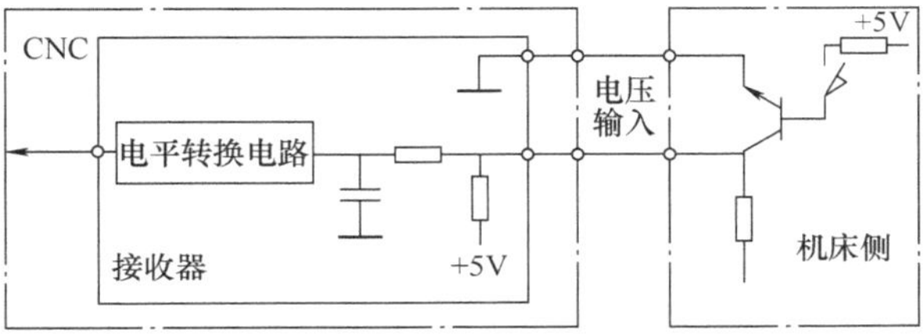

图 4-20　以电压输入的接收电路

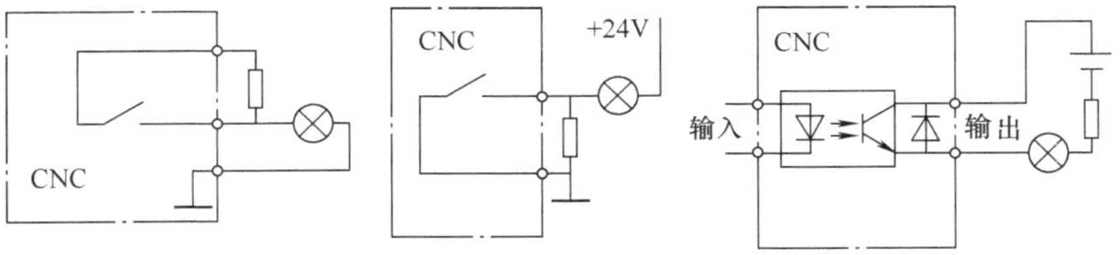

a) 继电器输出　　b) 无触点输出

图 4-21　输出接口电路

在现代计算机数控装置中，所有计算机的通信方式都可以用于数控机床的通信，如 RS-232、USB、网络接口等。图 4-22 所示为 SIEMENS802D 系统中两种 RS-232 通信的硬件连接方式。只要用软件设置好通信参数，就可以通过串行通信的方式在系统间互通信息。

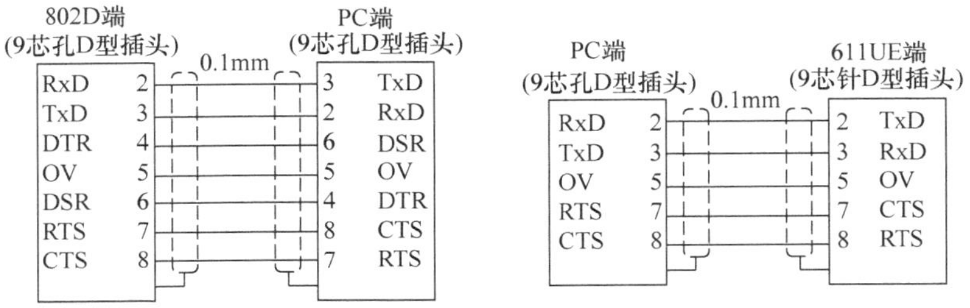

a) 计算机与数控装置的连接　　b) 计算机与电动机驱动器的连接

图 4-22　SIEMENS802D 系统中两种 RS-232 通信的硬件连接方式

4.5 数控装置的PLC控制功能

4.5.1 PLC的概念

1. RLC与PLC

机床中的控制任务可以分为两类：运动控制和开关量控制。运动控制包括主轴的速度控制和进给系统的位置与速度控制，前面讲过的速度控制、插补运算和位置控制是实现运动控制的方法。开关量是指那些只有两个状态的控制量，如控制面板上按钮的按下和松开、指示灯的亮与灭、行程开关的压下和松开、切削液的开与关、主轴的起动和停止等。这些控制量的特点是其状态可以用一位二进制数表示，并且这些控制量之间具有一定的逻辑关系，例如，主轴正转时按下反转按钮无效；行程开关处于压下状态时，某些运动指令无效等。这些逻辑关系是机床加工过程要求的，对这些开关量及其逻辑关系的控制是数控装置要实现的控制功能之一。

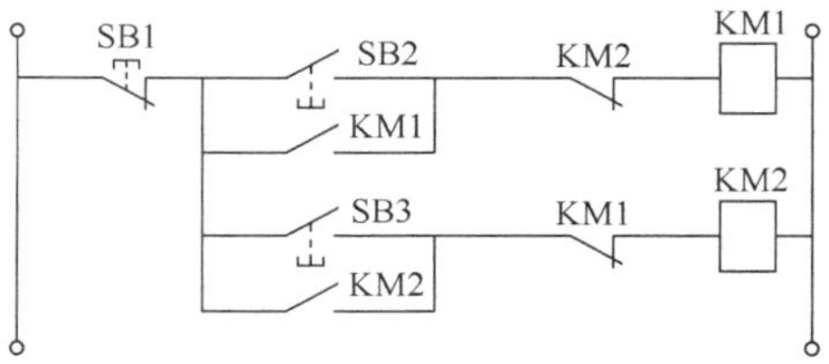

图4-23 实现主轴正、反转及停止控制的继电器逻辑电路

实现开关量及其逻辑关系控制的传统方法是使用继电器逻辑电路（Relay Logic Circuit，RLC）。图4-23所示为实现主轴正、反转及停止控制的继电器逻辑电路。图中的SB2表示正转按钮，SB2按下后，继电器KM1接通，控制电动机正转的电路接通，和SB2并联在一起的KM1的另外一个触点的作用是在SB2抬起后仍然保持通电状态。SB3是反转按钮，反转控制电路的控制原理与正转控制过程相似。停止按钮SB1的常闭触点连接到主电路中，SB1按下时，正反转电路同时断电。继电器KM1和KM2的常闭触点串联在对方的电路里，起到互锁作用。RLC电路完全由硬件组成，控制量之间的逻辑关系取决于控制电路的结构，当被控量的逻辑关系改变时，整个电路要重新连线。

现代数控系统中采用可编程序逻辑控制器（Programmable Logic Controller，PLC）来实现开关量及其逻辑关系的控制。PLC是由计算机简化而来的，为了适应顺序控制的要求，PLC省去了计算机的一些数字运算功能，强化了逻辑运算功能，是一种介于继电器控制和计算机控制之间的自动控制装置。PLC的最大特点是，其输入/输出量之间的逻辑关系是由软件决定的，因此改变控制逻辑时，只需修改控制程序即可，是一种柔性的逻辑控制装置。另外，PLC能够控制的开关量数量要比RLC多，能实现复杂的控制逻辑。由于减少了硬件线路，控制系统的可靠性大大提高。

PLC最早应用在美国通用汽车公司的汽车自动装配线上。现在的PLC功能已经远远超出了逻辑控制的范畴，还具有数字运算、数据处理、模拟量调节与联网通信等功能，广泛地用于冶金、机械制造、电力、纺织、包装机械等各个行业。在自动化领域，PLC与数控机床、工业机器人一起被誉为制造业自动化的三大支柱。在其发展过程中，不同的生产厂家还采用了其他名称，如MPC（Microprocessor Programmable Controller）、PIC（Programmable Interface Controller）、PMC（Programmable Machine Controller）、PSC（Programmable Sequence Controller）等，用得最多的是PLC和PMC。

2. 数控装置中的PLC

数控装置中的PLC有两种类型：内装型PLC和独立型PLC。内装型PLC是指PLC功能包含在数控装置当中，PLC与数控功能模块间的信号传送在数控装置内部实现，PLC与机床间的信号传送则通过输入/输出接口电路实现，如图4-24所示。内装型PLC的特点如下：

1）内装型PLC实际上是数控装置带有的PLC功能，一般是作为一种基本的或可选的功能提供给用户。

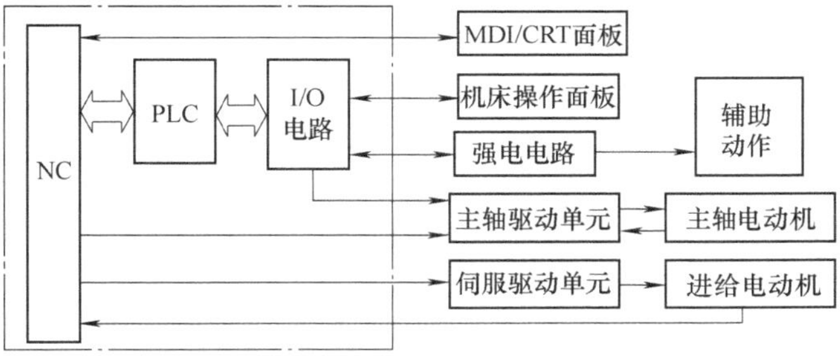

图4-24 内装型PLC结构图

2）内装型PLC的性能指标是根据其所从属的数控系统及适用机床的类型确定的，它的硬件和软件要与数控系统的其他功能统一考虑、统一设计，因此整体结构紧凑，对所适配的数控机床适应性强，提高了可靠性。

3）内装型PLC既可以与数控装置共用CPU，也可以单独使用一个CPU；硬件电路既可与数控装置的其他电路制作在同一块印制电路板上，也可以单独制作一块附加板；一般没有单独配置的输入/输出电路，而使用数控装置本身的输入/输出电路；PLC控制电路及部分输入/输出电路所用电源由数控装置提供，不另设电源。

4）内装型PLC扩充了数控装置内部直接处理的串口通信功能，使用梯形图编辑和传送等高级功能，且造价低，提高了数控装置的性能价格比。

独立型PLC又称通用型PLC，是由专业生产厂家生产的通用PLC控制器，一般采用模块化结构，在数控机床中，可以通过D/A模块，实现对外部伺服装置的直接控制，可以扩大数控装置的控制功能。独立型PLC的控制容量大，主要用于FMS或FMC、CIMS中，具有较强的数据处理、通信和诊断功能，成为数控装置与上级计算机联网的重要设备。独立型PLC与数控装置的关系如图4-25所示。

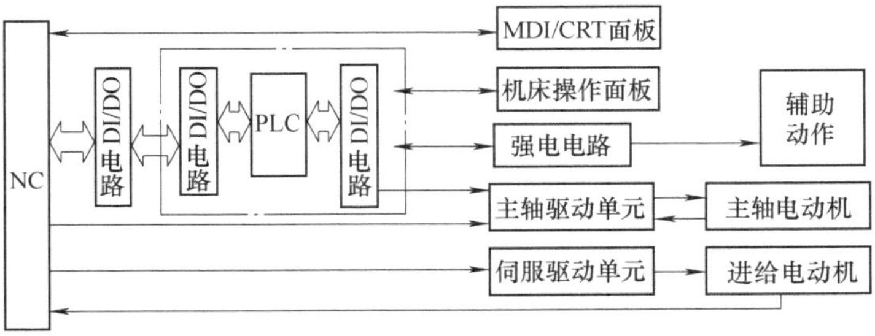

图4-25 独立型PLC与数控装置的关系

3. PLC在数控机床中的控制功能

（1）操作面板的控制 由图1-2可知，操作面板和PLC的信息传递是双向的。操作面板上的按钮、旋钮、手摇脉冲发生器等元件动作时，产生的数字信号直接送给PLC，而操作面板上的信号灯则接收PLC发出的数字信号，把机床的工作状态显示给操作者。

（2）机床外部开关信号 机床和PLC间的信息传递也是双向的。机床传给PLC的信号有行程开关、接近开关和其他检测信号；从PLC接收的信号有继电器和接触器控制信号、电磁阀信号等，用于夹紧控制、排屑器控制等。

（3）刀具功能的实现 数控系统送出的刀具控制指令T，经过译码、检索，找到对应的刀号，并与主轴上现有刀具的刀号比较，如果不一致，则发出换刀指令，刀具换刀完成后，向 PLC 发出换刀完成信号。

（4）辅助功能的实现 CNC 接收到 M 指令后传给 PLC，经过译码，发出相应的控制信号，控制机床电器动作，如主轴的正反转和起停、切削液的开关等。

4.5.2 PLC 的编程方法

1. 触点梯形图

梯形图（Ladder Diagram，LC）编程是一种图形化编程方法，由于沿用了继电器电路的结构和相似的符号，与传统的继电器电路图很相似，因此梯形图很直观，易于理解。前面提到的电动机正反转控制的触点梯形图程序如图 4-26 所示。

该梯形图由表示常开触点功能、常闭触点功能和继电器线圈功能的编程元件构成，每个编程元件用一个标识符表示，并指定一个存储地址，它们之间的控制逻辑由梯形图的结构表示。梯形图的左右两条竖直线称为母线，母线和母线之间的触点、线圈、功能块等构成一个或多个网络，每个网络称为一个梯级。每个梯级由一条或几条分支构成，每个编程元件对应一个符号和一个编程地址。每条分支最右端的继电器线圈表示该支路的终点，它可以是输出信号，也可以是中间数据，其状态有两种：接通和断开，分别用 0 和 1 表示，这个状态取决于对该梯级左边编程元件的扫描结果。图中的线圈并不是实际继电器的线圈，而是 PLC 存储器的某一位二进制数，也称软继电器，对应的触点称为软触点。每个梯形图都由多个梯级横向排列组成，像梯子一样，故称梯形图。应用 PLC 编程器上的各指令或功能键，可以输入整个梯形图。读者对照图 4-26 和图 4-23，便能更好地理解每个编程元件所对应的物理器件。

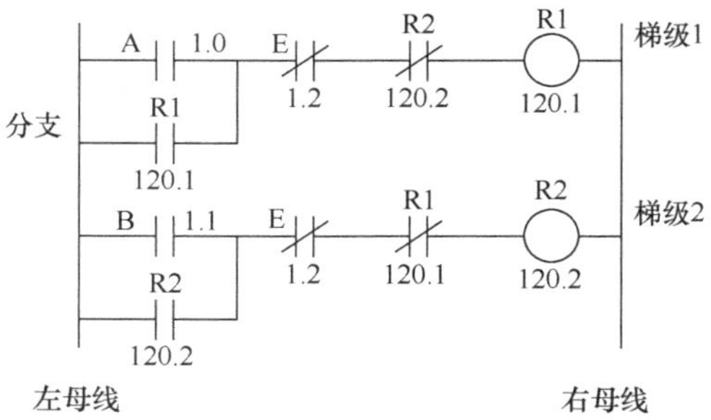

图 4-26 电动机正反转控制的触点梯形图

2. 语句表

语句表也称指令表（Instruction List，IL），或指令表语言。指令表和汇编语言很相似，每条语句包含一个操作码部分和一个操作数部分。操作码表示操作类型，操作数表示操作对象，操作数可用标识符或数据所在地址表示。若采用指令表语言，则图 4-26 所示的梯形图程序可表达为：

```
RD          A
OR          R1
AND. NOT    E
AND. NOT    R2
WRT         R1
RD          B
OR          R2
AND. NOT    E
AND. NOT    R1
WRT         R2
```

其中的RD、OR、AND、NOT等称为指令表语言的操作码，而A、R1、R2、E等为操作数，操作数可以是编程元件的符号或相应的地址。对照图4-23、图4-26和上面这段程序，便可找出指令表语言、梯形图和继电器电路之间的对应关系。这种编程方法紧凑、系统化，但比较抽象，有时先用梯形图表达，然后写成相应的指令语句，再用编程器上的指令和功能键输入PLC中。表4-3所列为常用的操作码。

表4-3 常用操作码表

序号	指令	处理内容
1	RD	读出给定信号的状态
2	RD. NOT	读出给定信号的非状态
3	WRT	将运算结果写入指定的地址单元
4	WRT. NOT	将运算结果的非状态写入指定的地址单元
5	AND	执行逻辑与
6	AND. NOT	以指定地址信号的非状态执行逻辑与
7	OR	执行逻辑或
8	OR. NOT	以指定地址信号的非状态执行逻辑或
9	RD. STK	ST0内容左移，并将指定地址信号写入ST0
10	RD. NOT. STK	ST0内容左移，并将指定地址的非信号写入ST0
11	AND. STK	将ST0和ST1的内容相与，结果存入ST0
12	OR. STK	将ST0和ST1的内容相或，结果存入ST0

除了上面介绍的编程方法外，还有用控制系统流程图（逻辑功能图）编程的方法、用功能模块图表示的“功能模块图”编程方法、基于图形表示的图形语言编程方法、用指定子程序控制和指令语言表示的“结构文本语言”编程方法以及用逻辑式编程等方法。其中，梯形图和语句表编程方法用得最为普遍。

随着数控技术的发展，可编程序逻辑控制器控制的设备已由单机扩展到FMS、CIMS等。可编程序逻辑控制器处理的信息除直流开关量信号、模拟量信号、交流信号外，还需要完成与上位机或下位机的信息交换。某些信号的处理已不能采用顺序执行的方式，而必须采用高速实时处理方式。基于这些原因，计算机所用的高级语言也逐步被应用到PLC应用程序中来。

4.5.3 PLC的工作过程

1. PLC的硬件结构

可编程序逻辑控制器包括硬件和软件两大部分，其硬件结构如图4-27所示，主要由中央处理单元（CPU）、存储器、输入/输出（I/O）模块、编程器以及供电电源等部分组成。硬件系统是通用的，用户只需按需要进行组合，并相应改变存储器中的程序，就可以控制各种类型的数控机床。内装型PLC与数控装置统一设计和制造，除电源和输入/输出模块与数控装置共用外，其结构与图4-27基本相同。

（1）中央处理单元（CPU） CPU是PLC的核心部分，它按系统软件赋予的功能，接收并存储从编程器键入的用户程序和数据，用扫描的方式查询现场输入装置输入的各种信号状态，并存入输入状态寄存器中。然后从存储器中逐条读取用户程序，经过指令解释后，按指令规定的任务产生相应的控制信号，来控制机床的控制电器。

(2) 存储器 PLC 中的存储器有随机存储器(RAM)和只读存储器(ROM)两种类型。随机存储器中存放可编程序逻辑控制器中定时器/计数器的设定值、数据表的数据以及必须保存的输入/输出状态。只读存储器采用 EPROM，存储 PLC 的系统程序和用户程序。PLC 参数中的存储器型号和容量即是针对用户程序存储器而言的。

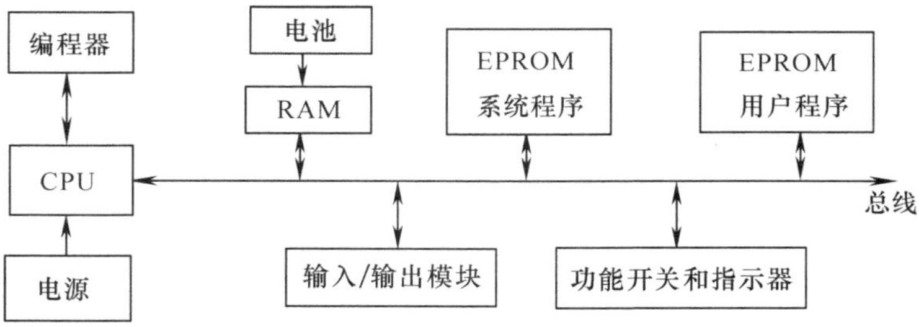

图 4-27 PLC 的硬件结构

(3) 输入/输出(I/O)模块 输入/输出模块是指 PLC 与现场 I/O 装置或其他外围设备的连接部件，PLC 的 I/O 信号可以直接加到执行件上。它将外部过程信号转换成控制器内部的信号电平，或使内部信号电平与外部执行机构所需电平相匹配。由于所控制的对象不同，其接收的输入信号电压和控制的输出信号电压各异，如 DC 24V、AC 110V 或 220V，因此，PLC 提供了各种操作电平、驱动能力以及各种功能的 I/O 模块供用户选择，如输入/输出电平转换、串/并行转换、数据传送、数据转换、A/D 和 D/A 转换及其他的功能控制模块。

I/O 模块要求具有抗干扰能力，因此多数采用光隔离电路、消除抖动电路、多级滤波器等措施。I/O 模块可以制成各种标准模块，根据输入/输出点数来增减、变换、互换和组合。I/O 模块还配有发光二极管来显示端子的运行状态。

(4) 编程器 编程器将用户程序送入可编程序逻辑控制器，是可编程序逻辑控制器的主要辅件。编程器用于用户程序的编制、调试、监视、修改和编辑，并最后将程序固化在 EPROM 中。编程器还可以通过键盘来调用和显示 PLC 的一切内部状态和参数，并通过通信接口与 CPU 联系。

2. PLC 的工作过程

PLC 的工作过程是在硬件的支持下运行软件的过程，现通过图 4-28 和图 4-29 说明如下。

用户程序通过编程器顺序输入用户程序存储器内，CPU 对用户程序进行循环扫描并顺序执行，这是 PLC 的基本工作方式。图 4-28 所示为 GE 系列 PLC 中 CPU 的扫描过程。只要 PLC 接通电源，CPU 就进入循环扫描的工作状态。扫描从 0000H 地址所存储的第一条指令开始，顺序进行，直到程序的最后一个地址为止，形成一个扫描循环，周而复始。每扫描一次，CPU 进行输入点的状态采集、用户程序的逻辑解算、相应输出状态的更新和 I/O 的执行。接入编程器时，也对编程器的输入进行响应，并更新显示。然后 CPU 对自身的硬件进行快速自检，并对监视扫描用定时器进行复位。完成自检后，CPU 又从存储器的 0000H 地址重新开始扫描运行。图 4-29 所示为用一个控制实例进一步说明按钮 SB1 被压下时 PLC 的工作过程。

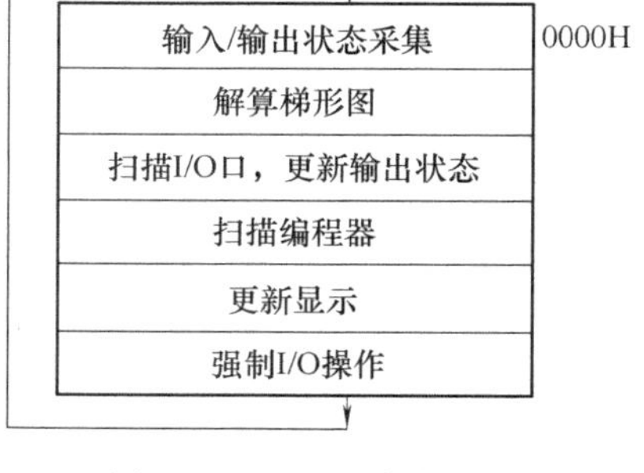

图 4-28 PLC 的扫描过程

1) 输入/输出状态采集。X401 = 1，X403 = 0，X405 = 1；Y430 = 0，Y431 = 0，Y432 = 0。

2) 解算梯形图。梯级 1：Y430 = 1，Y432 = 1；梯级 2：若 M100 = 1，则 T405 动作并开

始计时；梯级3：Y431 = 1。

3）输出状态更新。Y430继电器闭合，Y431继电器闭合，Y432继电器闭合；这时负载电动机起动，负载指示灯亮，负载继电器动作。

4）完成编程器扫描、显示更新和强制I/O操作后，一次扫描结束。

重复运行上述扫描过程，直到扫描到某一个周期时，定时器定时时间到，第三个梯级中T405的常闭触点断开，输出继电器Y431断开，负载继电器断开。若扫描到某一周期时，行程开关LS1动作，则Y430 = 0，Y432 = 0，负载电动机停止，负载指示灯灭。

需要强调的是，图4-29中的X401、X403和X405分别为输入端子的内存映像区，Y430、Y431和Y432分别为输出端子的内存映像区。映像区与端子状态的关系：采集输入端子状态后，输入映像区的内容根据输入端子的状态统一更新；更新输出端子状态时，输出端子状态根据输出映像区的内容同时更新。这是PLC控制和RLC控制的一个重要区别，即PLC控制中的被控制器件是在输出端子的状态更新后同时动作的，而RLC控制中的被控制器件在所在回路得电后立即动作。这种区别会引起控制系统动作状态的不同，详细内容可参阅PLC控制技术的专门教材或专著。

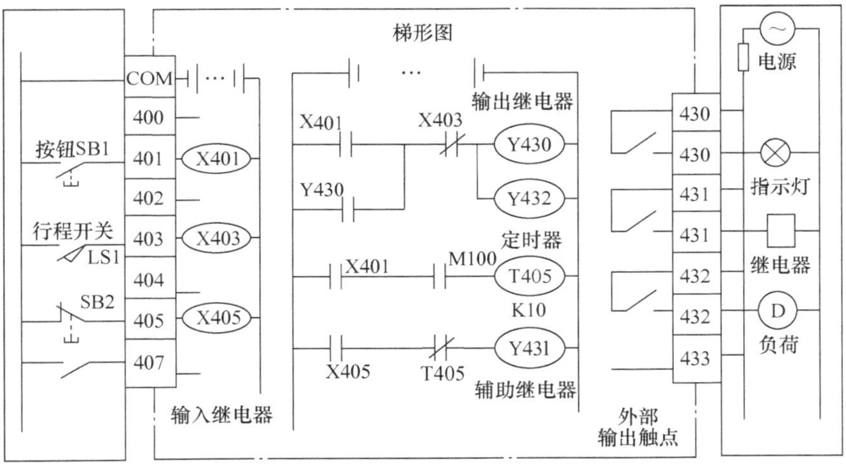

图4-29　PLC的工作过程

4.5.4　数控机床PLC实例

1. PLC程序设计流程

（1）制作接口信号文件　明确所控制的I/O信号及其逻辑关系，并将其记录在信号接口文件中。需要设计和编写的接口技术文件有输入/输出信号电路原理图、信号地址表和PLC数据表。这些文件是设计PLC程序时不可缺少的技术资料。梯形图中用到的所有内部和外部信号，信号的地址、名称、传输方向，与功能指令有关的设定数据，与信号有关的电气元件等都反映在这些文件中。

（2）确定PLC型号及其硬件配置　选择可编程序逻辑控制器型号时，主要考虑输入/输出点数和估算的控制程序长度。另外，所选择的PLC处理时间、指令功能、定时器、计数器、内部继电器的技术规格、数量等也应满足要求。使用内置式PLC时，数控装置提供的PLC功能也要满足上述要求。

(3) 设计梯形图　在仔细分析机床工作原理或动作顺序的基础上，首先用流程图、时序图等描述信号与机床运动时间的逻辑顺序关系，然后据此设计梯形图的控制关系和顺序。梯形图的设计要求是，在满足机床控制要求的基础上，尽量做到步数最少、处理时间最短和逻辑关系清楚易读。

(4) 程序的调试与固化　编好的程序需要经过运行调试。一般来说，顺序程序的调试要经过仿真调试和联机调试两个步骤。仿真调试是在实验室条件下，采用仿真装置或模拟试验台进行程序调试。联机调试是将机床、数控装置、PLC 装置和编程设备连接起来进行整机机电系统运行调试。经过联机调试的程序才能最后确认，并固化在 PLC 装置中。

2. PLC 程序实例

图 4-30 所示为控制主轴运动的梯形图局部，包括主轴旋转方向控制和主轴齿轮换档控制。其控制原理如下：

当机床操作面板上的工作方式开关选在手动时，HS. M 信号为“1”，自动工作方式信号 AUTO 为“0”。由于 HS. M 为“1”，软继电器 HAND 线圈接通，使梯级 1 中的 HAND 常开软触点闭合，线路自保持，机床处于手动工作方式。

在主轴正转梯级中，HAND = 1，主轴正转按钮按下时，CW. M = 1，由于主轴停止旋钮开关 OFF. M 未接通，SPOFF 常闭触点为“1”，使主轴在手动控制下沿顺时针方向旋转。

当主轴反转按钮接通时，和顺时针旋转分析方法相同，HAND 和 CCW. M 接通，使主轴沿逆时针方向旋转。

对主轴转动的基本要求是，在起动按钮松开时能够自动保持，且正、反向转动应该互锁。转动的自动保持是由并联在自身梯级中的 SPCW 和 SPCCW 的常开触点实现的，正、反转间的互锁是靠串联在对方自保支路中的 SPCW 和 SPCCW 的常闭触点实现的，某一梯级接通时，同时断开了对方的自保支路。

工作方式选择开关在自动位置时，AS. M = 1，系统处于自动工作状态。由于自动方式和手动方式的常闭触点接在对方的自保支路中，因此两者也是互锁的。

在自动方式下，通过程序给出主轴正转指令 M03、反转指令 M04 或停止指令 M05，分别控制主轴的正、反向转动和停止动作。当零件加工程序中出现 M03 指令时，在输入执行时经过一段时间的延时（几十毫秒）后，MF = 1，开始执行 DEC 指令，译码确定为 M03 指令后，M03 软继电器接通，其接在主轴正转梯级中的 M03 常开软触点闭合，使继电器 SPCW 接通，主轴在自动控制方式下正向旋转。若程序中出现 M04 指令，则控制过程与此相似，只是主轴反向旋转。

在机床运行中，主轴齿轮需要换档时，零件加工程序中应给出换档指令。M41 代码为主轴齿轮低速档指令，M42 代码为主轴齿轮高速档指令。下面以执行 M41 指令为例，说明自动换档过程。

输入带有 M41 代码的程序段并开始执行后，经过延时，MF = 1，执行 DEC 译码功能，译出 M41 后，使 M41 软继电器接通，其接在“变低速档齿轮”梯级中的常开软触点 M41 闭合，从而使继电器 SPL 接通，齿轮箱齿轮换到低速档。SPL 的常开触点接在延时梯级中，当其闭合时，定时器 TMR 开始工作。经过定时器设定的延时时间后，如果收到换档到位信号，即 SPLGEAR = 1，则说明换档成功。SPLGEAR 信号使换档成功软继电器 GEAROK 接通，GEAROK 的常闭软触点断开，使 SPERR 软继电器断开，即 SPERR = 0，说明没有发生主轴

图4-30 控制主轴运动的梯形图局部

换档错误。如果换档过程不顺利或出现机械故障，则收不到换档成功信号，延时后SPLGEAR＝0，使GEAROK＝0，经过TMR延时后，延时常开触点TM01闭合，接通主轴错误继电器SPERR，通过其常开触点的闭合自保，发出错误信号，表示主轴换档出现错误。

处于手动工作状态时，可以进行手动主轴齿轮换档。此时，把机床操作面板上的选择开关LGEAR（手动换低速齿轮档开关）置1，就可以通过手动将主轴齿轮换为低速档。同样，也可由主轴出错显示来表明齿轮换档是否成功。

图4-30所示梯形图对应的程序表见表4-4。

表 4-4 图 4-30 所示梯形图对应的程序表

步序	指令	地址. 位数	步序	指令	地址. 位数
1	RD	016. 3	43	RD. STK	137. 1
2	RD. STK	137. 0	44	AND	141. 2
3	AND. NOT	137. 1	45	OR. STK	
4	OR. STK		46	RD. STK	048. 6
5	WRT	137. 0	47	AND. NOT	048. 7
6	RD	016. 2	48	OR. STK	
7	RD. STK	137. 1	49	AND. NOT	130. 2
8	AND. NOT	137. 0	50	WRT	048. 6
9	OR. STK		51	RD	137. 0
10	WRT	137. 1	52	AND	019. 3
11	RD	114. 0	53	RD. STK	137. 1
12	DEC	0115	54	AND	143. 3
13	PRM	0311	55	OR. STK	
14	WRT	141. 1	56	WRT	130. 2
15	RD	114. 0	57	RD	137. 0
16	DEC	0115	58	AND	032. 3
17	PRM	0411	59	RD. STK	137. 1
18	WRT	141. 2	60	AND	143. 4
19	RD	114. 0	61	OR,STK	
20	DEC	0115	62	AND. NOT	0. 4
21	PRM	0511	63	WRT	0. 5
22	WRT	143. 3	64	RD	137. 0
23	RD	114. 0	65	AND	032. 2
24	DEC	0115	66	RD. STK	137. 1
25	PRM	4111	67	AND	143. 2
26	WRT	143. 4	68	OR. STK	
27	RD	114. 0	69	AND. NOT	0. 4
28	DEC	0115	70	WET	0. 5
29	PRM	4211	71	RD	0. 4
30	WRT	143. 2	72	AND	032. 1
31	RD	137. 0	73	RD. STK	0. 5
32	AND	017. 3	74	AND	032. 0
33	RD. STK	137. 1	75	OR. STK	
34	AND	141. 1	76	WRT	201. 6
35	OR. STK		77	RD	0. 4
36	RD. STK	048. 7	78	OR	0. 5
37	AND. NOT	048. 6	79	TMR	01
38	OR. STK		80	WRT	202. 7
39	AND. NOT	130. 2	81	RD	202. 7
40	WRT	048. 7	82	OR	0. 3
41	RD	137. 0	83	AND. NOT	201. 6
42	AND	018. 3	84	WRT	0. 3

下面再用一个数控机床操作面板控制的例子说明 PLC 的应用，重点了解在带有内置式 PLC 功能的数控装置中，PLC 和 CNC 之间的信息交互方式。

数控机床操作面板上通常设计有按键或旋钮，用于机床工作状态的选择。图 4-31 所示为某型号数控机床的操作面板，上面设计了七个按键，操作者可以通过按键选择七种工作状态之一，每个按键上方都有一个小信号灯，用于指示按键的状态。

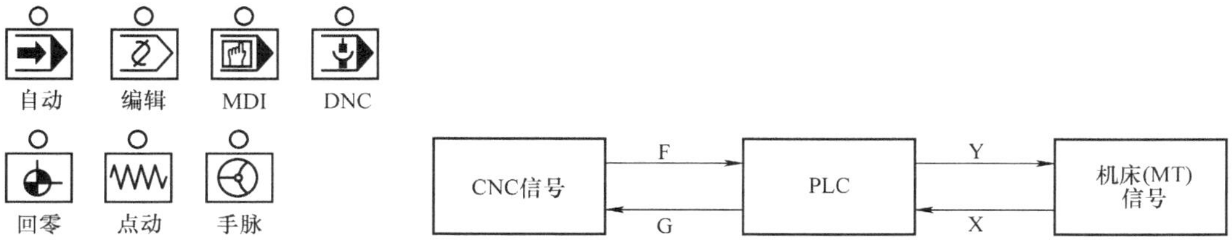

图 4-31 状态选择按键和指示灯及其与 PLC 的连接方式

一方面，PLC 控制模块通过输入信号 X4.0、X4.1、X4.2、X4.3、X6.4、X6.5、X6.6 接收来自七个按键的信号，通过输出信号 Y4.0、Y4.1、Y4.2、Y4.3、Y6.4、Y6.5、Y6.6 发出对应的七个指示灯的控制信号。另一方面，PLC 通过五个状态信号 G43.7、G43.5、G43.2、G43.1、G43.0 向 CNC 报告按键的状态，并通过七个输入信号 F3.6、F3.5、F3.4、F3.1、F3.2、F3.3、F4.5 得到 CNC 确认信号。这五个状态信号和七个输入信号与按键状态的关系见表 4-5 和表 4-6。数控装置和 PLC 功能模块间就是通过这两组信号互通信息的。

表 4-5 状态信号组合定义

工作状态	FANUC 0i	ZRN	DNC1	MD4	MD2	MD1
		G43.7	G43.5	G43.2	G43.1	G43.0
程序编辑	EDIT	0	0	0	1	1
存储运行	MEM	0	0	0	0	1
手动数据输入	MDI	0	0	0	0	0
手轮进给	HND	0	0	1	0	0
手动连续进给	JOG	0	0	1	0	1
返回参考点	REF	1	0	1	0	1
DNC 运行	RMT	0	1	0	0	1

表 4-6 CNC 返回信号定义

工作方式	系统确认工作方式
编辑方式	F3.6
存储运行	F3.5
远程运行	F3.4
手动进给	F3.1
手动进给	F3.2
手动数据输入	F3.3
返回参考点	F4.5

按键控制的 PLC 程序如图 4-32 所示。如果操作者按下按键 EDIT，准备选择程序编辑工作状态，按照输入端子的定义 X4.1 = 1，由梯形图第一梯级可见 R200.7 = 1，表示有按键被按下；由第二和第三梯级又知 G43.0 = 1 和 G43.1 = 1，这两个状态变量的组合通知 CNC，操作者选择了程序编辑工作状态；当 CNC 收到这个信息并做好编辑状态的准备后，便发出确认信息 F3.6 = 1，由梯形图的第八梯级得知，这时 PLC 输出信号 Y4.1 = 1，这个信号控制编辑按键上方的信号灯点亮，完成了状态选择过程。操作者在这个状态下就可以进行和程序编辑相关的操作了。其他六个按键的控制过程与此相似。

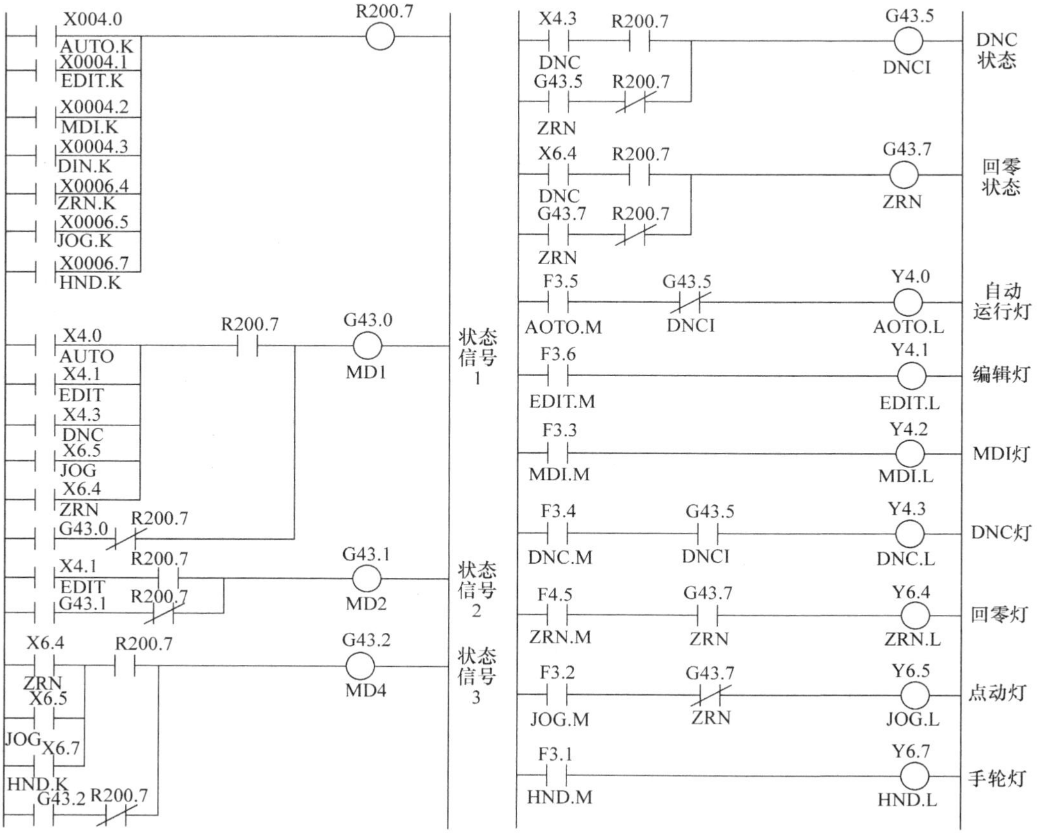

图 4-32 状态选择按键控制程序

4.6 基于 PC 的数控系统开发实例

本节以数控平面凸轮磨床的控制系统为例，简要介绍基于 PC 的数控系统的组成、特点及关键技术。

4.6.1 系统要求

该数控平面凸轮磨床是在普通外圆磨床的基础上改装而成的，按照极坐标运动系统设计，控制系统的特点如下：

1）凸轮轴的回转运动和砂轮的径向进给运动联动控制。

2）由于磨削点的半径随着凸轮角位置的不同而变化，因此，要求凸轮的转速也随凸轮角的位置变化，实现恒线速度磨削。

3）系统应具有实时图形显示功能。

4）具有凸轮毛坯自动定位功能。

5）集成了 CAD/CAM 功能，编程方便。

4.6.2 硬件系统设计

图 4-33 所示为凸轮磨床数控系统硬件结构简图。该系统采用的是 PC + NC 的递阶式结构：PC 作为上位机，用于处理实时性不强的任务，如显示、编程、软件面板输入、凸轮毛坯的自动定位等；PMAC2 - Lite 运动控制器作为运动控制级，用于完成实时性较强的任务，如插补、位置控制、PLC 控制等。ACC-8S 是运动控制接口板，用于运动控制器与交流伺服电动机驱动器间的接口信号转换。CG300 图像采集卡及线激光源组成了基于计算机视觉的凸轮毛坯自动定位系统，主轴转速传感器和工业 PC 一起构成磨削力适应控制系统，利用 PC 的网络功能还可以实现远程控制。

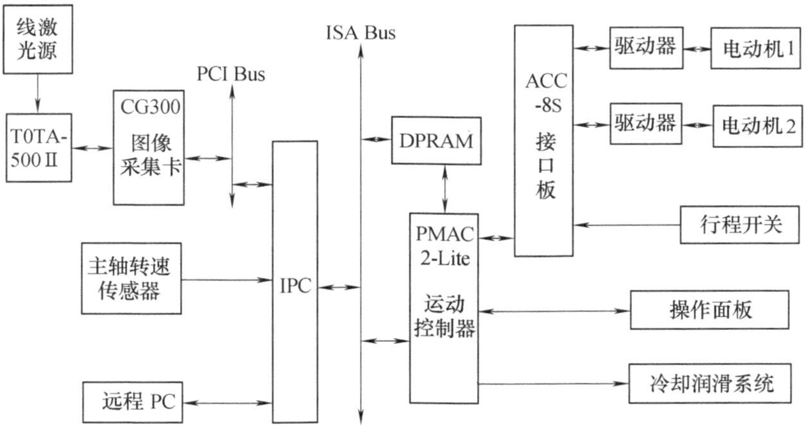

图 4-33 凸轮磨床数控系统硬件结构简图

4.6.3 软件系统

图 4-34 所示为凸轮磨床数控系统软件结构简图。由于底层控制软件已经集成在运动控制器中，故只需开发 PC 中运行的上层管理软件。利用 Windows 操作系统的消息驱动机制和多任务特性，可以满足数控系统中大部分管理任务的要求，显示功能和其他弱实时性任务由 Timer 控件实现。PC 操作系统的丰富资源大大减少了系统开发的工作量，而且可以在系统中集成很多附加功能，如 CAD/CAM、自适应控制、凸轮毛坯的自动定位、远程 PC 控制等。

4.6.4 用户界面设计

凸轮磨床数控系统的用户界面如图 4-35 和图 2-18 所示。采用 Windows 风格的界面，方

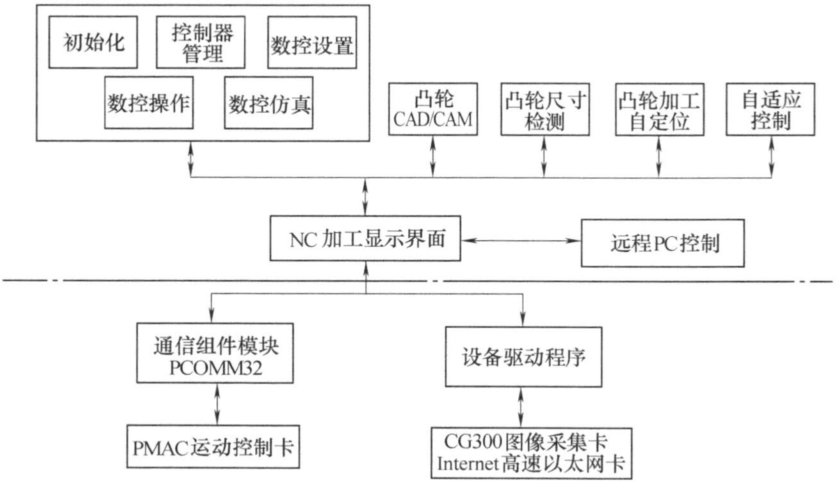

图 4-34　凸轮磨床数控系统软件结构简图

便用户使用。整个界面分为功能选择区、图形和坐标显示区、程序编辑和显示区、软件面板等几个区域。

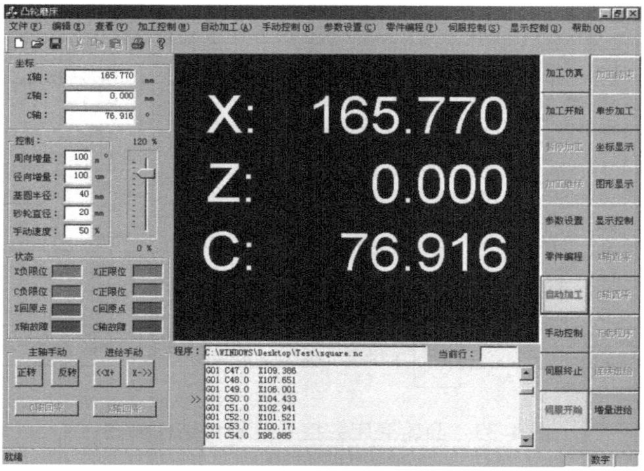

图 4-35　凸轮磨床数控系统的用户界面

右侧对话框是功能选择区，在其中选择系统的工作模式：手动方式用于回零、进给轴手动等；自动方式用于程序控制下的凸轮磨削加工；编程方式用来编辑零件加工程序。

中间上部是图形和坐标显示区，用于显示砂轮坐标值或动态显示磨削过程，显示模式在功能区中选择。

中间下部是程序编辑和显示区，用于显示当前所选定加工程序的内容、路径和当前行号。

左侧窗口是软件面板，用于实现数控装置面板的基本功能，如手动控制坐标轴运动、显示机床工作状态、控制进给速度倍率、输入手动进给速度等。

复习思考题

1. 试用框图说明 CNC 装置的组成原理，并解释各部分的作用。
2. CNC 装置分为哪几种类型？每种类型有什么特点？
3. 说明数控装置中的接口的功能，常用的接口有哪几种？
4. 什么是数控系统的软硬件界面？怎样划分软硬件界面？
5. CNC 软件系统有哪些特殊要求？系统中采用哪些技术来满足其特殊要求？
6. 试说明 CNC 装置的工作过程。
7. 可编程序逻辑控制器（PLC）的作用是什么，它和继电器逻辑控制器（RLC）有什么区别？
8. PLC 的编程方法有哪些，各有哪些优缺点？
9. 简述 PLC 的工作原理和程序执行过程。

第 5 章 位置检测装置

本章提要

位置检测装置是闭环控制系统中的重要组成部件，其作用是检测位移和速度，并将检测到的反馈信号与指令位置和速度进行比较，实现位置和速度的闭环或半闭环控制。本章以位置检测装置为研究对象，介绍光栅、编码器、旋转变压器、感应同步器、磁栅、球栅和智能传感器的基本工作原理及其在数控机床上的应用。

5.1 概述

在闭环、半闭环控制系统中，位置检测装置的主要作用是检测位移和速度，并发出反馈信号与数控装置发出的指令信号进行比较，若有偏差，则经过放大后控制执行部件，使其向消除偏差的方向运动，直至偏差为零。闭环或半闭环控制数控机床的位置精度主要取决于检测装置的精度，使用精密的检测装置是获得高精度数控机床的重要保证。为了提高数控机床的加工精度，必须提高位置检测装置的精度。

数控机床对位置检测装置的要求如下：

1）满足精度、速度要求。普通闭环和半闭环控制系统要求位置检测装置能测量的最小位移为 0.1 ~ 1μm，测量精度在 0.001 ~ 0.01mm/m 范围内，满足移动部件运动速度为 0 ~ 60m/min 要求。

2）工作可靠，抗干扰能力强，适应生产现场工作环境。

3）易于安装，维护方便，成本低。

位置检测按工作条件和测量原理不同，有下面几种分类方法：直接测量和间接测量、数字式测量和模拟式测量、增量式测量和绝对式测量。

5.1.1 直接测量和间接测量

1. 直接测量

对机床的直线位移采用直线型检测装置，直接测量工作台的直线位移。其优点是准确性好、检测精度高；缺点是测量装置要和工作台行程等长，所以在大型数控机床上使用时造价较高，安装比较复杂。

2. 间接测量

对机床的直线位移采用旋转型检测装置，测量转动件的角位移，通过角位移和直线位移之间的对应关系，计算得出直线位移。其优点是测量可靠、方便，无长度限制；缺点是测量信号中增加了由旋转运动转变为直线运动的传动链误差，从而影响了测量精度。

5.1.2 数字式测量和模拟式测量

1. 数字式测量

数字式测量是指以数字形式表示被测量，测量信号一般为脉冲，便于显示处理，可以直接把它送到数控装置中进行比较、处理，信号抗干扰能力强、处理简单。

2. 模拟式测量

模拟式测量是指用连续变量，如电压变化、相位变化等表示被测量。其主要特点是直接对被测量进行检测，无须量化，可用于直接测量和间接测量，但信号处理的方法比较复杂。

5.1.3 增量式测量和绝对式测量

1. 增量式测量

增量式测量只测相对位移量，如果测量单位为0.001mm，则每移动0.001mm就发出一个测量信号，任何一个位置都可以作为测量的起点，测量装置简单，但断电后会失去对当前位置的记忆。

2. 绝对式测量

绝对式测量对于被测量的任意一个位置均由固定的零点标起，每一个被测点都有一个相应的测量值。因其每一个位置绝对唯一，所以抗干扰性强，无须掉电记忆，尤其是数控机床无须进行回零操作。

5.2 光栅

5.2.1 光栅的结构

光栅的种类较多，根据光线在光栅中是透射还是反射，分为透射光栅和反射光栅。在玻璃的表面上制成透明与不透明间隔相等的线纹，称透射光栅；在金属的表面制成全反射与漫反射间隔相等的线纹，称反射光栅。透射光栅的分辨率比反射光栅的分辨率高，其检测精度可达0.1μm。光栅又分为圆光栅和直线光栅，圆光栅用于测量转角位移，直线光栅用于测量直线位移。直线光栅具有测量精度高、响应速度快、信号处理简单等优点，在数控机床上应用广泛。本节着重介绍透射式直线光栅。

直线光栅通常为一长和一短两块配套使用，其中长的称为标尺光栅或长光栅，一般固定在机床移动部件上，要求与行程等长；短的称为指示光栅或短光栅，安装在机床固定部件上。两光栅尺是刻有均匀密集线纹的透明玻璃片，线纹密度为25条/mm、50条/mm、100条/mm、250条/mm等。线纹之间距离相等，该间距称为栅距，标尺光栅与指示光栅的栅距相同，测量时两光栅平面平行放置，并保持0.05~0.1mm的间隙。

5.2.2 光栅的工作原理

因标尺光栅和指示光栅均由不透明的线纹和与其等宽的透明线纹间隔组成，故当指示光栅上的线纹与标尺光栅上的线纹成一小角度 θ 放置时，两光栅尺上的线纹互相交叉。在光源的照射下，当两块光栅尺的透明部分对齐时，光线通过，形成明亮条纹；反之，光线被遮挡，形成黑色条纹。这种明暗相间、间隔相等的条纹称为莫尔条纹（见图5-1）。莫尔条纹与光栅刻线线纹几乎成垂直方向排列，严格地说，是与两片光栅线纹夹角 θ 的平分线相垂直。莫尔条纹具有以下特点：

（1）放大作用　如图5-1所示，在倾斜角 θ 很小时，莫尔条纹的间距与栅距之间有以下关系：

$$W=\frac{P}{\sin\theta}\approx\frac{P}{\theta} \tag{5-1}$$

式中　W——莫尔条纹的间距（mm）；

P——光栅栅距（mm）；

θ——两块光栅线纹之间的夹角（rad）。

莫尔条纹的间距 W 与角 θ 成反比，θ 越小，放大倍数越大。若光栅栅距 $P=0.01\text{mm}$，$\theta=0.001\text{rad}$，由式（5-1）可得 $W=10\text{mm}$，即把光栅栅距转化成放大1000倍的莫尔条纹间距。虽然光栅栅距很小，但莫尔条纹却清晰可见，便于测量，这种放大作用是光栅的一个重要特点。

（2）均化误差作用　莫尔条纹是由光栅的大量刻线共同形成的，例如，200条/mm的光栅，其宽度为10mm的莫尔条纹就由2000条线纹组成，这样，栅距之间的固有相邻误差就被平均化了，从而弱化了栅距之间不均匀造成的误差。

（3）莫尔条纹的移动与光栅的移动成比例　当光栅尺移动一个栅距 P 时，莫尔条纹也刚好移动一个条纹间距 W，也就是产生了一次条纹明暗交替的变化。如图5-1所示，将指示光栅按顺时针方向转一个很小的角度 θ，当标尺光栅向左移动时，莫尔条纹向下移动；反之，当标尺光栅向右移动时，莫尔条纹向上移动。莫尔条纹移动方向与标尺光栅移动方向及指示光栅转角的关系见表5-1。

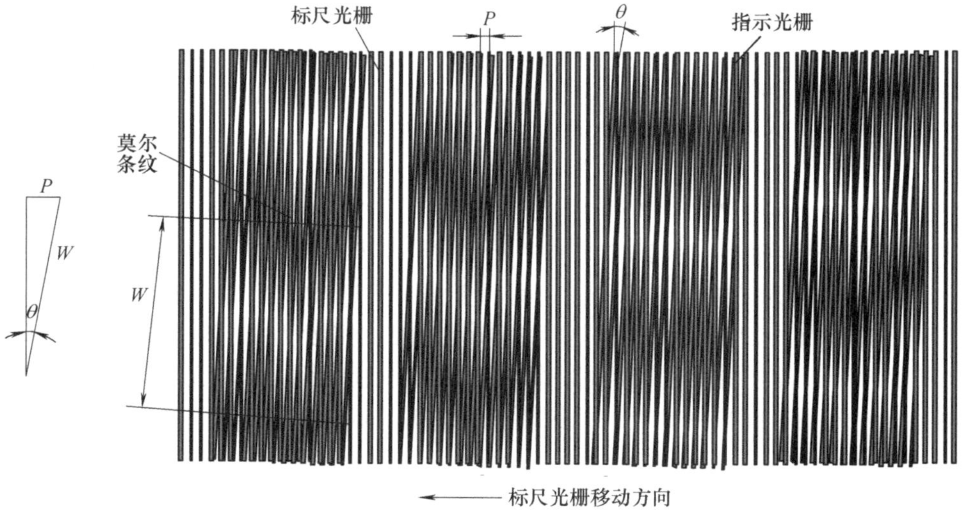

图5-1　莫尔条纹

表 5-1　莫尔条纹移动方向与标尺光栅移动方向及指示光栅转角的关系

指示光栅转角方向	标尺光栅移动方向	莫尔条纹移动方向
逆时针方向	右→	下↓
	左←	上↑
顺时针方向	右→	上↑
	左←	下↓

5.2.3　光栅测量系统

光栅测量是利用光电元件把两块光栅尺移动时光的明暗变化转变为电信号的变化，再用信号处理电路转变为数字脉冲以显示位移量。光栅测量系统如图 5-2 所示，它由光源、聚光镜、指示光栅、标尺光栅、光电元件和信号处理电路等组成。光源采用普通灯泡，发出辐射光线，经过聚光镜后变为平行光束，照射光栅尺，光电元件（常使用硅光电池）接收透过光栅尺的光强度信号，并将其转换成相应的电压信号。信号处理电路的作用就是对电压信号进行放大、整形、微分和辨向。除标尺光栅与工作台一起移动外，光源、聚光镜、指示光栅、光电元件和信号处理电路均装在一个壳体内，做成一个单独部件固定在机床上，这个部件称为光栅读数头，又叫光电转换器。

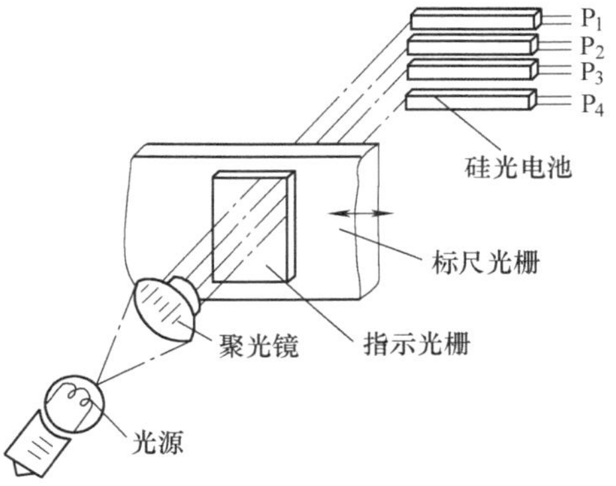

图 5-2　光栅测量系统

当光栅移动一个栅距时，莫尔条纹便移动一个条纹间距，假定开辟一个小窗口来观察莫尔条纹的变化情况，就会发现它在移动一个栅距期间明暗变化了一个周期，亮度变化近似一个正弦波。实际上，这个观测窗口的任务是由一个硅光电池来完成的，将近似正弦波的光强度信号变为同频率的电压信号（见图 5-3），经信号处理电路放大、整形、微分输出脉冲。每产生一个脉冲，就代表移动了一个栅距的位移，这是一种增量式检测装置，将运动部件位移的增量值以脉冲形式输出，通过对脉冲计数，便可得到工作台的移动距离。

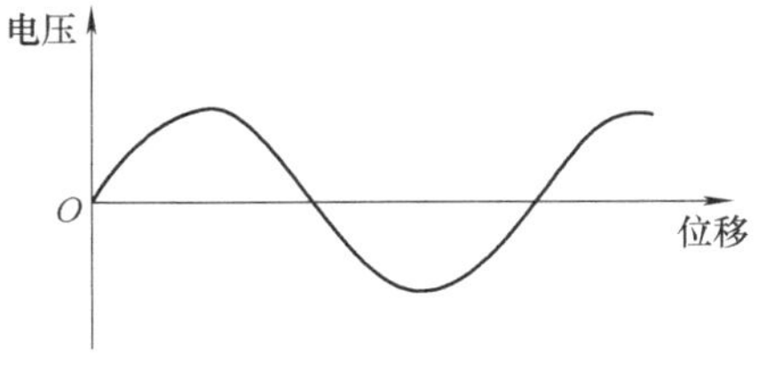

图 5-3　光栅的输出波形图

采用一个光电元件即只开一个观测窗口，只能产生一个正弦波信号用作计数，却无法判断移动方向。因为无论莫尔条纹上移或下移，从一个固定位置看其明暗变化是相同的。为了确定运动方向，至少要放置两个光电元件，两者沿着条纹的移动方向间隔 1/4 莫尔条纹的间距。当光栅移动时，莫尔条纹通过两个光电元件的时间不同，得到相位相差 90°的两组信号，而信号的超前与滞后取决于光栅的移动方向。这样，两组信号经过放大、整形、微分和辨向等信号处理电路，即可判别它们的超前与滞后，从而判断出工作台的运动方向。

在增量式光栅中，光栅尺上还刻有一组零标志线纹，形成零位信号，用于寻找坐标原点。

为了提高光栅检测装置的精度，可以增加线纹密度，提高光栅的分辨率，但其制造较困难，成本也高。在实际应用中，既要提高测量精度，又要降低制造难度，通常采用倍频的方法来提高光栅的分辨率。4 倍频辨向电路在光栅测量系统中应用广泛，4 倍频就是在莫尔条纹的一个间距内放置四个光电元件，每隔 1/4 光栅栅距产生一个脉冲，一个脉冲代表移动了 1/4 栅距的位移，分辨率可提高 4 倍。例如，光栅线纹密度为 250 条/mm，即栅距为 4μm，经 4 倍频处理后，工作台每移动 1μm 就会产生一个脉冲，即分辨率为 1μm，提高了 4 倍。由此可见，光栅检测系统的分辨率不仅取决于光栅尺的栅距，还取决于倍频辨向电路的倍数。除 4 倍频以外，还有 5 倍频、8 倍频、10 倍频、20 倍频等。可以选择专用芯片来实现倍频处理。

下面介绍 4 倍频辨向电路。图 5-4a 中的 P_1、P_2、P_3、P_4 表示四块硅光电池，产生的信号相位彼此相差 90°。P_1、P_3 信号是相位相差 180°的两个信号，接差动放大器放大，得到正弦信号；同理，P_2、P_4 信号送入另一个差动放大器，得到余弦信号。正弦和余弦信号经整形变成方波 A 和 B，为使每隔 1/4 栅距都有脉冲，把 A、B 各自反向一次得方波 C、D，A、B、C、D 四路方波再经微分变成窄脉冲 A′、B′、C′、D′，即在正走或反走时，每个方波的上升沿产生窄脉冲，由与门电路把 0°、90°、180°、270°四个位置上产生的窄脉冲组合起来，根据不同的移动方向形成正向或反向脉冲。正向运动时，用与门 Y_1 ~ Y_4 及或门 H_1，得到 $A'B + AD' + C'D + B'C$ 四个输出脉冲；反向运动时，用与门 Y_5 ~ Y_8 及或门 H_2，得到 $BC' + CD' + A'D + AB'$ 四个输出脉冲，其波形如图 5-4b 所示。

由于激光技术的发展，光栅的制作精度大幅度提高，目前光栅制作精度可达到微米级，再通过倍频细分电路可以达到 0.1μm，甚至更高的分辨率。

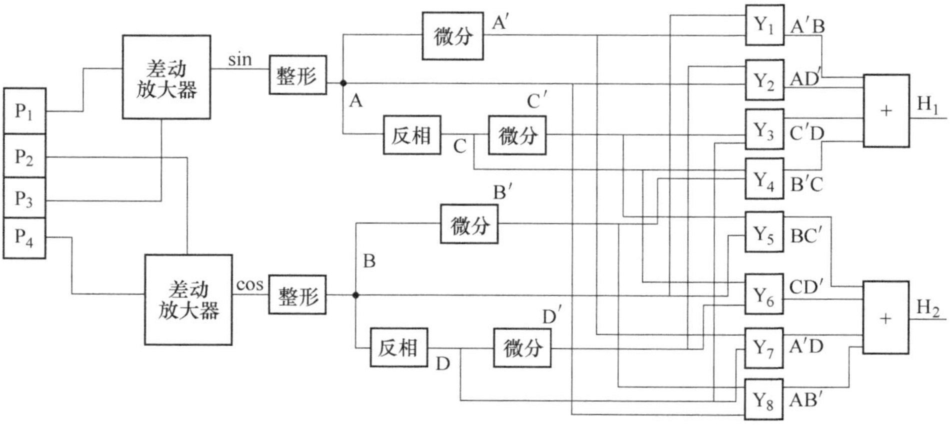

a) 原理电路图

图 5-4　4 倍频辨向电路

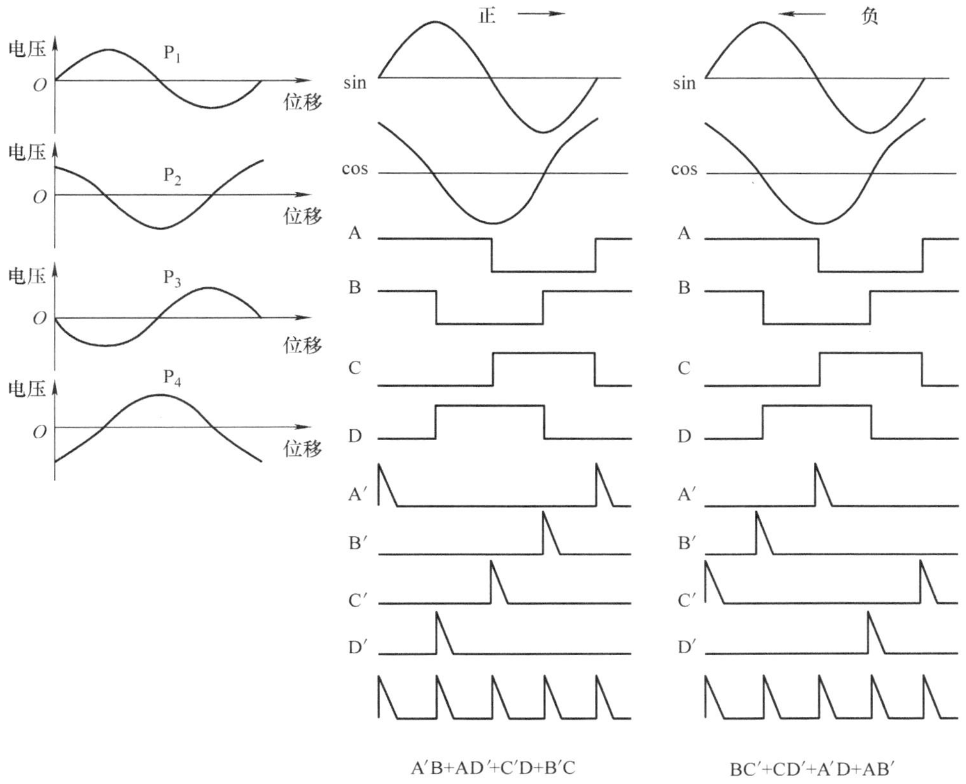

b) 波形图

图 5-4　4 倍频辨向电路（续）

5.3　编码器

编码器用于角位移和角速度的测量，有两种基本类型：增量式与绝对式。

增量式编码器把被测轴的角位移转换成电脉冲输出，也称为增量式脉冲编码器。这种编码器具有精度高、结构简单、响应快、抗干扰能力强、寿命长、可靠性好等优点，其缺点是无法输出被测轴的绝对位置信息。

绝对式编码器通过读取数字代码直接测量出运动部件的角位置，且每个测量代码均对应一个角位置。绝对式编码器具有固定零点，能表示绝对位置，没有累积误差，电源切断后，位置信息不会丢失，重新上电后仍能读出角位置。

5.3.1　增量式编码器

1. 结构与工作原理

增量式编码器分为光电式、接触式和电磁感应式三种。就精度和可靠性来讲，光电式脉冲编码器优于其他两种编码器，因此，数控机床主要使用光电式脉冲编码器。它的型号用脉冲数/转（p/r）来区分，数控机床常用的规格有 2000p/r、2500p/r、3000p/r 等，现在已有每转发 20 万个脉冲的脉冲编码器。

如图5-5所示，光电式脉冲编码器由光源、聚光镜、光电盘、圆盘、光电元件和信号处理电路等组成。光电盘是用玻璃材料研磨抛光制成的，玻璃表面在真空中镀上一层不透光的铬，然后用精密照相腐蚀法在上面制成沿圆周等距的透光和不透光部分相间的辐射状线纹，一组相邻的线纹构成一个节距，线纹的数量从几百条到几千条不等。在光电盘里圈的不透光圆环上还刻有一条透光条纹，用以产生每转一个的零位脉冲信号，转轴每旋转一周在固定位置上产生一个脉冲，通常用作测量基准。

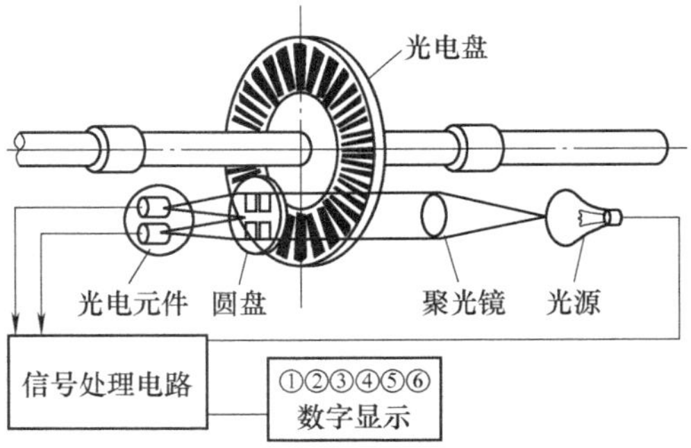

图5-5　光电式脉冲编码器结构示意图

圆盘也用玻璃材料研磨抛光制成，圆盘上有两组与光电盘节距相同的线纹，每一组线纹后面安装有一个光电元件。为了判断旋转方向，两组线纹彼此错开1/4节距，使两个光电元件的输出信号相位相差90°。圆盘固定安装，与光电盘的线纹平行放置，两者间保持一个小的间距。光电盘与被测轴一起旋转，每转过一个线纹就发生一次光线的明暗变化，光电元件把通过光电盘和圆盘射来的明暗交替的光信号转换为近似正弦波的电信号，经过整形、放大和微分处理后，输出脉冲信号。通过记录脉冲的数目，就可以测出转角大小；测出脉冲的变化率，即单位时间内脉冲的数目，就可以求出速度。增量式编码器每产生一个脉冲，就对应一个增量位移角，不能直接检测轴的绝对角度。

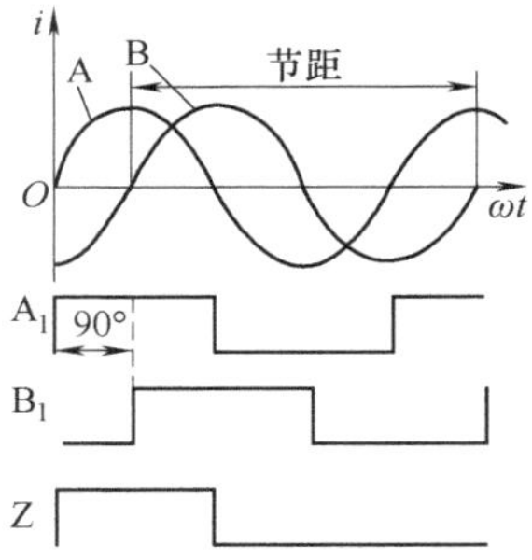

图5-6　脉冲编码器输出波形

如图5-6所示，信号A、B为具有90°相位差的正弦波，经放大和整形变为方波A_1、B_1。设A相比B相超前时为正方向旋转，则B相超前A相就是反方向旋转，利用A相与B相的相位关系可以判别旋转方向。Z称为零位脉冲信号，它是光电盘在固定的圆周位置上产生的脉冲。

2. 应用

（1）位置控制　在数控机床上，光电式脉冲编码器作为位置检测装置，用于数字脉冲比较伺服系统中，可将位置检测信号反馈给CNC装置，实现半闭环控制。

图5-7所示为辨向环节框图和波形图。光电式脉冲编码器输出的交变信号A、B和经反相后的$\overline{A}$、$\overline{B}$，通过差动放大，再经过整形电路变成两个方波系列A_1、B_1。将A_1和它的反相信号$\overline{A}_1$微分（上升沿微分）后得到A_1'和$\overline{A}_1'$脉冲系列，作为加、减计数脉冲。B_1路方波信号被用作加、减计数脉冲的控制信号，正走时（A超前于B），由Y_2门输出加计数脉冲，此时，Y_1门输出为低电平；反走时（B超前于A），由Y_1门输出减计数脉冲，此时，Y_2门输出为低电平。

光电式脉冲编码器用于数字脉冲比较伺服系统（见图5-8）的工作原理如下：光电式脉冲编码器与伺服电动机同轴连接，随着电动机的转动产生脉冲序列，其脉冲频率将随着转速的快慢而升降。若工作台静止，则指令脉冲和反馈脉冲都为零，两路脉冲送入数字脉冲比较器中进行比较，结果输出也为零。因伺服电动机的速度给定为零，工作台依然不动。随着指令脉冲的输出，指令脉冲不为零，在工作台尚未移动之前，反馈脉冲仍为零，比较器输出指令信号与反馈信号的差值，经放大后，驱动电动机带动工作台移动。电动机运转后，光电式脉冲编码器将输出反馈脉冲送入比较器，与指令脉冲进行比较，如果偏差不为零，则工作台继续移动，如此不断反馈，直到偏差为零，即当反馈脉冲数等于指令脉冲数时，工作台停在指令规定的位置上。

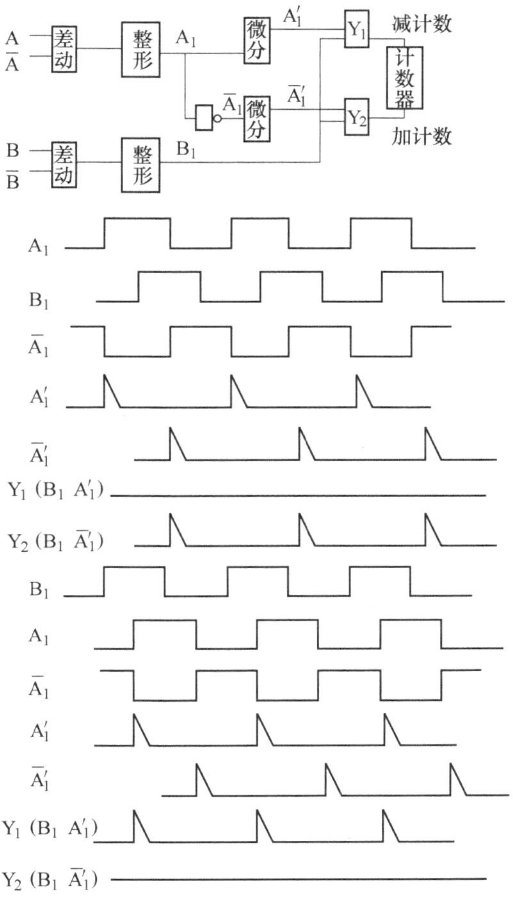

图 5-7　辨向环节框图和波形图

脉冲编码器是半闭环控制系统中用得较多的检测装置，半闭环控制系统的位置检测元件不直接安装在进给坐标的最终运动部件上。坐标运动的传动链有一部分在位置闭环之外，环外的传动误差没有得到系统补偿，因而伺服系统的精度低于闭环控制系统。

（2）位移和转速测量　数控机床进给系统一般采用伺服电动机经滚珠丝杠螺母副驱动工作台运动。伺服电动机可通过联轴器与滚珠丝杠直连，也可通过同步带轮或减速齿轮，再与滚珠丝杠相连。光电式脉冲编码器通常与伺服电动机做在一起，每转脉冲数与脉冲当量之间的关系，可用下式计算：

$$\delta = \frac{S}{iM} \tag{5-2}$$

式中　δ——脉冲当量（mm/p）；

S——滚珠丝杠的导程（mm）；

i——减速齿轮或同步带轮的传动比（直连时 $i=1$）；

M——脉冲编码器每转的脉冲数（p/r）。

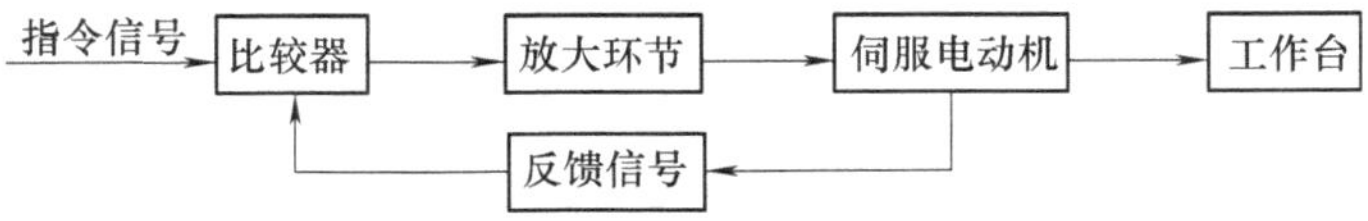

图 5-8　数字脉冲比较伺服系统

由式（5-2）可知，若脉冲的数量为 N，则工作台的直线位移量为 $L=N\delta$。如果伺服电动机与滚珠丝杠直接相连，伺服电动机内装编码器，M 为 2000p/r，S 为 8mm，当脉冲计数为 600 个时，工作台移动距离为 600×8mm/2000＝2.4mm。在数控回转工作台中，通过在回转轴末端安装编码器，可直接测量回转工作台的角位移。

脉冲编码器输出脉冲的频率与其转速成正比，因此，测量单位时间内脉冲的数目，可以求出转速。进行速度反馈时，脉冲信号需经过频率/电压转换器转换成正比于频率的电压信号，作为速度反馈信号送给速度控制单元进行速度调节。

（3）主轴控制

1）主轴旋转与坐标轴进给的同步控制。为数控车床选用带有脉冲编码器的主轴电动机或者安装与主轴同步回转的脉冲编码器，通过对脉冲编码器输出脉冲的计数，保证主轴转一圈刀具移动一个导程的距离，这是实现螺纹切削的必要条件。此外，螺纹加工要经过几次切削才能完成，每次重复切削时，开始进刀的位置必须相同。为了保证重复切削而不乱牙，数控装置在接收到脉冲编码器中的零位脉冲信号后才开始螺纹切削的计算，编码器的零位脉冲当作车刀进刀点和退刀点的信号使用。

2）恒线速度切削控制。车床和磨床进行端面或锥面切削时，为了使加工表面粗糙度保持一定的数值，要求刀具与工件接触点的线速度为恒值。随着工件切削直径的逐渐减小或增大，应不断提高或降低主轴转速，保持切削速度为常数，即工件切削直径随刀具进给不断变化，由脉冲编码器检测获得切削点的直径信息，将直径信息经过软件处理后转换成速度控制信号，送至主轴驱动装置，控制主轴转速变化。

3）主轴定向控制。通过主轴或主轴电动机上的编码器，实现加工中心换刀或精镗孔时的主轴定向与准停控制。

（4）回参考点控制　使用增量式位置检测装置时，数控机床在接通电源后要进行回参考点的操作。这是因为机床断电后，系统就失去了对坐标轴位置的记忆，所以在接通电源后，必须让各坐标轴回到机床某一固定点，这一固定点就是机床坐标系中的特定点或坐标轴极限位置点，也称机床参考点。参考点是否正确与检测装置中的零位脉冲有相当大的关系。在回参考点时，数控机床坐标轴先以快速向参考点方向运动，当碰到减速挡块后，坐标轴再以慢速接近参考点，当脉冲编码器产生零位脉冲信号后，坐标轴再移动一设定的距离而停止于参考点处。

5.3.2 绝对式编码器

绝对式编码器有光电式、接触式和电磁式三种，下面以接触式4位绝对编码器为例来说明其工作原理。

图5-9a所示为二进制码盘。它是在一个不导电基体上做成许多金属区使其导电，其中阴影部分为导电区，用“1”表示；其他部分为绝缘区，用“0”表示。每一扇形区对应一组确定的二进制代码。通常把组成编码的各圈称为码道，码盘最里圈是公用的，它和各码道的所有导电部分连在一起，经电刷和电阻接电源负极。在接触式码盘的每个码道上都装有电刷，其位置是固定的，电刷经电阻接到电源正极（见图5-9b）。当检测对象带动码盘一起转动时，电刷和码盘的相对位置发生变化，与电刷串联的电阻将会出现有电流通过或没有电流通过两种情况。电

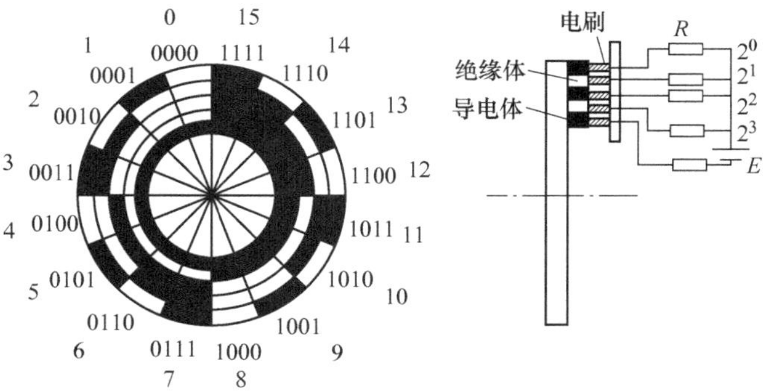

a）二进制码盘　　b）测量原理

图5-9　4位二进制编码盘

刷接触的是导电区，电路中的电阻上有电流通过，为“1”；反之，电刷接触的是绝缘区，电阻上无电流通过，为“0”。由此可根据电刷的位置得到由“1”和“0”组成的4位二进制代码。如果码盘沿顺时针方向转动，就可依次得到按规定编码的数字信号输出，图5-9所示为4位二进制码盘，根据电刷位置得到由“1”和“0”组成的二进制码，输出为0000、0001、0010、…、1111。

由图5-9可以看出，码道的圈数就是二进制码的位数，且高位在内、低位在外，其分辨角 $\theta=360°/2^4=22.5°$。若是 n 位二进制码盘，就有 n 圈码道，分辨角 $\theta=360°/2^n$，码盘位数越多，所能分辨的角度越小，测量精度就越高。可见，要提高分辨率，就必须增多码道，即增加二进制位数。目前的绝对式编码器，国外可以做到29位，而国内可以做到25位。

按二进制制作的编码器在实用上有时会出现误码问题。由于多种原因，电刷很难严格处于一条直线上，如果个别电刷错位，会在两个相邻代码的交界处产生误码，而出现很大的数值误差。如图5-10所示，当电刷由位置0111（7）向1000（8）过渡时，可能会出现从0（0000）到15（1111）之间的读数误差，一般称这种误差为非单值性误差。为了消除这种误差，可采用格雷码盘。

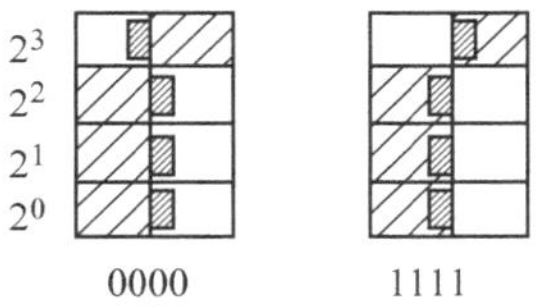

图5-10　4位二进制码盘的非单值性误差

图5-11所示为格雷码盘，其各码道的数码不同时改变，任何两个相邻数码间只有一位是变化的，每次只切换一位数，从而把误差控制在最小范围内。二进制码转换成格雷码的法则：将二进制码右移一位并舍去末位的数码，再与二进制码作不进位加法，结果即为格雷码。

例如，二进制码1101对应的格雷码为1011，其演算过程如下：

1101（二进制码）
　1101（不进位相加，舍去末位）
―――――
1011（格雷码）

光电式绝对编码器与接触式绝对编码器的工作原理相似，能直接把被测转角或角位移转换成唯一对应的代码，优点是非接触测量、无磨损、码盘寿命长、允许转速高、精度保持性好。光电式绝对编码器在高精度数控机床上得到了广泛应用。

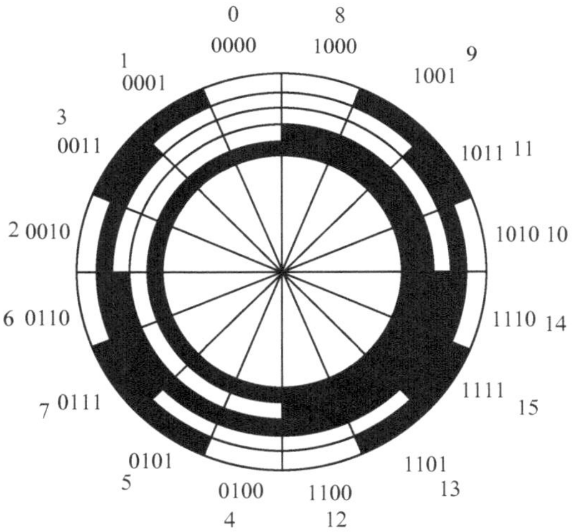

图5-11　格雷码盘

5.4　旋转变压器

5.4.1　结构与工作原理

旋转变压器是一种角位移测量装置，被广泛地应用于数控机床上。它具有结构简单、动作灵敏、工作可靠、对环境条件要求低、输出信号幅度大和抗干扰能力强等优点；其缺点是信号处理比较复杂，测量精度没有光电式脉冲编码器高。

旋转变压器的结构型式与两相绕线型异步电动机相似，由定子和转子组成。旋转变压器的工作原理与普通变压器相似，其中定子绕组作为变压器的一次侧，接收励磁电压，转子绕组作为变压器的二次侧，通过电磁耦合产生感应电动势，其输出电压大小与转子位置有关。旋转变压器可通过测量电动机轴或丝杠轴的转角来间接测量工作台直线位移。

旋转变压器有单极型和多极型之分，为便于理解其工作原理，先分析一下单极型旋转变压器的工作情况。如图 5-12 所示，单极型旋转变压器的定子和转子各有一对磁极，假设加到定子绕组上的励磁电压为 $U_1 = U_m \sin(\omega t)$，则转子通过电磁耦合，输出电压 U_2。当转子转到使其磁轴和定子绕组的磁轴垂直时，转子绕组输出电压 $U_2=0$；当转子绕组的磁轴自水平位置转过一定角度 θ 时，转子绕组输出电压为：

$$U_2 = KU_1\cos\theta = KU_m\sin(\omega t)\cos\theta \tag{5-3}$$

式中 K——电压比（即绕组匝数比）；

U_m——励磁信号的幅值；

ω——励磁信号角频率；

θ——旋转变压器转子转角。

当转子转到两磁轴平行时，转子绕组的输出电压最大，即

$$U_2 = KU_m\sin(\omega t)$$

实际使用时，通常采用正余弦旋转变压器，其定子和转子均由两个匝数相等、轴线相互垂直的绕组构成，如图 5-13 所示。定子的两个绕组分别称为正弦绕组和余弦绕组，一个转子绕组接高阻抗 Z，用来补偿转子对定子的电枢反应，另一个转子绕组作为输出，应用叠加原理，其磁通为：

$$\boldsymbol{\Phi}_2 = \boldsymbol{\Phi}_s\cos\theta + \boldsymbol{\Phi}_c\sin\theta$$

转子输出电压则为：

$$U_2 = KU_s\cos\theta + KU_c\sin\theta$$

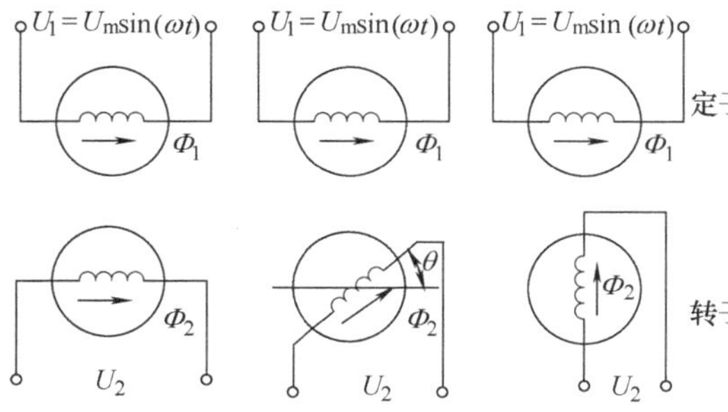

图 5-12 旋转变压器的工作原理

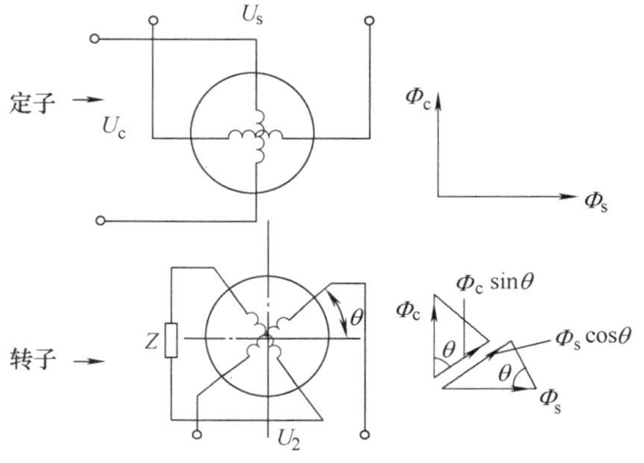

图 5-13 正余弦旋转变压器的工作原理

5.4.2 应用

旋转变压器作为位置检测装置，有两种典型工作方式：鉴相式和鉴幅式。鉴相式是根据

输出电压的相位来检测角位移量；鉴幅式是根据输出电压的幅值来检测角位移量。

1. 鉴相工作方式

给定子两绕组分别通以幅值相同、频率相同、相位差为 90°的交流励磁电压，即

$$U_s = U_m \sin(\omega t)$$

$$U_c = U_m \cos(\omega t)$$

这两个励磁电压在转子绕组中都产生了感应电动势，根据线性叠加原理，转子中的输出电压应为这两个电压分别作用时转子输出电压的代数和，即

$$U_2 = KU_s \cos\theta - KU_c \sin\theta = KU_m \sin(\omega t)\cos\theta - KU_m \cos(\omega t)\sin\theta$$

得

$$U_2 = KU_m \sin(\omega t - \theta) \tag{5-4}$$

假如转子逆向转动，可得：

$$U_2 = KU_m \sin(\omega t + \theta) \tag{5-5}$$

由式（5-4）和式（5-5）可见，转子输出电压的相位角和转子的偏转角 θ 之间有严格的对应关系，这样，只要检测出转子输出电压的相位角，就可知道转子的转角。由于旋转变压器的转子和被测轴是连接在一起的，因此可得被测轴的角位移。

2. 鉴幅工作方式

给定子的两个绕组分别通以频率相同、相位相同、幅值分别按正弦和余弦变化的交流励磁电压，即

$$U_s = U_m \sin\alpha \sin(\omega t)$$

$$U_c = U_m \cos\alpha \sin(\omega t)$$

式中　α——励磁信号电气角。

则转子上的输出电压为：

$$\begin{aligned} U_2 &= KU_s \cos\theta - KU_c \sin\theta = KU_m \sin(\omega t)(\sin\alpha\cos\theta - \cos\alpha\sin\theta) \\ &= KU_m \sin(\alpha - \theta)\sin(\omega t) \end{aligned} \tag{5-6}$$

同理，如果转子逆向转动，则可得：

$$U_2 = KU_m \sin(\alpha + \theta)\sin(\omega t) \tag{5-7}$$

由式（5-6）和式（5-7）可见，转子输出电压的幅值随转子的偏转角 θ 而变化，测量出幅值，即可求得转角 θ。如果将旋转变压器装在数控机床的滚珠丝杠上，则当 θ 从 0°变化为 360°时，丝杠上的螺母带动工作台移动了一个导程的距离，间接测量了执行部件的直线位移。测量所走过的行程时，可加一个计数器，累计所转的转数，折算成位移总长度。实际应用中，根据转子输出电压的大小，不断修正定子励磁信号的电气角 α，使其跟踪 θ 的变化。用 α 代替了对 θ 的测量，α 可通过具体电子电路测得。

5.5 感应同步器

5.5.1 结构与工作原理

感应同步器和旋转变压器均为电磁式检测装置，属模拟式测量，其输出电压的相位或幅

值随被测直线位移或角位移而改变。感应同步器按其结构特点一般分为直线式和旋转式两种：直线式感应同步器由定尺和滑尺组成；旋转式感应同步器由转子和定子组成。前者用于直线位移测量，后者用于角位移测量。两者的工作原理相同，下面以直线式感应同步器为例，介绍其结构和工作原理。

直线式感应同步器的结构如图 5-14 所示，定尺和滑尺的基板采用与机床热膨胀系数相近的钢板制成，钢板上通过绝缘黏结剂贴有铜箔，并利用光刻或化学腐蚀的方法做成图示的方形开口平面绕组，然后喷涂一层耐腐蚀的绝缘清漆层，以保护尺面。长尺叫定尺，安装在机床固定部件上，如机床床身；短尺为滑尺，安装在移动部件上，两者平行放置，保持（0.25 ± 0.05）mm 的间隙。感应同步器两个单元绕组之间的距离称为节距，滑尺和定尺的节距均为 2τ。标准感应同步器的定尺长 250mm，滑尺长 100mm，节距 2τ 为 2mm。定尺上是单向、均匀、连续的感应绕组，滑尺有两组绕组：一组为正弦绕组，另一组为余弦绕组。当正弦绕组与定尺绕组对齐时，余弦绕组与定尺绕组在空间上错开 1/4 节距的距离。

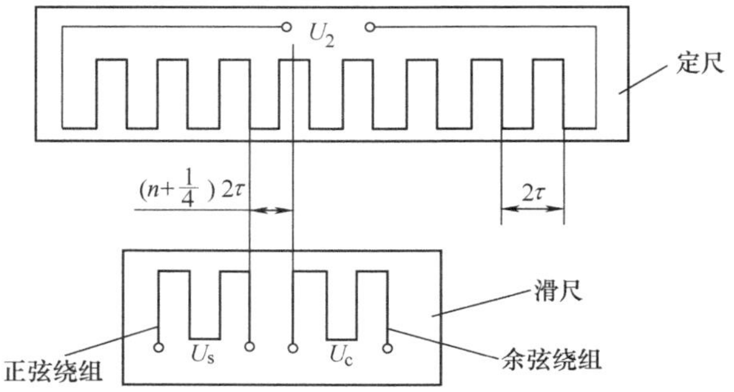

图 5-14　直线式感应同步器的结构

感应同步器的工作原理与旋转变压器相似。当给滑尺任一绕组加交流励磁电压时，由于电磁感应作用，在定尺绕组中必然产生感应电动势，且感应电动势的大小随滑尺和定尺相对位置的变化而变化。当只给滑尺上的正弦绕组加励磁电压时，定尺感应电动势与定、滑尺的相对位置关系如图 5-15 所示。如果滑尺处于 A 点位置，即滑尺绕组与定尺绕组完全对应重合，定尺绕组线圈中穿入的磁通最多，则定尺上的感应电动势最大。随着滑尺相对定尺做平行移动，穿入定尺的磁通逐渐减少，感应电动势逐渐减小。当滑尺移到图中 B 点位置，与定尺绕组刚好错开 1/4 节距时，感应电动势为零。再移动至 1/2 节距处，即图中 C 点位置时，定尺线圈中穿出的磁通最多，感应电动势最大，但极性相反。再移至 3/4 节距，即图中 D 点位置时，感应电动势又变为零。当移动一个节距位置，到达 E 点处时，又恢复到初始状态，与 A 点相同。显然，在定尺移动一个节距的过程中，感应电动势近似于余弦函数变化了一个周期，如图 5-15 中的 A、B、C、D、E。

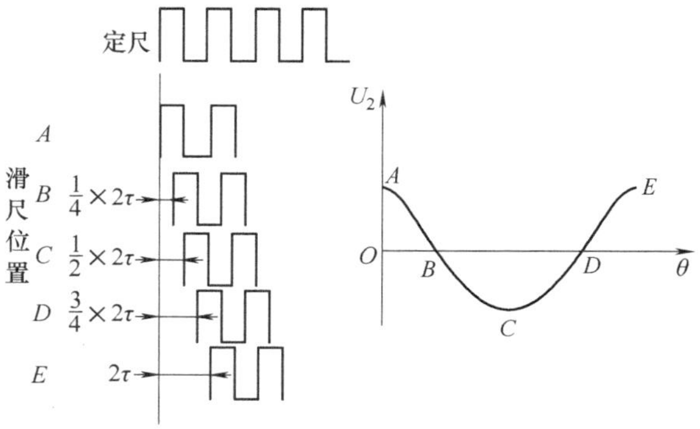

图 5-15　定尺感应电动势与定、滑尺的相对位置关系

设定尺绕组节距为 2τ，它对应的感应电动势以余弦函数变化了 2π，当滑尺移动距离为 x 时，对应感应电动势以余弦函数变化了相位角 θ。由比例关系：

$$\frac{\theta}{2\pi}=\frac{x}{2\tau}$$

可得

$$\theta=\frac{2\pi x}{2\tau}=\frac{\pi x}{\tau} \tag{5-8}$$

设 U_s 表示滑尺上一相绕组的励磁电压：

$$U_s=U_m\sin(\omega t)$$

则定尺绕组输出电压为：

$$U_2=KU_s\cos\theta=KU_m\sin(\omega t)\cos\theta$$

式中 K——耦合系数；

U_m——励磁电压的幅值；

ω——励磁电压的角频率；

θ——与位移对应的角度。

5.5.2 应用

感应同步器作为位置检测装置在闭环数控机床上，也有两种工作方式：鉴相式和鉴幅式。

1. 鉴相式系统

供给滑尺的正、余弦绕组的励磁信号是频率、幅值相同，相位差为90°的交流励磁电压：

$$U_s=U_m\sin(\omega t)$$

$$U_c=U_m\cos(\omega t)$$

根据叠加原理，定尺绕组上的总输出电压为：

$$U_2=KU_m\sin(\omega t)\cos\theta+KU_m\cos(\omega t)\cos\left(\theta+\frac{\pi}{2}\right)=KU_m\sin(\omega t-\theta) \tag{5-9}$$

通过鉴别定尺绕组上的输出电压的相位，即可测量定尺和滑尺之间的相对位移。例如，定尺输出电压与滑尺励磁电压之间的相位差 θ 为 3.6°，在节距 2τ = 2mm 的情况下，定尺和滑尺之间的相对位移为 0.02mm。

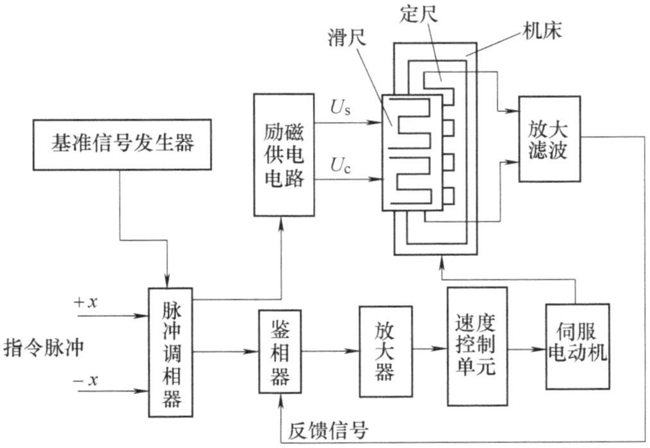

图5-16 感应同步器鉴相式伺服系统框图

图5-16所示为鉴相式伺服系统框图，它由基准信号发生器、脉冲调相器、鉴相器、测量装置及信号处理电路、放大器、速度控制单元和伺服电动机等组成。

基准信号发生器输出一系列一定频率的基准脉冲信号（载波信号），为伺服系统提供一个相位比较基准。

脉冲调相器的作用是将来自数控装置的进给脉冲信号转换为相位变化的信号。图5-17所示为其原理框图，在脉冲调相器中，由基准信号发生器产生的基准脉冲信号分成两路：一路直接输入分频器1，它是$1/N$分频的二进制计数器，称为基准分频通道，为适应感应同步器滑尺的两励磁绕组的供电要求，该通道输出两路幅值相等、频率相同、相位相差90°的脉冲信号，经励磁供电电路变成正、余弦信号给滑尺正弦、余弦绕组励磁；另一路先经过脉冲加减器，再进入分频器2，该分频器也是$1/N$分频的二进制计数器，称为调相分频通道。调相分频通道的任务是将指令脉冲信号调制成与基准脉冲有一定相位关系的输出脉冲信号，其相位差大小和极性与指令脉冲有关。上述两个分频器均为$1/N$分频，即在输入N个计数脉冲后产生一个溢出脉冲。

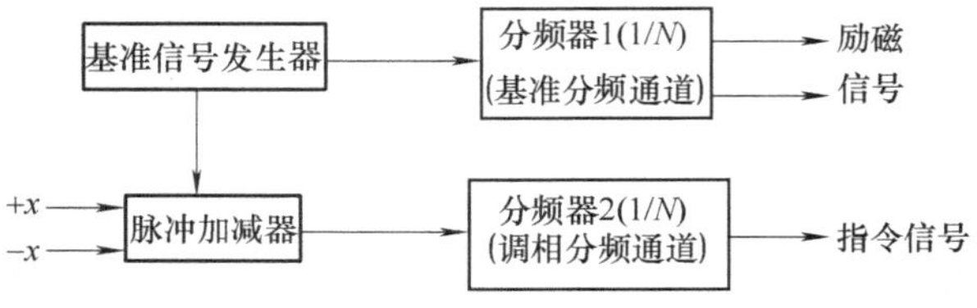

图5-17 脉冲调相器原理框图

为说明指令移相情况，设两个分频器均由四个二进制计数触发器$T_1 \sim T_4$组成，每输入16个脉冲产生一个溢出脉冲信号。对应无指令脉冲和有指令脉冲两种情况，可用图5-18和图5-19两个波形图来描述。

如图5-18所示，当指令脉冲为零时，调相分频通道输出信号和基准脉冲信号相位相同，两者相位差为零。如图5-19所示，有一指令脉冲通过脉冲加减器，使得输入调相分频通道的脉冲个数增加一个，结果该分频器产生溢出脉冲的时刻提前出现。因此，在指令脉冲作用下，调相分频通道输出脉冲与基准脉冲有一个相位差$\Delta\theta_1$，且$\Delta\theta_1 = \theta_1 - \theta_0$，$\theta_0$为基准信号发生器的基准相位，$\theta_1$为指令信号相位，$\theta_1$的大小取决于指令脉冲数，其随时间变化的快慢取决于指令脉冲频率，而其相对于θ_0的超前与滞后则取决于指令脉冲方向。

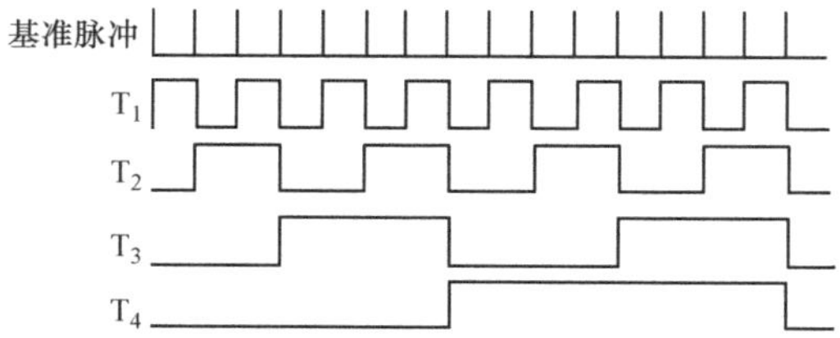

图5-18 无指令脉冲时序波形图

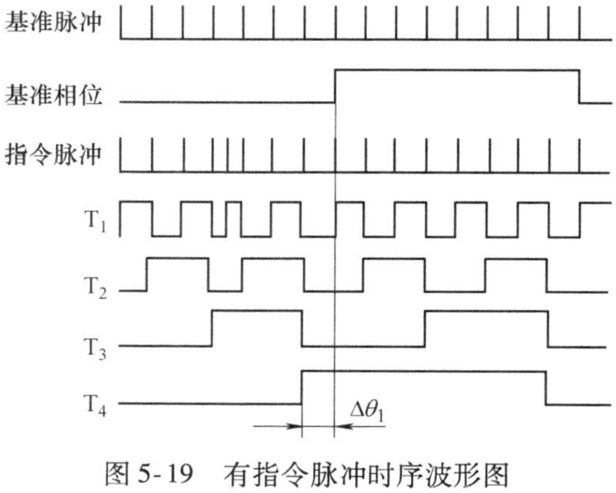

图5-19 有指令脉冲时序波形图

鉴相式伺服系统利用相位比较原理进行工作。当数控装置要求工作台沿一个方向位移时，产生一列进给脉冲，经脉冲调相器的调相分频通道转化为相位变化信号$\Delta\theta_1 = \theta_1 - \theta_0$，它作为指令信号送入鉴相器，测量装置及信号处理电路的作用是将工作台的位移量检测出来，并表达成与基准信号之间的相位差$\Delta\theta_2 = \theta_2 - \theta_0$（$\theta_2$为定尺绕组上作为反馈信号的输出电压$U_2$的相位），该相位差也被送入鉴相器。这两路信号都用它们与基准信号之间的相位差表示，且同频率、同周期。因此，两者之间的相位差$\delta = \Delta\theta_1 - \Delta\theta_2$，即指令信号相对于基准信号的相位差减去反馈信号相对于基准信号的相位差。鉴相器的作用就是鉴别出这两个信号的相位差，并以与此相位差信号成正比的电压信号输出。如果相位差不为零，说明工作台实际移动的距离不等于指令信号要求工作台移动的距离，鉴相器检测出的相位差经放大后，送入速度控制单元，驱动电动机带动工作台向减小误差的方向移动。若相位差为零，则表示感应同步器的实际位置与指令位置相同，鉴相器输出电压为零，工作台停止移动。

当用同一脉冲源的输出时钟脉冲去触发容量相同的两个分频器1和2时（见图5-17），两个分频器最后一级的输出是频率大大降低的两个同频率信号。假设时钟脉冲频率为F，当分频器的容量为N，即N个时钟脉冲使分频器的输出变化一个周期时，分频器输出端的脉冲频率$f=F/N$（N为最大计数容量，$N=2^n$，n为触发器个数）。如果在时钟脉冲触发两个分频器的过程中，通过脉冲加减器给分频器2加入一个脉冲，分频器2最后一级的输出提前翻转，从而相对于分频器1产生了一个正的相移角$\Delta\theta$。脉冲调相器每接收一个脉冲，便产生一个相位增量$\Delta\theta$，$\Delta\theta$应符合下式：

$$\Delta\theta=\frac{2\pi}{N}\text{或}N=\frac{2\pi}{\Delta\theta}$$

如果感应同步器的节距为2mm，脉冲当量选定为$\delta=0.001\text{mm/p}$，则一个脉冲对应的相移角$\Delta\theta$为：

$$\Delta\theta=\frac{\delta}{2\tau}\times360^\circ=0.18^\circ$$

数控装置每发出一个正向进给脉冲，经脉冲调相器变为超前基准信号一个0.18°相移角的信号，即$\Delta\theta_1=\theta_1-\theta_0=0.18^\circ$。此时因工作台未动，反馈信号与基准信号同相位，即$\Delta\theta_2=\theta_2-\theta_0=0$，鉴相器将$\gamma=\Delta\theta_1-\Delta\theta_2=0.18^\circ$的相位差检测出来，经放大后控制伺服电动机带动工作台移动。随着工作台的移动，θ_2逐渐增大，相位差γ逐渐减小，直至$\gamma=0$。接着指令脉冲又使指令相位增加0.18°，又产生一个相位差，如此循环，使θ_1随指令连续变化，而θ_2跟踪θ_1变化，从而控制伺服电动机带动工作台移动。不再发脉冲时，工作台停止移动。

2. 鉴幅式系统

给滑尺上的正、余弦绕组分别通以频率相同、相位相同、幅值不同的交流励磁电压：

$$U_s=U_m\sin\alpha\sin(\omega t)$$

$$U_c=U_m\cos\alpha\sin(\omega t)$$

式中　α——励磁信号电气角。

则定尺绕组的总输出电压为：

$$\begin{aligned}U_2&=KU_m\sin\alpha\sin(\omega t)\cos\theta-KU_m\cos\alpha\sin(\omega t)\sin\theta\\&=KU_m\sin(\alpha-\theta)\sin(\omega t)\end{aligned}\tag{5-10}$$

式中　θ——与位移对应的角度。

鉴幅式伺服系统是以位置检测信号的幅值大小来反映机械位移量，并以此作为位置反馈信号与指令信号进行比较构成的闭环伺服系统。由式（5-10）可知，若电气角α已知，则只要测出U_2的幅值，便能求出与位移对应的角度θ。实际测量时，不断调整α，使幅值为零，此时α便等于θ。设初始位置时，$\alpha=\theta$，$U_2=0$，当滑尺相对定尺移动后，随着θ不断增加，$\alpha \neq \theta$，$U_2 \neq 0$。若逐渐改变 α 值，直至 $\alpha=\theta$，$U_2=0$，此时 α 的变化量就代表了 θ 对应的位移量，即可测得机械位移。

下面按图 5-20 所示的原理框图说明鉴幅式伺服系统的工作原理。进入比较器的信号有两路：一路来自进给脉冲，它代表了数控装置要求机床工作台移动的位移量；另一路来自测量及信号处理电路，以数字脉冲形式出现，体现了工作台实际移动的距离。鉴幅式系统工作之前，数控装置和测量及信号处理电路都没有脉冲输出，比较器的输出为零，工作台不移动。出现进给脉冲信号后，比较器的输出不为零，经数/模转换电路将比较器输出的数字量转化为电压信号，经放大后，由伺服电动机带动工作台移动。同时，工作在鉴幅状态的感应同步器的定尺输出电压信号，经测量及信号处理电路转换成相应的数字脉冲信号，该数字脉冲信号作为反馈信号进入比较器与进给脉冲进行比较。若两者相等，则比较器输出为零，工作台不动；若两者不相等，说明工作台实际移动的距离不等于指令信号要求其移动的距离，则伺服电动机继续带动工作台移动，直到比较器输出为零时停止。

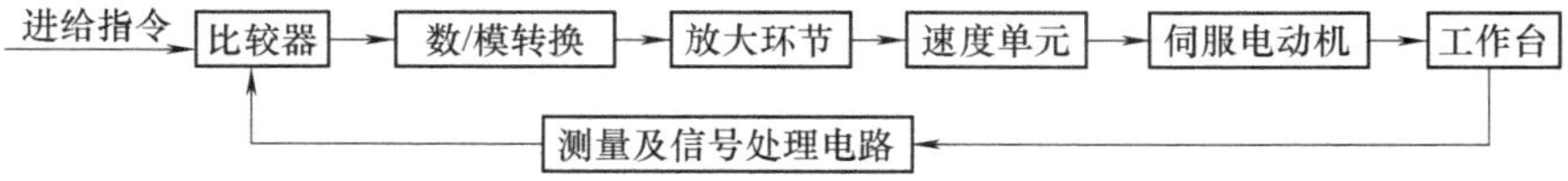

图 5-20　鉴幅式伺服系统原理框图

测量装置及信号处理电路如何将工作台的机械位移检测出来并转换为数字脉冲信号，可参见图 5-21。感应同步器根据工作台的位移量，输出正弦电压信号，该电压信号的幅值代表工作台的位移。此正弦信号经滤波、放大、检波、整流后，变成方向与工作台移动方向相对应、幅值与工作台位移成正比的直流电压信号，这个过程称解调，由解调电路（也称鉴幅器）来完成。解调后的信号经电压/频率（U/F）转换器变成计数脉冲，脉冲的个数与电压幅值成正比，并用符号触发器表示方向。一方面，将该计数脉冲及符号送入比较器与进给脉冲进行比较；另一方面，经正余弦（sin/cos）信号发生器产生驱动测量装置的两路信号 sin 和 cos，使 α 角与此相对应发生改变，并根据 α 产生正弦和余弦脉冲方波，使 α 总是跟随 θ 角的变化而变化。若感应同步器滑尺没有新的位移，因励磁信号电气角 α 变为 α_1，其输出的幅值信号也随之变化，而且逐步趋近于零。若输出的新的幅值信号 $U_2'=KU_m\sin(\alpha_1-\theta)$ 不为零，则再一次经解调电路、电压/频率转换器、sin/cos 信号发生器，产生下一个励磁信号，该励磁信号将使测量装置的输出进一步接近于零。不断重复这一过程，直到测量装置的输出为零时为止。在这个过程中，电压/频率转换器送给比较器的脉冲数量正好等于 θ 角所代表的工作台位移量。

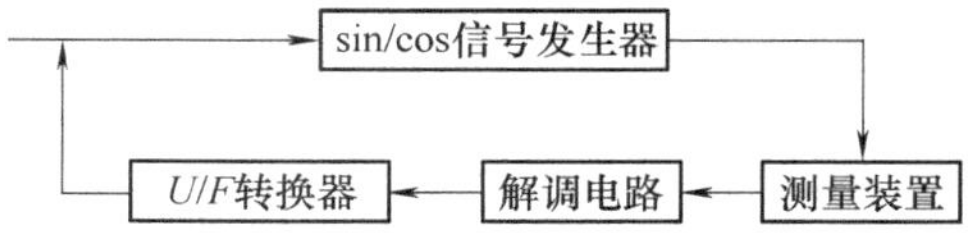

图 5-21　测量装置及信号处理电路

5.6　磁栅

5.6.1　结构与工作原理

磁栅（又称磁尺）是用电磁方法，计算磁波数目的一种位置检测装置。它一般分为磁性标尺、拾磁磁头和检测电路三部分。利用录磁原理将以一定周期变化的方波、正弦波或脉冲信号，用录磁磁头记录在磁性标尺的磁性膜上，作为测量基准。检测时，用拾磁磁头将磁性标尺上的磁信号转化为电信号，经过检测电路处理后，用以计量磁头相对磁性标尺的位移量，从而实现对位移的检测。磁栅按其结构特点可分为直线式和角位移式，分别用于长度和角度的检测。磁栅具有精度高、制作简单、安装调整方便、对使用环境要求较低等优点。高精度的磁栅位置检测装置可用于测量机、精密机床和数控机床上。

磁性标尺是在非导磁材料（如铜、不锈钢、玻璃或其他合金材料）的基体上，用涂敷、化学沉积或电镀的方法加上一层10～20μm厚的磁性材料（如Ni-Co-P或Fe-Co合金），称为磁性膜。磁性膜上录制以相等节距周期变化的磁信号，其节距为0.05mm、0.1mm、0.2mm、1mm等。为防止磁头对磁性膜产生磨损，一般在磁性膜上均匀地涂上一层1～2μm厚的耐磨塑料保护层。

拾磁磁头是进行磁电转换的器件，它将反映位置变化的磁信号检测出来，并转换成电信号输送给检测电路。普通录音机上的磁头输出电压幅值与磁通变化率成比例，属于速度响应型磁头。为了在低速运动和静止时能进行位置检测，数控机床上不能采用这种速度响应型磁头，而必须采用一种磁通响应型磁头（见图5-22），它是在普通动态磁头上加有带励磁线圈的可饱和铁心，从而利用了可饱和铁心的磁性调制原理。该磁头有两组绕组：一组为励磁绕组，绕在磁路截面尺寸较小的横臂上；另一组为拾磁绕组，绕在磁路截面尺寸较大的竖杆上。当对励磁绕组施加励磁电流 $i_a = i_o\sin(\omega_o t)$ 时，在 i_a 的瞬时值大于某一数值后，横臂上的铁心材料饱和，这时磁阻很大，磁路被阻断，磁性标尺的磁通 Φ_o 不能通过磁头闭合，输出线圈不与 Φ_o 交链；当 i_a 的瞬时值小于某一数值时，产生的磁通也随之降低，两横臂中的磁阻也降低到很小，磁路开通，Φ_o 与输出线圈交链。励磁线圈的作用相当于磁开关。

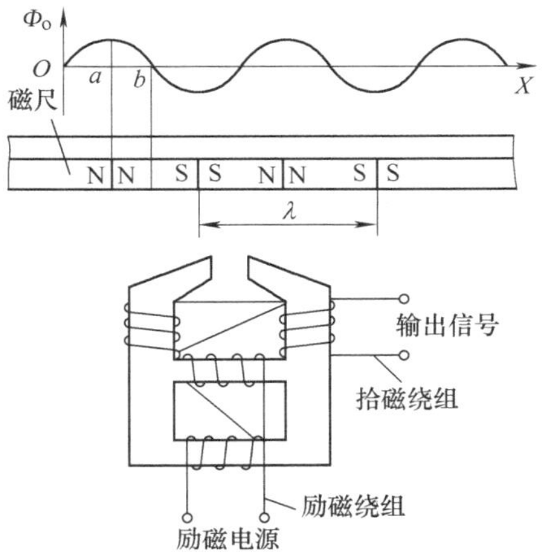

图5-22　磁通响应型磁头

励磁电流在一个周期内两次过零、两次出现峰值，相应地，磁开关通断各两次。磁路由通到断的时间内，输出线圈中交链磁通由 $\Phi_o \to 0$；磁路由断到通的时间内，输出线圈中交链磁通由 $0 \to \Phi_o$。Φ_o 由磁性标尺中的磁信号决定，由此可见，拾磁线圈中输出的是一个调幅信号：

$$U = U_m \cos\left(\frac{2\pi x}{\lambda}\right)\sin(\omega t) \tag{5-11}$$

式中　U_m——输出电压峰值；

λ——磁性标尺节距；

x——磁头在磁性标尺上的位移量；

ω——输出线圈感应电动势的频率。

由式（5-11）可见，磁头输出信号的幅值是位移 x 的函数，只要测出 U 的过零次数，就可知道位移的大小。上面介绍的是单磁头的工作原理，为了识别磁尺的移动方向，通常采

用间距为 $(m\pm1/4)\lambda$ 的两组磁头，并使两组磁头的励磁电流相位相差45°，这样，两组磁头输出信号的相位相差90°，如图5-23所示。

由于单磁头读取磁性标尺上的磁信号输出电压很小，而且对磁性标尺上磁信号的节距和波形要求高。故实际应用时，常将几个到几十个磁头以一定方式串联，构成多间隙磁头，如图5-24所示。多间隙磁头中的每一个磁头都以相同的间距 $\lambda/2$ 配置，相邻两磁头的输出绕组反向串接。因此，输出信号为各磁头输出信号的叠加。多间隙磁头具有精度高、分辨率高、输出电压大等优点。

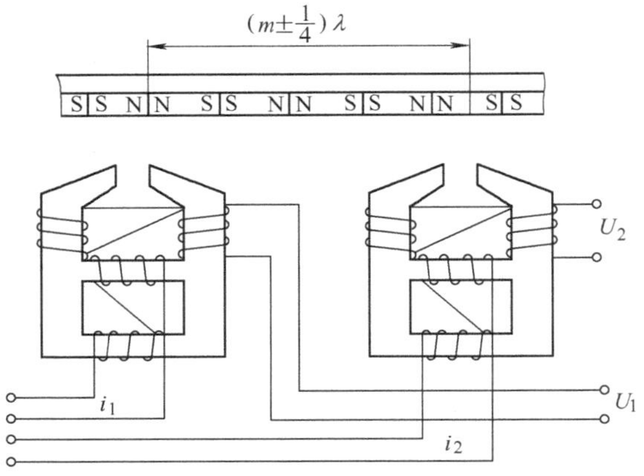

图5-23　辨向磁头的配置

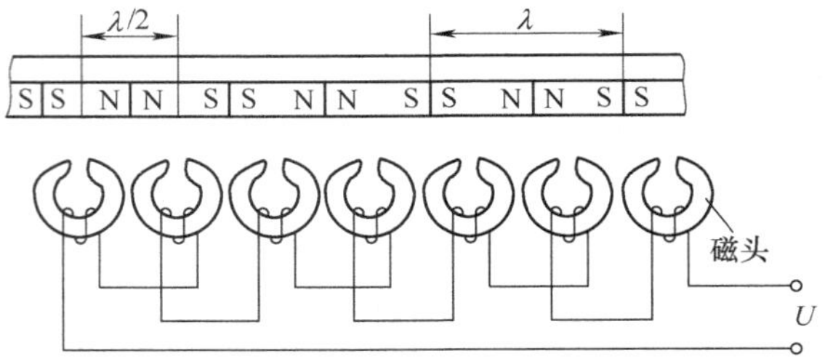

图5-24　多间隙磁通响应型磁头

5.6.2　应用

根据检测方法不同，可分为幅值检测和相位检测两种，以相位检测应用较多。相位检测时，给两磁头通以频率、幅值相同，相位差为90°的励磁电压，则在两个磁头的拾磁绕组中分别输出电压 U_1、U_2：

$$U_1=U_m\sin(\omega t)\sin\frac{2\pi x}{\lambda}$$

$$U_2=U_m\sin(\omega t)\cos\frac{2\pi x}{\lambda}$$

在求和电路中相加，则得磁头总输出电压为：

$$U=U_m\sin\left(\omega t+\frac{2\pi x}{\lambda}\right) \tag{5-12}$$

合成输出电压 U 的幅值恒定，而相位随磁头与磁栅相对位置 x 的变化而变化。其输出信号与鉴相式感应同步器、旋转变压器的读取绕组中取出的信号相似，所以其检测电路也相同，可参见鉴相式感应同步器的应用。

磁栅的制造工艺比较简单，录磁、去磁也很方便。激光干涉仪刻制法是目前应用较普遍的方法。直接在机床上录制磁性标尺，不需要做安装和调整等工作，从而可得到更高的精度。磁栅还可以做得较长，用于大型数控机床。

5.7 球栅

5.7.1 结构与工作原理

球栅或称球栅尺（也称线性编码器），是一种基于交流电磁感应技术的非接触动态位移测量装置。球栅测量系统主要由标尺、读数头、支承座和信号输出电缆等组成，如图5-25所示。标尺由一根无缝钢管内装精密钢球密闭组合而成，钢管为非磁性不锈钢管或碳纤维管，管内放入直径为12.7mm的高精度磁性镍铬合金球，这些磁性镍铬合金球是度量元件，紧密排列在钢管内。读数头是用于信号采集与信号处理的关键部件，它套在标尺上，可沿标尺自由滑动。读数头由铝制外壳封装而成，内有一块信号处理电路板和一个缠绕着多组特定线圈的塑料骨架，读数头内的线圈分为励磁线圈和采集线圈（图5-26），励磁线圈位于采集线圈之外。在一个球距内，共有四组绕向和宽度相同的采集线圈A、B、C和D。

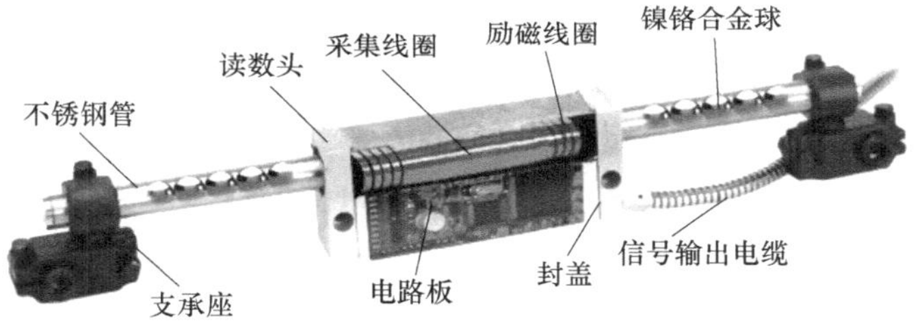

图5-25　球栅结构简图

球栅测量系统是基于电磁互感原理，与传统的电源变压器类似，电源变压器一般有两组线圈，即一次线圈和二次线圈。当一次线圈中输入励磁电流时，其线圈周围将产生感应磁场，在二次线圈中便得到交流输出电压。若一次线圈与二次线圈间的介质（磁导率）不同，则输出的交流电压大小也不同。空气的磁导率约为1，磁性镍铬合金球放入一次和二次线圈间作为导磁金属，会使线圈输出电压增大。

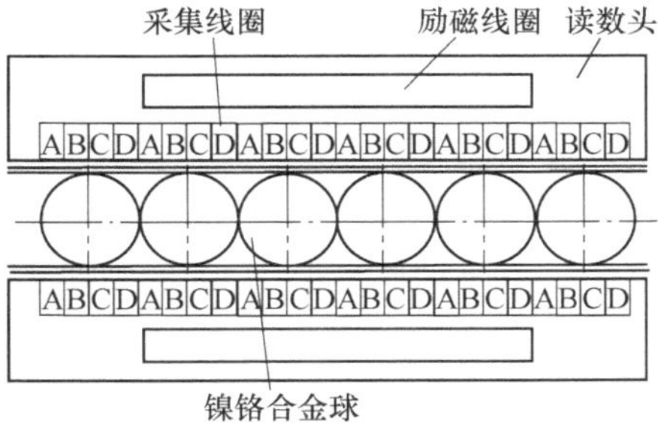

图5-26　读数头结构示意图

在球栅测量系统中，如果将一定频率的交变电流输入励磁线圈（一次线圈），将沿标尺轴向方向感应出相同频率的交变磁场。当读数头沿着标尺移动时，标尺内的磁性镍铬合金球与读数头内的采集线圈（二次线圈）做相对运动。如图5-27所示，当磁性镍铬合金球由一个位置A移动到另一位置B时，磁性镍铬合金球切割磁力线的截面积不同，而使采集线圈的感应电压也不同。

如图5-28所示，四组采集线圈探测到感应区域内的磁场变化后，产生四组感应信号A、B、C、D，每组采集线圈的宽度为$d/4$（d为球栅尺中镍铬合金钢球的直径，$d=12.7$mm），每组线圈之间的间隔也为 $d/4$。四组感应信号的相位各相差 90°，当 A 组线圈感应电压最大时，C 组线圈感应电压最小，将 A、C 进行差动运算得 A-C 信号，同理可得 D-B 信号，两个中间信号再通过移相相加和信号调理整形，最后输出一个相位与位移量成正比关系的调相信号。

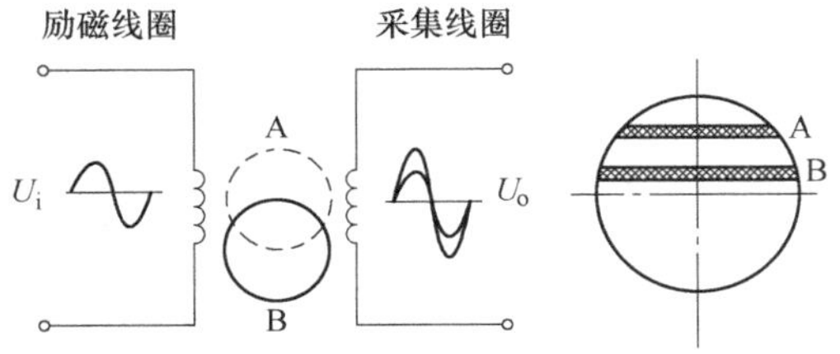

图 5-27　球栅测量技术原理图

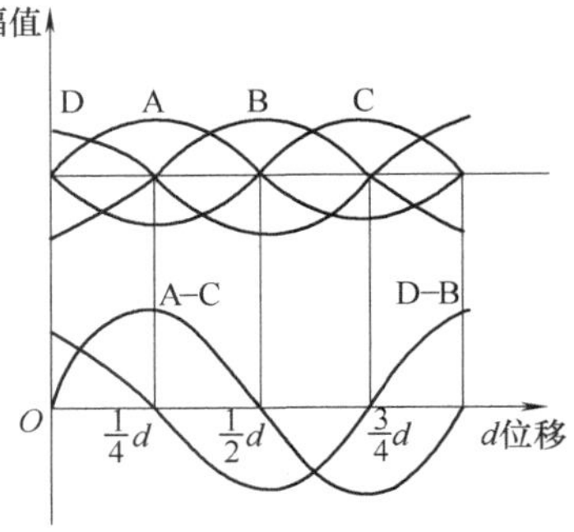

图 5-28　读数头输出信号幅值与位移量的变化关系

当读数头沿着球栅尺移动时，球栅传感器反馈的采集信号与励磁信号的相位差随着读数头移动距离的变化在 0°～360°范围内变化。如果采集信号与励磁信号之间的相位差为 90°，则读数头沿着球栅尺移动了 1/4 的球距，如图 5-29 所示，因为每个球栅尺中合金球的直径为 12. 7mm，故读数头沿着球栅尺移动了 3. 175mm。

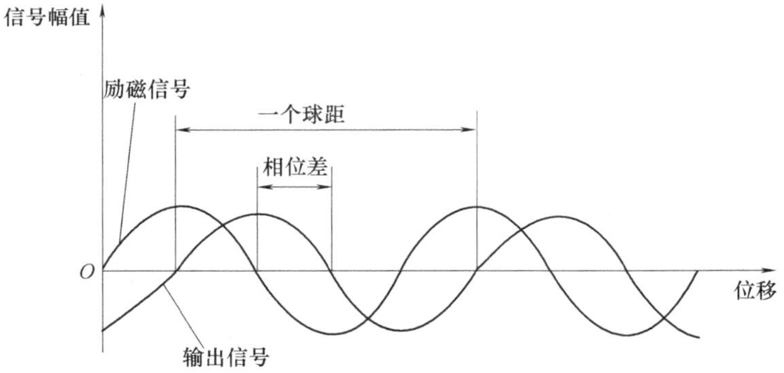

图 5-29　感应信号与位移量的关系

5. 7. 2　特点和应用

球栅适用于各种机床的直线位移测量，其特点如下：

1）标尺和读数头完全密封，防水、防油、防尘、防切屑、耐振动、可靠性高。

2）标尺为全钢结构，热胀系数与机床相同，有效地保证了加工尺寸精度。

3）安装简便，对安装面无加工要求，不须进行日常维护。

4）测量速度快，球栅传感器的测量速度可达 120m/min。

对球栅与光栅进行比较，一般光栅的分辨率是 1μm，球栅的分辨率是 5μm，也有分辨率为 1μm 的高精度球栅。由于光栅是累计误差，而球栅是周期性误差，因此，短的光栅精度较高，而长的球栅精度要高于光栅。

球栅的安装十分简单，一般是将球栅尺两端用支承座安装在机床固定部件上，读数头安装在机床的移动部件上，与球栅尺做相对运动。有时小机床也可把读数头固定，球栅尺运动。3m 以上（含 3m）的球栅尺，要在尺的中间加装弹性支架。

由于球栅尺可以做得很长，因此特别适合安装在大型或超大型机床上，如龙门铣床、落地镗床等。又由于它对安装环境没有要求，因此，也适用于老工业企业的各式机床的改造。

5.8 智能传感器简介

5.8.1 智能传感器概述

智能传感器（Intelligent Sensor）是传感器、计算机和通信技术相结合的产物，至今还没有对其形成规范化的定义。早期人们认为，在工艺上将传统的传感器和微处理器集成在一块芯片上就是智能传感器；后来人们认为，智能传感器就是一种带有微处理器，兼有信息检测和处理功能的传感器，强调“信息处理功能”。H. Schodel、E. Beniot 等人进一步强调了其智能化功能，认为“一个真正意义上的智能传感器，必须具备学习、推理、感知、通信以及管理等功能”。这些功能相当于一个具备丰富知识与经验的专家的能力，强调了智能传感器的“系统”功能。随着智能传感器技术的发展，“智能”的定义不断变化，目前，在传感器技术领域，通常把智能传感器定义为与外部系统具有双向通信手段，用于发送、测量状态信息，接收和处理外部命令的传感器。

5.8.2 智能传感器的实现途径和特点

1. 智能传感器的实现途径

智能传感器的实现途径目前主要有以下三种方式。

（1）非集成化实现　非集成化智能传感器是由传统的传感器、信号调理电路、带数字总线接口的微处理器等，通过导线组合在一起而构成的一种智能传感器，其原理框图如图 5-30所示。

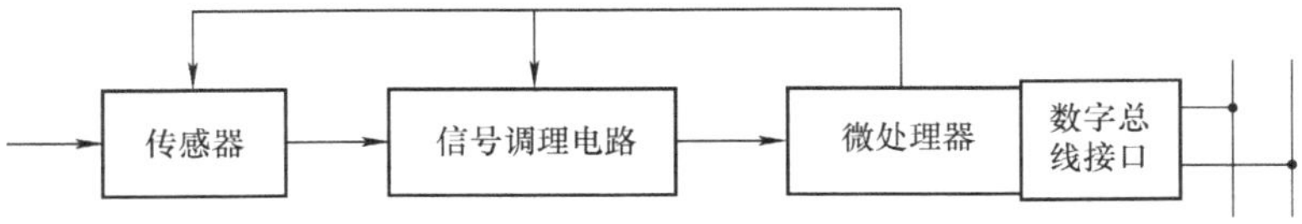

图 5-30　非集成化智能传感器原理框图

传感器是能感受被测非电量并按照一定的规律将其转换成可用输出信号的器件或装置，通常由敏感元件和转换元件组成（图 5-31）。敏感元件是传感器中能直接感受或响应被测非电量的部分。转换元件是传感器中能将敏感元件感受或响应的有用非电量转换成适合传输或测量的电信号（有用电量）的部分。

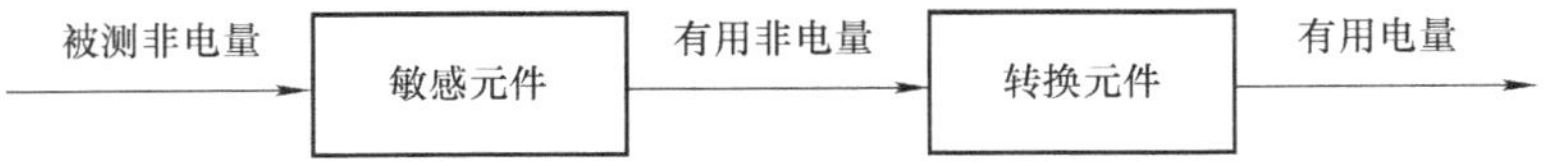

图 5-31　传感器组成框图

信号调理电路用于调理传感器输出信号，即将传感器输出的微弱信号进行放大、滤波，并转换为数字信号送入微处理器。

微处理器是神经中枢，它使整个测量系统成为一个智能化的有机整体。微处理器对接收信号进行计算、存储、分析处理后，一方面通过反馈电路调节传感器与信号调理电路，以实现对测量过程的调节和控制；另一方面将结果送到输出接口，通过接口电路处理后按输出格式、界面定制输出数字化的测量结果。

数字总线接口具有很好的传输特性和很强的抗干扰能力，用于智能传感器与执行器间各种信息的交换、传输。

这种传感器的集成度不高、体积较大，是一种较实用的智能传感器。

（2）集成化实现　这种智能传感器系统是采用微机械加工技术（MEMS）和大规模集成电路（IC）工艺技术，利用硅作为基体材料来制作敏感元件、信号调理电路、微处理器、数字总线接口等，并把它们集成在一块芯片上而构成的，实现了智能传感器的微型化。这种传感器通常具有信号提取、处理、逻辑判断、双向通信、决策、量程切换、自检、自校准、自补偿、自诊断、计算等功能，故又可称为集成智能传感器。

集成智能传感器具有体积小、成本低、功耗小、速度快、可靠性高、精度高、功能强、结构一体化、数字化、易操作等优点。集成智能传感器是目前传感器研究的热点和传感器发展的主要方向。

（3）混合实现　所谓混合实现，是根据需要与可能，将系统各个环节，如敏感元件、信号调理电路、微处理器、数字总线接口等，以不同的组合方式集成在两块或三块芯片上，并装在一个外壳里，实现混合集成。

这种方法的优点是技术上较易实现、组合灵活、成品率较高；缺点是各环节子系统之间的匹配不当会引起性能下降，体积较大，封装结构较复杂。

混合式智能传感器作为智能传感器的主要类型而被广泛应用。

2. 智能传感器的特点

智能传感器由于微处理器的加入，充分发挥了各种软件功能，可以完成硬件难以完成的任务。与传统传感器相比，智能传感器有以下特点：

（1）高精度　以微处理器为基础而构成的智能传感器，在智能化软件程序的导引下，具有自校零、自校准、非线性自校正等功能，从而保证了智能传感器的高精度。

（2）高可靠性　在传感器不能实时自校准的情况下，智能传感器能自动补偿因工作条件、环境参数变化而引起的系统特性漂移，如由温度变化产生的零点和灵敏度漂移等。同时，在被测参数变化后能自动改换量程，能实时自动进行系统的自检验、分析，判断数据的合理性，从而保证系统能够可靠地工作。

（3）高信噪比和高分辨率　由于智能传感器具有数据存储、记忆与信息处理功能，通过软件进行数字滤波、相关分析、统计平均处理等，可以去除输入数据中的噪声及各种干扰信号，提取有用信号，从而使系统具有高信噪比和高分辨率。

（4）自适应性强　由于智能传感器具有判断、分析与处理功能，能根据系统工作情况决策各部分的供电情况、与上位计算机传送数据的速率，可使系统工作在最低功耗状态，也使数据传输速率达到了最优。

（5）高性价比　智能传感器是通过与微处理器结合，采用大规模生产的集成电路和

MEMS 工艺，以及强大的软件功能来实现的，具有高性价比。

复习思考题

1. 数控机床对位置检测装置有哪些要求？

2. 位置检测装置可按哪些方式分类？

3. 位置检测装置在数控机床控制中起什么作用？

4. 试述光栅检测装置的工作原理。

5. 光栅测量系统由哪些部件组成？

6. 在卧式数控加工中心上，用光栅检测装置测量工作台的位移，若采用 250 线/mm 的光栅和 4 倍频电路配合，可达到多高的分辨率？

7. 若光栅刻线密度为 100 线/mm，莫尔条纹间距为 10mm，试问两块光栅线纹夹角为多少 ？

8. 试述光电式增量脉冲编码器的工作原理。

9. 数控车床车削螺纹时，与主轴同步回转的脉冲编码器有何作用？

10. 数控机床进给系统，采用交流伺服电动机经滚珠丝杠螺母副驱动工作台运动，电动机通过联轴器与滚珠丝杠直连，已知增量式脉冲编码器与伺服电动机同轴安装，每转脉冲数为 2000p/r，丝杠导程为 6mm，试问脉冲当量为多少？

11. 分析感应同步器与旋转变压器的结构特点。

12. 叙述以鉴相式和鉴幅式工作的感应同步器的工作原理。

13. 磁通响应型磁头有何特点？

14. 试述球栅检测装置的工作原理。

15. 应用在数控机床上的直线位移和角位移检测装置各有哪些？

16. 说明智能传感器的组成和原理。

第 6 章 数控机床的伺服系统

本章提要

伺服系统作为数控机床的重要组成部分，其性能直接影响数控机床的精度、速度和可靠性等技术指标。本章以数控机床的伺服系统为研究对象，在阐述伺服系统工作原理的基础上，重点介绍步进伺服系统和交流伺服系统，最后介绍机床进给伺服系统的设计以及伺服系统性能对加工精度的影响。

6.1 伺服系统的基本概念

6.1.1 伺服系统的组成和作用

数控机床的伺服系统包括进给伺服系统和主轴伺服系统。进给伺服系统的作用是，接收数控装置发出的位移和速度指令，并将其转换成进给伺服电动机的转角和转速信号，控制电动机转动，进而驱动机床的工作台或刀架运动。一般来说，数控机床有几个控制轴，就有几套进给伺服系统，若多个进给轴联动，则能加工出复杂的零件轮廓。主轴伺服系统的作用是，为数控机床的主轴提供宽的调速范围和足够大的切削功率，实现主轴速度和位置的控制。如果把数控装置比作数控机床的“大脑”，是发布“命令”的指挥机构，那么，伺服系统就是数控机床的“四肢”，是执行“命令”的机构，它是一个不折不扣的“跟随者”。

按照伺服系统的控制原理，将数控机床分为开环、半闭环和闭环控制三种类型。闭环控制数控机床是根据位置反馈控制原理进行工作的，图 6-1 所示为典型的闭环控制进给伺服系统基本组成。这是一个双闭环系统，内环为速度环，外环为位置环。速度环包括速度控制单元、速度检测装置等。位置环由数控系统中的位置控制模块、速度控制单元、位置和速度检测及反馈控制等部分组成。

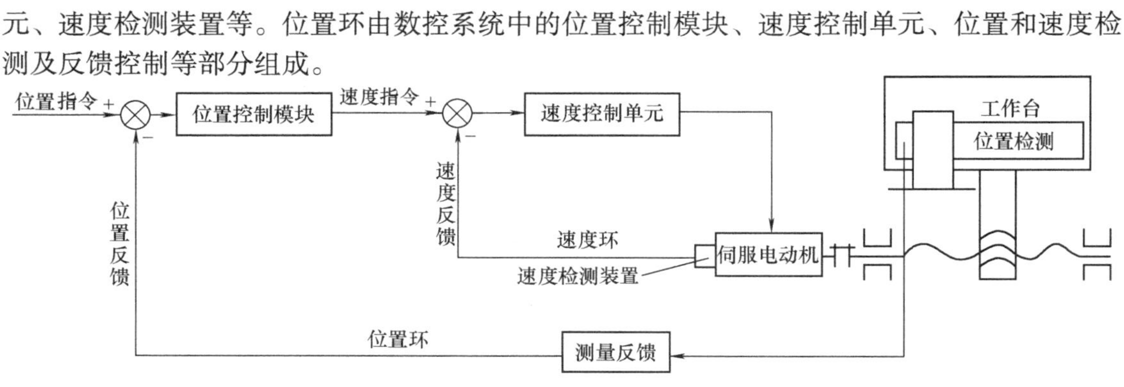

图 6-1 闭环控制进给伺服系统基本组成

闭环控制系统的工作过程：位置控制模块对输入的位置指令和工作台的实际位置反馈进行比较后，将位置差值转换成相应的速度控制指令，再由速度控制单元将速度指令和伺服电动机的实际反馈速度进行比较，并将速度差值转换成伺服电动机的速度控制信号，实现伺服电动机的速度控制。当工作台到达指令位置时，位置差值为零，对应的速度指令也变为零，工作台停止运动。半闭环和闭环控制的基本原理相同，闭环控制数控机床的位置检测装置安装在机床的工作台或刀架上，半闭环控制数控机床的位置检测装置则安装在电动机轴端或丝杠轴端。开环控制数控机床没有速度和位置反馈装置，数控装置发出的指令信号流程是单向的。

伺服系统按照使用的驱动元件分类，分为步进伺服系统、交流伺服系统和直流伺服系统。步进伺服系统采用步进电动机作为驱动元件，交流伺服系统采用交流伺服电动机作为驱动元件，直流伺服系统采用直流伺服电动机作为驱动元件。

伺服系统作为数控机床的重要组成部分，其性能直接影响整个数控机床的精度、速度和可靠性。而数控机床的最高运动速度、跟踪及定位精度、加工表面质量、生产率及可靠性等技术指标，与伺服系统的动态和静态技术指标直接相关。高性能伺服系统的研究与开发是现代数控机床的关键技术之一。

6.1.2 数控机床对伺服系统的基本要求

1. 对进给伺服系统的要求

（1）调速范围宽　调速范围是指电动机在额定负载下所能提供的转速范围。对一般数控机床而言，进给速度范围为0～24m/min时，可满足加工要求。

（2）响应速度快　响应速度是指进给伺服系统对数控装置指令的跟踪速度，是伺服系统的动态性能指标。一般电动机速度由零增加到最大速度，或从最大速度减小到零，时间应控制在200ms，甚至可以达到几十毫秒以内。

（3）低速转矩大　数控机床加工的特点是低速切削时背吃刀量和进给量较大，要求进给伺服系统在低速时输出转矩大，一般最大输出转矩是额定转矩的3～6倍。

2. 对主轴伺服系统的要求

1）能提供大的切削功率。

2）调速范围达1∶200，以利于选择合适的主轴转速。

3）具有位置控制能力。

6.2 步进电动机及其驱动装置

6.2.1 步进电动机的工作原理

步进电动机是一种将电脉冲信号转换成角位移的驱动装置，通常用于开环控制进给伺服系统。如图6-2所示，在步进电动机驱动的开环控制进给伺服系统中，位置指令是以脉冲的形式给定，脉冲的个数表示电动机转角位移量的大小，脉冲的频率表示电动机转速的高低。驱动控制电路将一定频率的指令脉冲转换成步进电动机能够接收的控制信号，驱动步进电动机以指定的转角和速度转动，并通过同步带轮（齿轮）和丝杠螺母副带动工作台移动。

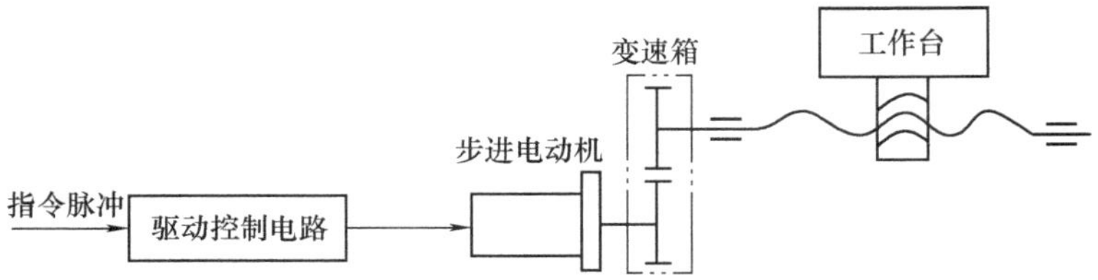

图 6-2 开环控制进给伺服系统简图

现以图 6-3 所示的三相反应式步进电动机为例，说明步进电动机的工作原理。步进电动机在结构上分为定子和转子两部分，定子上有 6 个磁极，每个磁极上绕有励磁绕组，将直径方向相对的两个磁极上的绕组串联在一起，构成一相控制绕组，分成 A、B、C 三相。转子上无绕组，它是由带齿的铁心做成的。三相绕组分别依次通电产生磁场，吸引转子转动，通电绕组连续切换时，步进电动机就连续转动起来。切换的频率越高，步进电动机的转速就越快。通电绕组每切换一次，步进电动机转过的角度称为步距角。

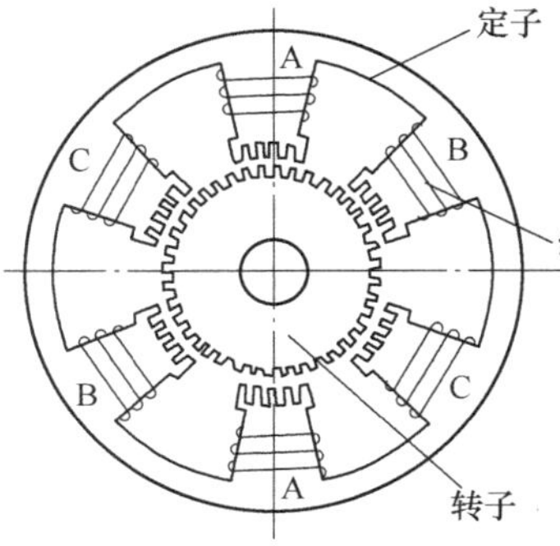

图 6-3 三相反应式步进电动机的结构

为进一步了解步进电动机的工作原理，以图 6-4 为例来说明其转动的整个过程，假设转子上有四个齿，相邻两齿间的夹角（齿距角）为 90°。当 A 相通电时，转子的 1、3 齿被 A 相磁极产生的磁场吸引过去，使 1、3 齿与 A 相磁极对齐。接着 B 相通电，A 相断电，B 相磁极产生磁场，把距它最近的一对齿 2、4 吸引过去，使转子按逆时针方向转动 30°。然后 C 相通电，B 相断电，转子又沿逆时针方向旋转 30°。依此类推，定子按 A→B→C→A 的顺序通电，转子就一步步地按逆时针方向转动，每步转 30°。若改变通电顺序，按 A→C→B→A 的顺序使定子绕组通电，则步进电动机转子就按顺时针方向转动，同样每步转 30°。这种控制方式叫三相单三拍方式，“单”是指每次只有一相绕组通电，“三拍”是指每三次换接为一个循环。由于每次只有一相绕组通电，在切换瞬间将失去自锁转矩，容易失步；另外，只有一相绕组通电，容易在平衡位置附近产生振荡，稳定性不佳。故实际应用中很少采用单三拍工作方式，而是采用三相双三拍控制方式，即通电顺序为 AB→BC→CA→AB（逆时针方向）或 AC→CB→BA→AC（顺时针方向），其步距角仍为 30°。由于双三拍控制方式每次有两相绕组通电，而且切换时总保持一相绕组通电，因此工作比较稳定。

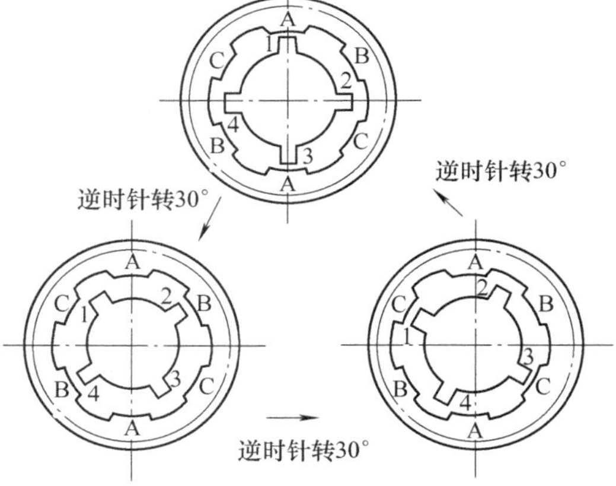

图 6-4 三相反应式步进电动机工作原理示意图

如果按 A→AB→B→BC→C→CA→A 顺序通电，即首先 A 相通电，然后 A 相不断电，B 相再通电，即 A、B 两相同时通电；接着 A 相断电而 B 相保持通电状态，然后再使 B、C 两相通电，依此类推，每切换一次，步进电动机转子沿逆时针方向转过 15°。如果通电顺序改为 A→AC→C→CB→B→BA→A，则步进电动机以步距角 15°沿顺时针方向旋转。这种控制方式为三相六拍，它比三相三拍控制方式的步距角小一半，因而位置精度更高，且转换过程中始终保证有一相绕组通电，工作稳定，因此这种方式被大量采用。

步进电动机定子内表面和转子外表面的齿数要有一定的比例关系，以确保当某相定子的磁极通电与转子上的齿对齐时，其他各级定子的齿依次与转子的齿错开齿距的 $1/m$（m 为电动机相数）。如图 6-3 所示，转子有 40 个齿，齿距角为 9°，当第 0 个转子齿与 A 相定子齿对齐时，第 7 个转子齿与 B 相定子齿相差 1/3 齿距，即 3°；第 14 个转子齿与 C 相定子齿相差 2/3 齿距，即 6°。这种错齿结构使步进电动机各相定子绕组依次通电时，转子实现了步进旋转。

6.2.2 步进电动机的主要性能指标

1. 步距角和步距误差

步距角是指电动机定子绕组的通电状态每改变一次，转子转过的角度。它取决于电动机的结构和通电方式，可按下式计算：

$$\alpha = \frac{360^\circ}{KmZ} \tag{6-1}$$

式中 α——步进电动机的步距角（°）；

m——电动机定子相数；

Z——电动机转子齿数；

K——系数，相邻两次通电相数相同时，$K=1$；相邻两次通电相数不同时，$K=2$。

同一相数的步进电动机可有两种步距角，通常为 0.72°/0.36°、1.2°/0.6°、1.5°/0.75°、1.8°/0.9°、3°/1.5°等。步距误差是指通电方式改变一次，转子实际转过的角度与理论步距角之差的最大值。连续走若干步时，上述步距误差的累积值称为步距的累积误差。由于步进电动机转过一转后，将重复上一转的稳定位置，即步进电动机的步距累积误差将以一转为周期重复出现。步进电动机的步距角和步距误差主要影响进给系统的控制分辨率和位置精度。

2. 静态转矩与矩角特性

当步进电动机某一相定子绕组通电后，转子齿将力求与通电相定子齿对齐，使磁路中的磁阻最小，转子处于平衡位置不动。如果在电动机轴上外加一个负载转矩 M_z，转子会偏离平衡位置向负载转矩方向转过一个角度 θ，该角度称为失调角。有失调角之后，转子齿和定子齿不再对齐，步进电动机就产生一个静态转矩 M（也称为电磁转矩），用于克服负载转矩，直到两者相互平衡，这时静态转矩等于负载转矩。如图 6-5 所示，描述步进电动机静态时的静态转矩 M 与失调角 θ 之间关系的曲线称为静态矩角特性曲线。在静态稳定区内，当外加负载转矩去除后，转子在静态转矩作用下，仍能回到稳定平衡点位置（$\theta=0°$）。图 6-5 所示静态矩角特性曲线上的最大值，称为最大静

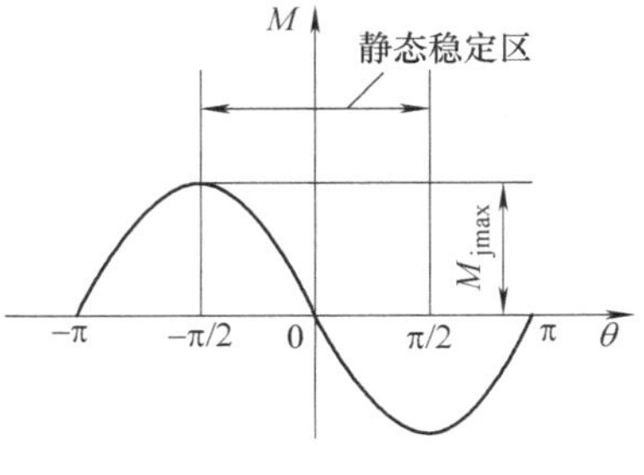

图 6-5　静态矩角特性曲线

转矩 M_{jmax}，它是步进电动机最重要的参数之一。M_{jmax}越大，电动机带负载的能力越强，运行的快速性和稳定性越好。

3. 最大起动转矩 M_q

图 6-6 所示为三相单三拍矩角特性曲线，相邻两相矩角特性曲线的交点所对应的转矩 M_q 是步进电动机的最大起动转矩。如果外加负载转矩大于 M_q，电动机将不能起动。如图 6-6 所示，当 A 相通电时，从 A 相矩角特性曲线看，若外加负载转矩 $M_a > M_q$，对应的失调角为 θ_a，当励磁电流由 A 相切换到 B 相时，从 B 相矩角特性曲线看，对应角 θ_a，B 相的静态转矩为 M_b。从图 6-6 中可以看出，$M_b < M_a$，电动机不能带动负载做步进运动，出现了“失步”现象，因而，起动转矩是电动机能带动负载转动的极限转矩。

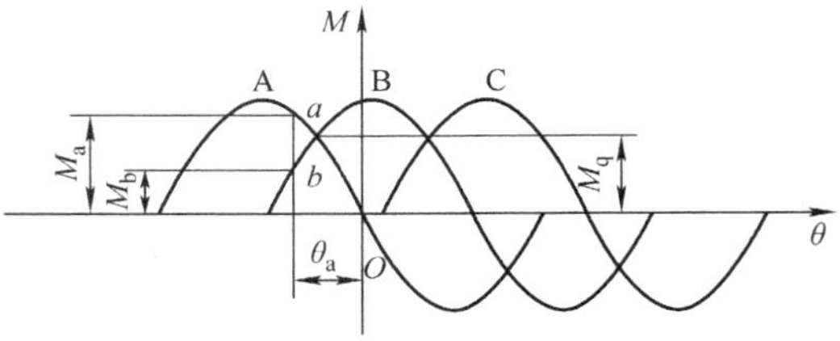

图 6-6 三相单三拍矩角特性曲线

4. 起动频率

空载时，步进电动机由静止状态突然起动，并进入不失步正常运行的最高频率，称为起动频率或突跳频率，加给步进电动机的指令脉冲频率若大于起动频率，电动机将不能正常工作。步进电动机带负载时的起动频率比空载时要低，而且随着负载加大（在允许范围内），起动频率会进一步降低。起动频率是反映步进电动机快速性能的重要指标。

5. 连续运行频率

步进电动机起动后，其运行速度能根据指令脉冲频率连续上升而不失步的最高工作频率，称为连续运行频率。其值通常是起动频率的 4 ~ 10 倍，它是决定定子绕组通电状态最高变化频率的参数，即决定了步进电动机的最高转速。

6. 矩频特性与动态转矩

矩频特性是描述步进电动机连续稳定运行时输出转矩与连续运行频率之间关系的曲线（见图 6-7），该特性曲线上每一个频率对应的转矩称为动态转矩。当步进电动机正常运行时，若输入脉冲频率逐渐增加，则电动机所能带动的负载转矩将逐渐下降。在使用时，一定要考虑动态转矩随连续运行频率的上升而下降的特点。

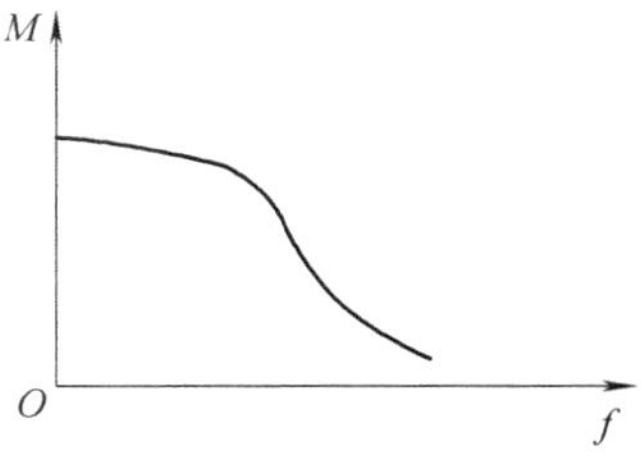

图 6-7 矩频特性曲线

6.2.3 步进电动机驱动控制电路

数控装置将零件加工程序中的位置和速度指令，经过运算和处理后转换成一系列的脉冲信号输出，但是，这些脉冲信号还不能直接驱动步进电动机。一方面，由于数控装置发出的脉冲功率很小，不足以直接驱动步进电动机转动；另一方面，由步进电动机的工作原理可知，要让步进电动机转起来，必须使定子绕组的通电状态按照一定的顺序循环变化。因此，在数控装置和步进电动机之间还要有一个进行信号转换的环节，这就是步进电动机的驱动控制电路。驱动控制电路由环形分配器和功率放大器两部分组成，环形分配器的作用是实现步进电动机定子绕组通电状态的循环变化，功率放大器的作用则是将控制信号放大到足以驱动步进电动机转动。

1. 环形分配器

环形分配器的功能可由硬件或软件实现。硬件环形分配器是根据步进电动机的相数和控制方式设计的，数控机床上常用三相、四相、五相及六相步进电动机。下面介绍三相六拍步进电动机环形分配器的工作原理。

(1) 硬件环形分配器　图6-8所示为三相六拍硬件环形分配器原理图，该线路由与非门和J-K触发器组成。指令脉冲加到三个触发器的时钟输入端CP，旋转方向由正、反控制端的状态决定。Q_A、Q_B、Q_C为三个触发器的Q端输出，连到A、B、C三相功率放大器。若“1”表示通电，“0”表示断电，对于三相六拍环形分配器，当步进电动机正向旋转时，正向控制端状态置“1”，反向控制端状态置“0”。初始时，在预置端加上预置脉冲，将三个触发器置为100状态，即$Q_A^0=1$，$Q_B^0=0$，$Q_C^0=0$。当在CP端送入一个脉冲时，由于$\overline{Q}_B^0=1$，$\overline{Q}_C^0=1$，则$J_A=1$，$K_A=0$，根据J-K触发器的逻辑原理可知，Q_A^1置“1”；又知$\overline{Q}_C^0=1$，$\overline{Q}_A^0=0$，则$J_B=1$，$K_B=0$，Q_B^1置“1”；同理，$\overline{Q}_A^0=0$，$\overline{Q}_B^0=1$，则$J_C=0$，$K_C=1$，触发器为“0”态，即Q_C^1置“0”。这样，环形分配器就由100状态变为110状态，随着指令脉冲的不断到来，各相通电状态不断变化，按照100→110→010→011→001→101，即A→AB→B→BC→C→CA的顺序通电。步进电动机反转时，由反向控制信号“1”状态控制（正向控制信号为“0”），通电顺序为A→CA→C→CB→B→BA→A。

目前，市面上已经有很多可靠性高、尺寸小、使用方便的集成电路环形分配器供选择。

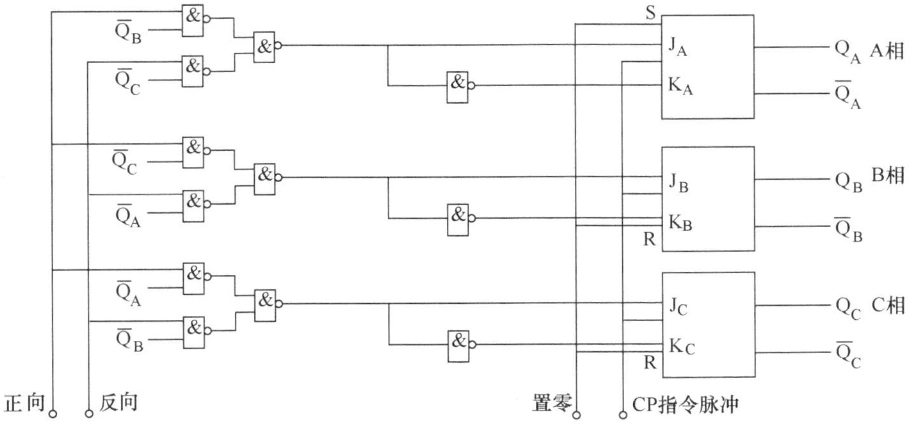

图6-8　三相六拍硬件环形分配器原理图

(2) 软件环形分配器　计算机控制的步进电动机驱动系统中，也可以通过软件实现环形分配器的功能，常用的是查表法。例如，对于三相六拍环形分配器，每当接收到一个进给脉冲指令时，环形分配器软件根据表6-1所列真值表，按照通电状态的变化顺序，通过输出接口，将A、B、C的值输出即可。若按表中地址的反向顺序依次取出存储单元地址的内容并输出，则电动机反转运行。

2. 功率放大器

功率放大器的作用是将环形分配器输出的控制信号电流（几毫安），放大到步进电动机控制绕组所需要的电流（几安到几十安），每一相绕组分别有一组功率放大电路。功率放大器常采用三种典型的驱动功率放大电路：单电压驱动电路、高低压驱动电路和恒流斩波驱动电路。

表 6-1 三相六拍环形分配器真值表

序号	A	B	C	方向
1	1	0	0	↓正转 反转↑
2	1	1	0	
3	0	1	0	
4	0	1	1	
5	0	0	1	
6	1	0	1	

（1）单电压驱动电路 图 6-9 所示为单电压驱动电路原理图，采用单电源供电，L 为步进电动机励磁绕组的电感，R_a为绕组电阻，R_C为外接电阻，功率放大晶体管 VT 工作在开关状态。环形分配器输出为高电平时，晶体管 VT 饱和导通，绕组电流按指数曲线上升，电路时间常数 $\tau = L/(R_a + R_C)$，它表示功率放大电路在导通时步进电动机绕组电流上升的速率。当环形分配器输出为低电平时，晶体管 VT 截止，绕组断电，因步进电动机的绕组是电感性负载，当晶体管 VT 从饱和到突然截止的瞬间，绕组将产生一较大反电动势，此反电动势与电源电压叠加在一起加在晶体管 VT 的集电极上，可能会使晶体管 VT 击穿。因此，将续流二极管 VD 和电阻 R_d接在晶体管 VT 集电极和电源之间，组成放电电路，当晶体管 VT 导通时，续流二极管 VD 不导通，对电路不起作用；在晶体管 VT 截止的瞬间，反向电压使续流二极管 VD 立即导通，给绕组电流提供了一个低阻抗续流电路。电动机产生的反电动势在二极管 VD 的续流作用下被衰减掉，从而保护了功率管不受损坏。图 6-10 所示为电流波形，单电压驱动电路的电流波形前沿不陡，绕组电流缓慢增加。串联电阻 R_C和并联电容 C 可以使电流上升时间缩短，改善了带负载能力。单电压驱动电路的优点是电路简单；缺点是电流上升速度不够快，高频时带负载能力差。

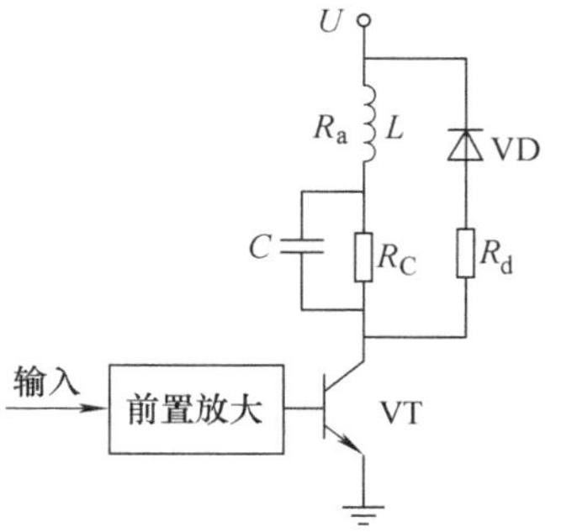

图 6-9 单电压驱动电路原理图

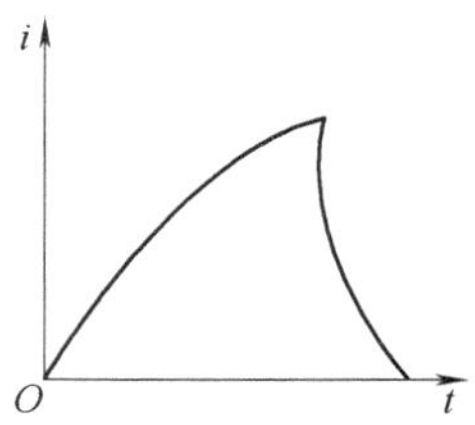

图 6-10 单电压电路电流波形

（2）高低压驱动电路 图 6-11 所示为高低压驱动电路，采用双电源供电，这种电路的特点是高压充电、低压维持。当环形分配器输出高电平时，两只功率放大晶体管 VT_1、VT_2 同时导通，二极管 VD_2因承受反向电压而截止，切断低压电源 U_2，电动机绕组以 +80V 的高压供电，绕组电流快速上升，前沿很陡；当接近额定电流时，单稳延时时间到，VT_1 截止，改由低压 +12V 供电，维持绕组额定电流。若高、低压之比为 U_1/U_2，则电流上升速度

也提高 U_1/U_2 倍，上升时间明显缩短。当低压断开时，电感中储能通过放电电路释放，也加快了放电过程。这种供电电路由于加快了绕组电流的上升和下降过程，有利于提高步进电动机的起动频率和最高连续工作频率。由于额定电流是由低压维持的，只需较小的限流电阻，故功耗小。该电路能在较宽的频率范围内得到较大的平均电流，能产生较大且较稳定的电磁转矩，其缺点是高低压电路波形连接处有凹形（见图 6-12）。

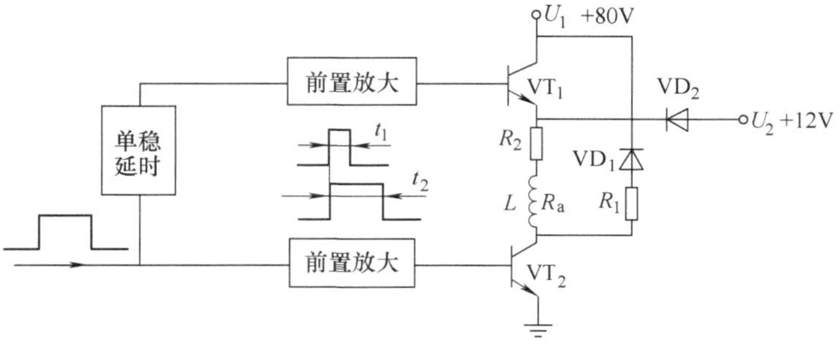

图 6-11　高低压驱动电路原理图

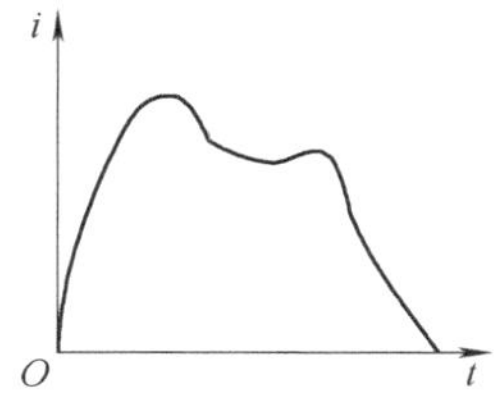

图 6-12　高低压电路电流波形

（3）恒流斩波驱动电路　图 6-13 所示为恒流斩波驱动电路，采用双电源供电。其工作原理是，环形分配器输出高电平时，功率放大晶体管 VT_1、VT_2 导通，由于 U_1 电压较高，绕组电路中又没串接电阻，因此绕组电流迅速上升；当绕组电流上升到额定值以上的某一数值时，由于采样电阻 R_e 的反馈作用，经整形、放大后送到 VT_1 管的基极，使 VT_1 管截止。接着绕组由低压 U_2 供电，绕组中的电流立即减小，但刚降到额定值以下时，由于采样电阻 R_e 的反馈作用，使整形电路无信号输出，此时高压前置放大电路又使 VT_1 管导通，电流又上升。如此反复进行，形成了一个在额定电流值处上下波动呈锯齿状的绕组电流波形（见图 6-14），近似于恒流。

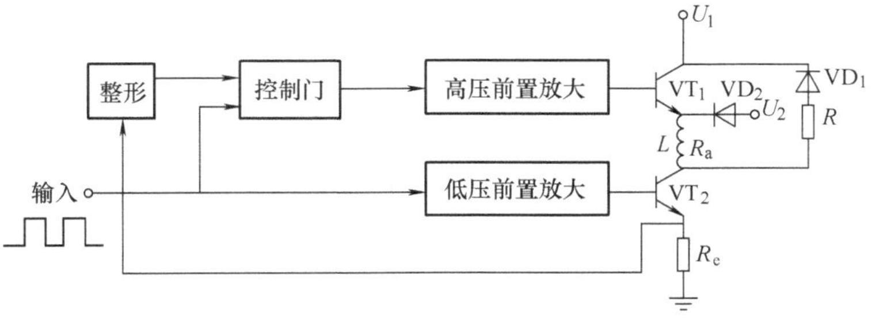

图 6-13　恒流斩波驱动电路原理图

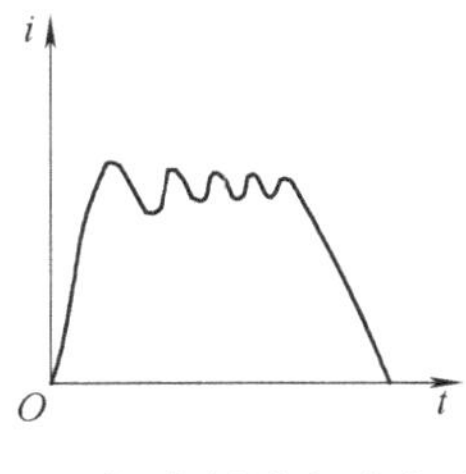

图 6-14　恒流斩波电路电流波形

6.2.4　开环控制步进伺服系统的工作原理

1. 工作台位移量的控制

数控装置发出 N 个脉冲，经驱动控制电路放大后，使步进电动机定子绕组通电状态顺序变化 N 次。如果步进电动机的步距角为 α，则步进电动机转过的角位移量 $\Phi=N\alpha$，再经减速齿轮（传动比为 i）、丝杠螺母副（导程为 S）之后，转变为工作台的位移量 $L=N\dfrac{\alpha S}{360i}$，即进给脉冲数决定了工作台的直线位移量。

2. 工作台进给速度的控制

数控装置发出的进给脉冲频率为f，经驱动控制电路，表现为控制步进电动机定子绕组的通电状态变化的频率，定子绕组通电状态变化频率决定了步进电动机的转速，该转速经过减速齿轮及丝杠螺母副之后，表现为工作台的进给速度v，即进给脉冲的频率决定了工作台的进给速度。若脉冲当量为δ（单位为mm/p），则$v=60f\delta$（v的单位为mm/min）。同时，可以通过控制脉冲频率来控制电动机转动的速度和加速度，从而达到调速的目的。

3. 工作台运动方向的控制

改变步进电动机定子绕组中通电状态变化的循环方向，就可以改变电动机的旋转方向，进而改变工作台的进给运动方向。

6.3 交流伺服系统

随着计算机技术的发展以及新型电力电子器件的出现，交流电动机的调速技术取得了突破性的进展，采用交流电动机作为驱动元件的交流伺服系统，目前在数控机床上获得了更广泛的应用。交流伺服系统通常由交流伺服驱动器、交流电动机，以及位置和速度检测装置等组成。

6.3.1 交流电动机的调速方法

数控机床上用的交流电动机分为异步和同步两种类型。数控机床主轴驱动多采用笼型交流异步电动机，进给伺服驱动系统多采用永磁式交流同步电动机。

（1）交流异步电动机的调速方法　三相交流异步电动机主要由定子和转子两部分组成，定子上有固定的三相绕组，产生所需的磁场。转子是电动机的转动部分，按结构又有笼型和绕线式之分，其中笼型应用得较多，笼型转子铁心上开有轴向上均布的槽，每个槽内装有一根导体（铜条或铝条），导体两端用端环连接。

交流异步电动机的工作原理：给电动机定子的三相绕组通以三相交流电时，在电动机气隙中产生旋转磁场，转子绕组与旋转磁场之间存在着相对运动，切割磁力线而产生感应电动势；又因转子绕组自成回路而有感应电流，转子感应电流与旋转磁场作用产生电磁转矩，从而推动转子转动，转子转动方向与磁场旋转方向相同。因为转子电流是由电磁感应产生的，且转子转速总是低于旋转磁场的转速，故又称为异步感应电动机。

交流异步电动机转子转速为：

$$n=\frac{60f_1}{p}(1-s) \tag{6-2}$$

式中　n——转子转速（r/min）；

f_1——定子供电电源频率（Hz）；

p——磁极对数。

s——转差率。

（2）交流同步电动机的调速方法　交流同步电动机定子与交流异步电动机定子的结构基本相同，定子绕组也是三相对称绕组；与交流异步电动机的主要不同之处是，转子为永久磁铁，转子磁场由永久磁铁产生。

交流同步电动机的工作原理很简单：当定子三相绕组通以交流电后，在电动机的定、转子之间产生一个旋转磁场。转子本身是一块永久磁铁，根据磁极的同性相斥、异性相吸原理，转子就会随着旋转的磁场而转动，理论上两者的转速是相同的，故又称为同步电动机。

交流同步电动机转子转速为：

$$n_s = n_r = \frac{60f_1}{p} \tag{6-3}$$

式中　n_s——旋转磁场转速（r/min）；

n_r——转子转速（r/min）。

由式（6-2）和式（6-3）可知，交流电动机可能的调速方法有改变电源频率、改变磁极对数和改变转差率。改变转差率对异步电动机进行调速时，低速下转差率大，转差损耗功率也大，效率低。改变磁极对数只能进行有限级变速，不可能做成无级调速，应用范围较窄。改变定子供电电源频率，则可以平滑地改变电动机的转速，并且能获得较宽的调速范围和足够硬的机械特性。变频调速适用于同步电动机和异步电动机，被认为是一种理想的调速方法。

6.3.2　交流电动机的调速特性

1. 变频调速原理

由上节的分析可知，改变频率，可以平滑地调节电动机转速。但在实际调速时，只改变频率是不够的，现在来看一下变频调速时电动机的机械特性变化情况。由电动机学可知，三相异步电动机定子每相感应电动势为：

$$E_1 = 4.44K_{r1}f_1N_1\Phi_m \tag{6-4}$$

式中　E_1——定子每相绕组感应电动势（V）；

K_{r1}——定子基波每相绕组系数；

N_1——定子每相绕组串联匝数；

Φ_m——每极气隙磁通量（Wb）。

由式（6-4）可知，K_{r1}和N_1对特定的电动机都是常数，只要控制E_1和f_1，便可达到控制磁通量Φ_m的目的。实际上，电动机绕组中的感应电动势是难以直接检测和控制的，当感应电动势值较高时，可以忽略定子绕组漏磁阻抗压降，而认为定子相电压近似等于感应电动势，则：

$$U_1 \approx E_1 = K_Ef_1\Phi_m \tag{6-5}$$

式中　U_1——定子每相相电压（V）；

K_E——电动势系数，$K_E = 4.44K_{r1}N_1$。

由式（6-5）可见，定子相电压U_1不变时，随频率f_1增大，气隙磁通量Φ_m将减小。又从转矩公式知，异步电动机的转矩是由旋转磁场的气隙磁通量Φ_m与转子电流I_2相互作用而产生的，则有：

$$T = C_T\Phi_mI_2\cos\varphi_2 \tag{6-6}$$

式中　T——电动机电磁转矩（N·m）；

C_T——转矩常数；

I_2——折算到定子上的转子电流（A）；

$\cos\varphi_2$——转子电路功率因数。

设计电动机时，考虑到电动机磁路的饱和特性，都有气隙最大磁通量 Φ_{max} 的限制，若气隙磁通量大于 Φ_{max}，则铁心处于饱和状态，会导致励磁电流增加和电动机过热，严重时会因为绕组过热而损坏电动机；若气隙磁通量小于 Φ_{max}，一是没有充分利用电动机的铁心，二是电动机的转矩将减小，使电动机的负载能力下降。因此，在调速过程中，应保持电动机每极磁通量为允许的最大磁通量 Φ_{max} 不变。在调频调速中，要求在变频的同时改变定子相电压 U_1，使电动机的每极气隙磁通量 Φ_m 等于 Φ_{max}，并且维持气隙磁通量近乎不变。由 U_1、f_1 之间不同的相互关系，而得出不同的变频调速方式和调速机械特性。

2. 调速特性

（1）恒转矩调速　恒转矩调速是指电动机的输出转矩不随转速变化的调速方式。转速与转矩的关系曲线，称为电动机的机械特性曲线。由电磁转矩公式［式（6-6）］可知，要保持 T 不变，即要求 U_1/f_1 为常数，可以近似地维持 Φ_m 恒定。恒转矩调速特性曲线如图 6-15所示。由图可见，保持 U_1/f_1 为常数进行变频调速时，这些特性曲线直线部分的斜率不变，但最大转矩 T_m 随着频率 f_1 的下降而减小。这是因为 f_1 高时，E_1 值较大，定子漏阻抗压降在 U_1 中所占比例较小，可以认为 U_1 近似等于定子绕组中的感应电动势 E_1。而当 f_1 相对较低时，E_1 值变小，U_1 值虽然也变小，但定子漏阻抗压降在 U_1 中所占比例增大，E_1 与 U_1 相差很大，所以 Φ_m 减小，从而使最大转矩 T_m 下降。

（2）恒最大转矩（T_m）调速　为了在低速时保持最大转矩 T_m 不变，就必须采用 E_1/f_1 为常数的协调控制方式，显然，这是一种理想的保持磁通恒定的控制方法。恒最大转矩调速特性曲线如图 6-16 所示，对应于不同频率的特性曲线，其直线部分的斜率不变，机械特性平行地移动，且对应不同转速的最大转矩也不变。恒 T_m 调速，在 U_1/f_1 控制基础上对电压进行补偿，在稳态时保持 Φ_m 为恒值，改善了电动机的低速性能，但其实现比较复杂。

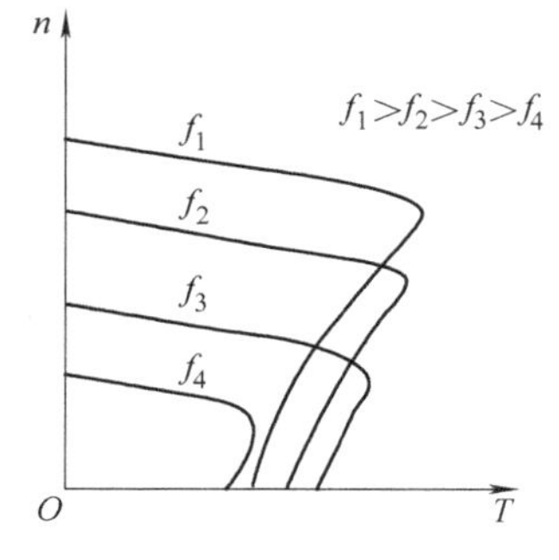

图 6-15　恒转矩调速特性曲线

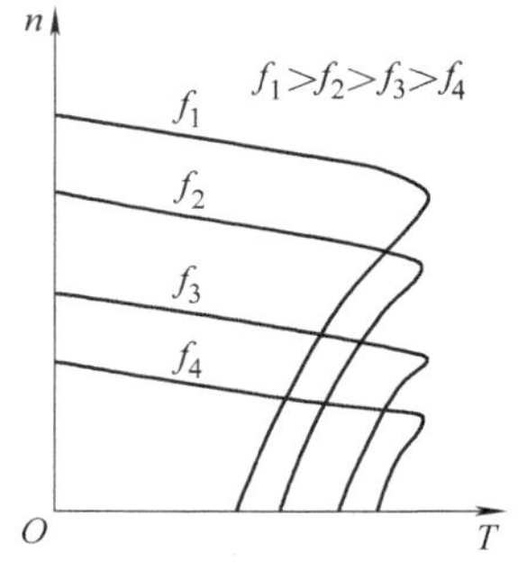

图 6-16　恒最大转矩调速特性曲线

（3）恒功率调速　恒功率调速是电动机输出功率不随转速变化的调速方式。为了扩大调速范围，可以在额定频率以上进行调速，若频率上升，额定电压不变，那么，每极气隙磁通量 Φ_m 将随着 f_1 的升高而减小。这时，相当于额定电流时的转矩也减小，特性变软。如图 6-17所示，随着频率提高，转矩减小，而转速增加，电动机的输出功率可以维持恒定，近似于恒功率的调速特性。

3. 交流主轴和进给电动机的工作特性

（1）交流主轴电动机的工作特性　交流主轴驱动系统通常采用专门设计的三相交流异步感应电动机。这种电动机采用定子铁心在空气中直接冷却的方法，没有机壳，用硅钢片叠片做成的多边形结构当作外壳，因此电动机的外壳呈多边形。转子结构与一般笼型感应电动机相同。在电动机尾部的转轴上安装有编码器等检测元件，用于实现对电动机位置和转速的控制。

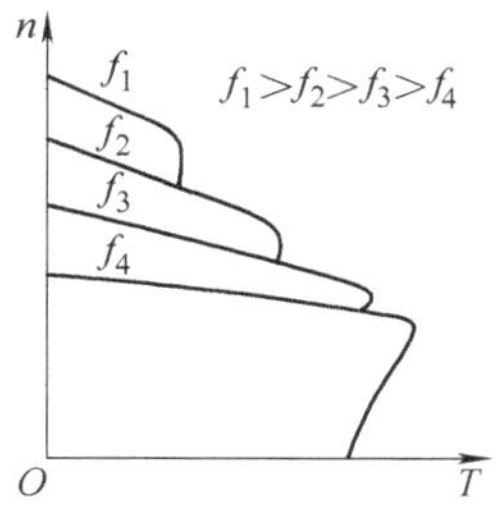

图6-17　恒功率调速特性曲线

数控机床主传动系统中，要求电动机高速段提供足够的功率，低速段提供大的转矩，因此，对主轴电动机的调速要求是，高速段具有恒功率特性，低速段具有恒转矩特性。交流主轴电动机的性能通过功率－转速曲线和转矩－转速曲线来反映，图6-18所示为交流主轴异步感应电动机的特性曲线。

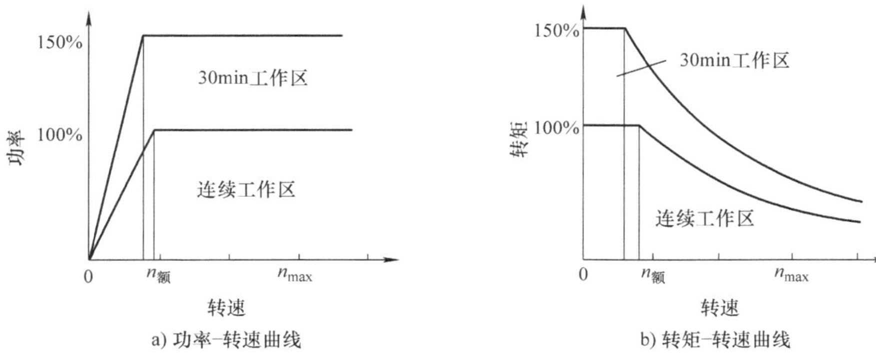

图6-18　交流主轴异步感应电动机的特性曲线

由特性曲线可知，电动机在额定速度以下为恒转矩区域，在额定速度以上为恒功率区域。另外，主轴电动机也有一定的过载能力，一般为额定值的（1.2～1.5）倍，过载时间则从几分钟到30min不等。

（2）交流进给电动机的工作特性　永磁式交流同步电动机主要由定子、转子和检测装置三部分组成。检测装置可以实现转子转速测量和定位等功能。与异步感应电动机相比，永磁式交流同步电动机的转子有磁极，在很低的频率下也能运行，在相同的条件下，可以有更宽的调速范围。同时，交流同步电动机的转速和定子产生的旋转磁场严格保持同步，没有转速差。另外，永磁式交流同步电动机比异步电动机对转矩扰动具有更强的承受力，能做出更快的响应。由于具有这些良好的特性，永磁式交流同步电动机常用于数控机床的进给伺服驱动系统。

永磁式交流同步电动机的性能主要用转矩－转速特性曲线表示，如图6-19所示。在整个速度控制范围内，电动机转矩变化非常小，可以认为转矩基本上是恒定的，堵转（零转速）时转矩最大，转矩可以短时过载，过载能力可达额定转矩的4～5倍。机械特性可分为两个工作区，图6-19中实线下是连续工作区，即连续运行或连续加工的工作区域，在连续工作区中，转速和转矩任意组合都可连续工作；虚线与实线间的区域是断续工作区，用于动态过渡过程，如加减速运行、反向及起停的工作区域。永磁式交流同步电动机的断续工作区范围很大，尤其是在高速区，这有利于提高电动机的动态响应能力，更适用于数控机床的进给伺服系统。

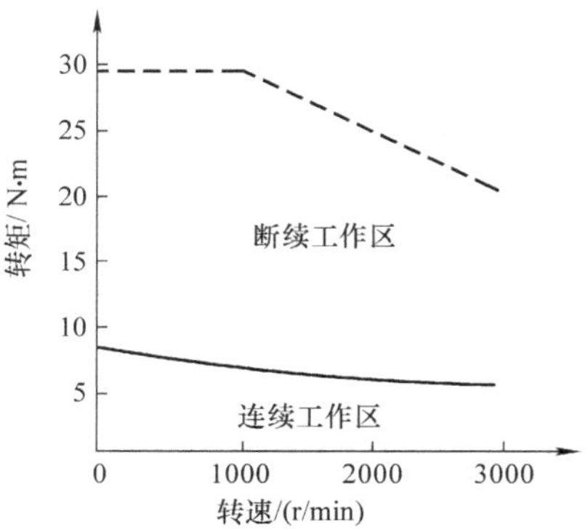

图 6-19 某永磁式交流同步电动机的转矩－转速特性曲线

6.3.3 交流电动机的变频调速系统

交流异步电动机和同步电动机，都可以通过改变供电频率来实现电动机的平滑、无级调速。实现变频调速（Variable Voltage Variable Frequency，VVVF）的电气设备称为变频器，其功用是将固定频率的三相交流电（50Hz）变换成频率连续可调（0～400Hz）的三相交流电，用于驱动交流电动机工作。

数控机床常使用交－直－交变频器，这种变频器先将固定频率的交流电整流成直流电，再把直流电逆变成频率和电压可调的交流电。下面以脉宽调制（Pulse Width Modulation，PWM）变频器为例加以介绍。

1. PWM 变频器

PWM 技术是利用电力半导体器件的开通和关断，将直流电压变成电压脉冲系列，并通过控制电压脉冲宽度和脉冲系列的周期来达到变压和变频目的的技术。

图 6-20 所示为脉宽调制变频器的主电路。它由负责交－直变换的二极管整流器，以及负责直－交变换，同时完成调频和调压任务的脉冲宽度调制逆变器组成。整流器的作用是将三相交流电整流成直流电，得到一个不变的电压 U_d。电容 C_d的功能是滤平全波整流后的电压波纹，当负载变化时，使直流电压保持平稳。逆变器的作用是将整流器输出的直流电逆变成三相交流电，并且频率和输出电压连续可调，电压与频率保持一定的比例关系。逆变器中的六个逆变管（功率开关器件）VT_1～VT_6组成逆变桥。A、B、C 为逆变器的输出端。因电动机绕组是电感性的，其电流具有无功分量，续流二极管 VD_1～VD_6为电感性负载的滞后电流提供了一条反馈到电源的通路。

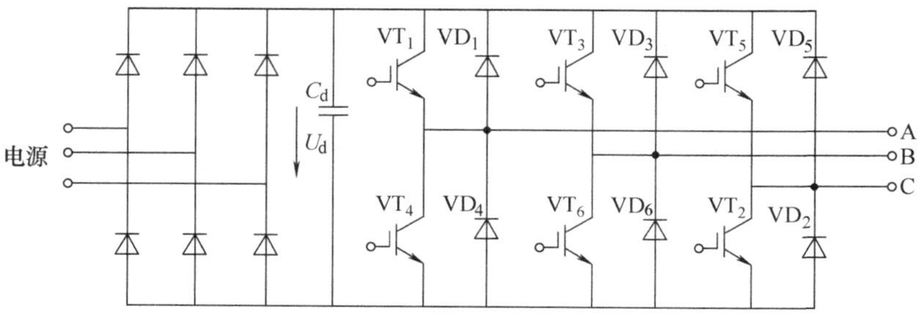

图 6-20 PWM 变频器的主电路原理图

逆变器的工作过程如下：

（1）直流变交流　图 6-21 所示为逆变管的工作情况，图中阴影部分为各逆变管的导通时间，其余为关断状态。逆变桥输出线电压的波形如图 6-22 所示，各相之间的相位互差120°，它们的幅值都与直流电压 U_d相等。

1）如图 6-21 所示，在 t_1、t_2时间内，VT_1、VT_6同时导通，设 A 为正、B 为负，u_{AB}为

正；在 t_4、t_5时间内，VT_3、VT_4同时导通，A 为负、B 为正，u_{AB}为负。

2）在 t_3、t_4时间内，VT_3、VT_2同时导通，B 为正、C 为负，u_{BC}为正；在 t_6、t_1时间内，VT_5、VT_6同时导通，B 为负、C 为正，u_{BC}为负。

3）在 t_5、t_6时间内，VT_5、VT_4同时导通，C 为正、A 为负，u_{CA}为正；在 t_2、t_3时间内，VT_1、VT_2同时导通，C 为负、A 为正，u_{CA}为负。

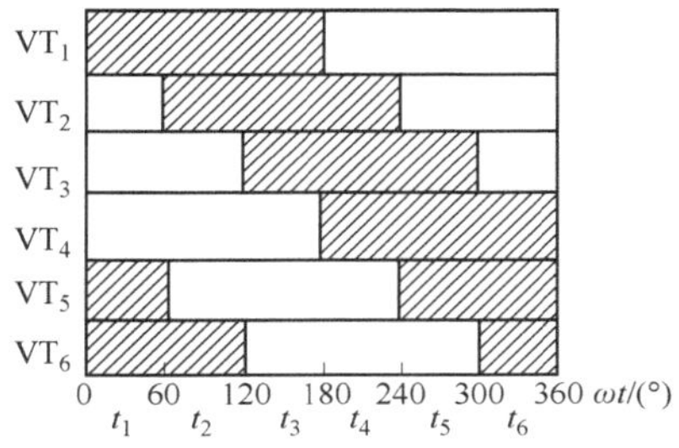

图 6-21　各逆变管的工作情况

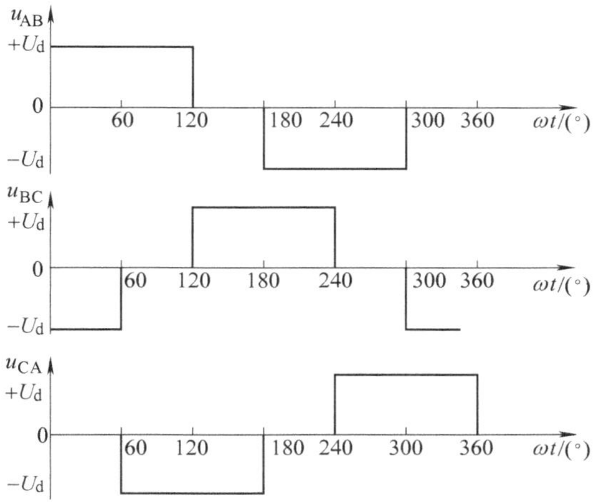

图 6-22　三相逆变桥输出线电压的波形

按照一定的通断规律和开关顺序，周期性地控制各逆变管的导通与关断，就可以把直流电逆变成三相交流电。若改变控制信号的变化周期，则可以得到不同的输出频率，从而达到调频的目的。

为了实现变频同时变压，可让各逆变管在每半个周期内反复通断多次，将逆变所得的矩形波变成宽度均相等的脉冲波，改变脉冲宽度可得到不同的输出电压，从而达到调压的目的。

（2）PWM 调速原理　如图 6-23a 所示，以直流电动机为例，说明 PWM 调速原理。当电路中的开关 S 闭合时，直流电源通过 S 给电动机供电；开关 S 断开时，直流电源供给电动机的电流被切断，电动机的储能经二极管 VD 续流。由二极管 VD 的续流作用和电动机电枢电感的滤波作用，可以得到连续的电枢电流 I_a。如果开关 S 按一定的频率闭合和断开，则电源加在直流电动机电枢上的电压波形是若干个脉冲波，其高度为电源电压 U_d。如图 6-23b 所示，若脉冲周期为 T，每个脉冲的宽度为 τ_1，每两个脉冲间的间隔宽度为 τ_2，则脉冲的占空比 δ 为：

$$\delta = \frac{\tau_1}{\tau_1 + \tau_2} \tag{6-7}$$

加在电枢上的电压平均值为：

$$U = \delta U_d \tag{6-8}$$

显然，若闭合时间长、断开时间短，平均电压就上升；反之，则平均电压下降。电压的平均值和占空比成正比，通过改变输出电压的占空比，来改变电枢两端的平均电压，从而达到电动机调速的目的。

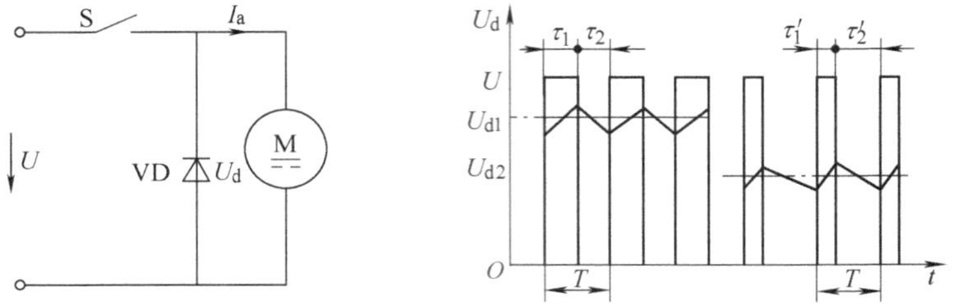

a) 电路结构　　　b) 输出电压波形

图 6-23　PWM 调速原理图

如果把上述调速原理用于逆变器，则可以同时实现变频也变压的效果。逆变器在改变输出频率的同时，也改变输出电压脉冲的占空比，并要求输出电压和频率按一定比例进行协调控制。如图 6-24 所示，与图 6-24a 相比，图 6-24b 所示输出频率f_2下降（周期增加为T_2，$f_2=1/T_2$），而占空比$\delta'=\tau_1'/(\tau_1'+\tau_2')$也减小，故平均电压降低。

采用 PWM 技术控制逆变管的通断，可获得一组幅值、宽度相同的矩形脉冲，因输出电压波形为矩形波，具有许多高次谐波成分。对电动机来说，有用的是电压的正弦基波。为了减少高次谐波的影响，最大限度地还原正弦交流电的波形，提高电动机的运行性能，提出了正弦脉宽调制（Sinusoidal Pulse Width Modulation，SPWM）技术。

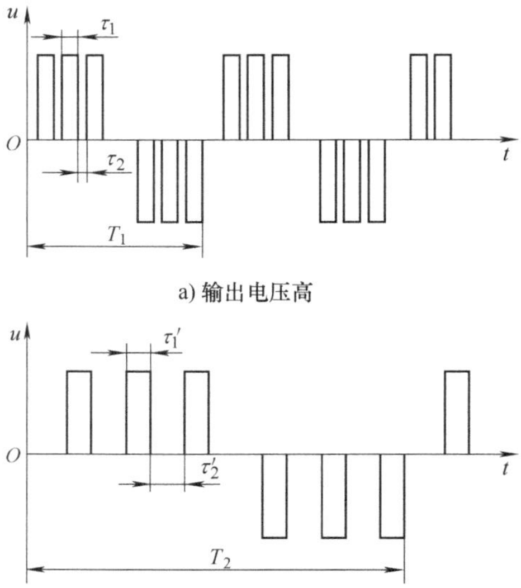

a) 输出电压高

b) 输出电压低

图 6-24　脉宽调制的输出电压

2. SPWM 技术

SPWM 技术，就是在一个周期内，用一系列等幅、不等宽的脉冲来模拟一个正弦波形，当正弦值为最大值时，脉冲的宽度也最大，而脉冲的间隔则最小；反之，当正弦值较小时，脉冲的宽度也较小，而脉冲的间隔则较大。其规律总是中间脉冲宽而两边脉冲窄。根据面积等效原理，SPWM 波形和正弦波形是等效的。这样的电压脉冲序列，可以使负载电流中的高次谐波成分大大减少，从而实现接近正弦波形的交流电压输出。SPWM 技术的关键是生成正弦脉宽调制波，下面介绍两种正弦脉宽调制波的生成方法。

（1）模拟电路调制　它是由正弦波和三角波调制出来的，调制波为正弦波，载波为三角波。由调制波与载波的交点确定逆变器中逆变管的通断时刻后，即可得到一组等幅且脉冲宽度正比于正弦值的矩形脉冲。若改变正弦波的幅值，则会改变各脉冲波的宽度，逆变器输出电压有效值随之改变；若改变正弦波的频率，则逆变器输出电压频率也随之改变，逆变器可一次完成调频与调压。

如图 6-25 所示，首先由模拟元件构成的正弦波和三角波发生器分别产生正弦波信号 V_S

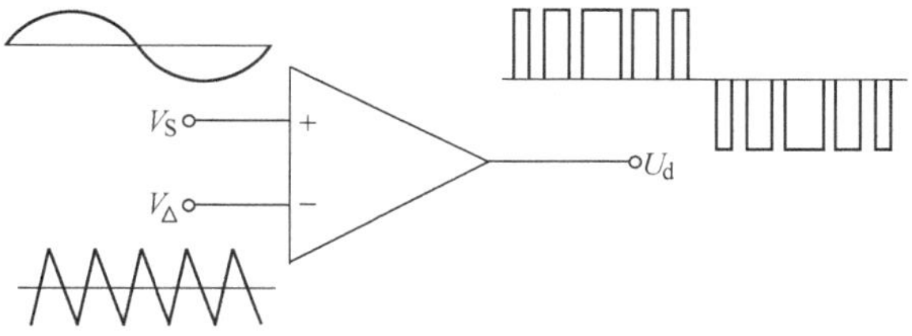

图 6-25　电路原理图

和三角波信号 $V_\triangle$，然后送入电压比较器，产生 SPWM 矩形脉冲。A、B、C 各相功率开关器件的控制规律相同，这里以 A 相为例进行说明。图 6-26a 中数字所示位置为这两种波形的交点，决定了逆变管 VT_1 和 VT_4 的通断。当正弦波高于三角波时，逆变管 VT_1 导通、VT_4 关断，负载上得到的相电压为 $u_A = U_d/2$；当正弦波低于三角波时，逆变管 VT_1 关断、VT_4 导通，负载上的相电压为 $u_B = -U_d/2$。由此可见，同一桥臂的上下两个逆变管交替通断，处于互补状态。由相电压合成为线电压时，如 $u_{AB} = u_A - u_B$，可得逆变器输出线电压脉冲系列，其脉冲幅值为 U_d 和 $-U_d$。调制出的脉宽波形如图 6-26b、c 所示。

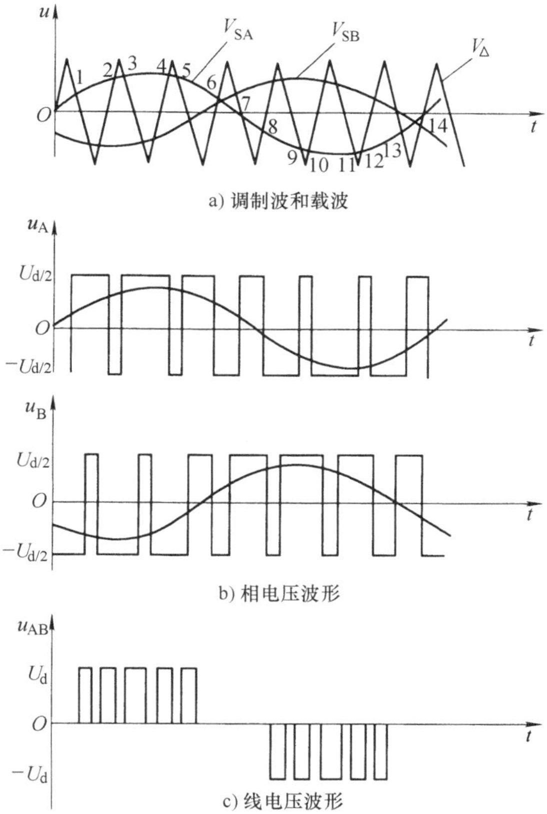

a) 调制波和载波

b) 相电压波形

c) 线电压波形

图 6-26　脉宽调制波的形成

（2）数字信号调制　随着计算机技术的发展，以微处理器为基础的软件数字信号调制技术被广泛应用，下面以规则采样法为例加以介绍。

如图 6-27 所示，$V_\triangle$ 和 V_S 的交点 A_1、B_1 能准确求得，从而可确定脉冲宽度 t'_2，但计算工作量较大。为简化计算，可采用近似方法求 $V_\triangle$ 和 V_S 的交点，通过两个三角波波峰之间的中线与正弦波的交点 m，作水平线与两个三角波分别交于 A 点和 B 点，确定脉冲宽度为 t_2。显然，t_2 与 t'_2 数值相近。这种方法虽然有一定的误差，但却大大减少了计算工作量。

由图 6-27 很容易导出规则采样法的计算公式。设三角波和正弦波的周期分别为 $T_\triangle$ 和 T_S，幅值分别为 $U_\triangle$ 和 U_S。t_1 为在 $T_\triangle$ 时间内，在脉冲发生以前（即 A 点以前）的间隔时间；t_2 为 A 点和 B 点之间的脉宽时间；t_3 为在 $T_\triangle$ 以内，B 点以后的间隔时间。显然，$T_\triangle = t_1 + t_2 + t_3$。$t_1$、$t_3$ 及 t_2 可由以下公式计算：

$$t_2 = \frac{T_\triangle}{2} + \frac{T_\triangle}{2}\frac{U_S}{U_\triangle}\sin\left(\frac{2\pi}{T_S}t_m\right) \tag{6-9}$$

$$t_1 = t_3 = \frac{1}{2}(T_\triangle - t_2) = \frac{1}{2}\left[\frac{T_\triangle}{2} - \frac{T_\triangle}{2}\frac{U_S}{U_\triangle}\sin\left(\frac{2\pi}{T_S}t_m\right)\right] \tag{6-10}$$

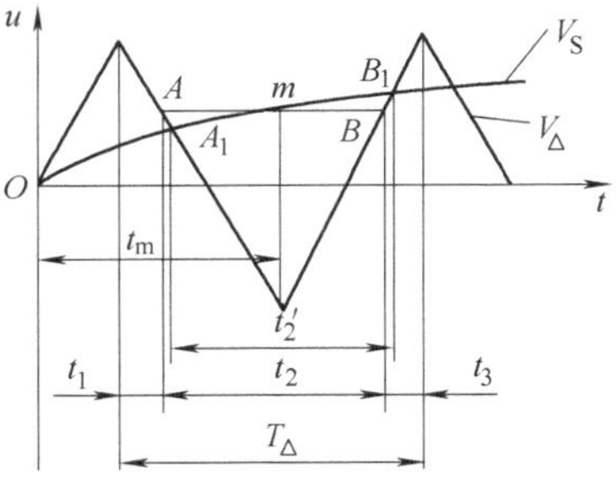

图 6-27　生成 SPWM 波形的规则采样法

6.4 数控机床进给伺服系统设计

数控机床进给伺服系统一般采用伺服电动机经滚珠丝杠螺母副带动工作台或刀架运动，滚珠丝杠螺母副将电动机的旋转运动转换为工作台或刀架的直线运动。电动机与滚珠丝杠螺母副通过联轴器、齿轮或同步带轮连接。电动机是根据机床负载条件进行选择的，机床负载包括负载惯量和负载转矩，电动机的机械特性应与进给系统的负载特性相匹配。

6.4.1 等效转动惯量和等效转矩的计算

设计进给伺服系统时，要知道进给电动机所驱动的负载惯量和负载转矩。由于机械系统的各部件不都与电动机同轴安装，因此，需要将回转件的转动惯量和移动件的质量等效地折算到电动机轴上，计算等效转动惯量时，应保持折算前后系统的动能不变。同样，为便于分析和比较，需要将作用于机械系统的所有力和转矩等效地折算到电动机轴上，计算等效负载转矩时，应保持折算前后系统瞬时功率不变。

1. 电动机轴上的等效转动惯量

设某进给系统包含 p 个回转件和 q 个移动件，根据能量守恒，有：

$$\frac{1}{2}J_L\omega_m^2 = \frac{1}{2}\sum_{i=1}^{p}J_i\omega_i^2 + \frac{1}{2}\sum_{j=1}^{q}m_jv_j^2 \tag{6-11}$$

式中 J_L——电动机轴上的等效转动惯量（$kg \cdot m^2$）；

ω_m——电动机的角速度（rad/s）；

J_i——各回转件的转动惯量（$kg \cdot m^2$）；

ω_i——各回转件的角速度（rad/s）；

m_j——各移动件的质量（kg）；

v_j——各移动件的速度（m/s）。

可求得转化到电动机轴上的等效转动惯量为：

$$J_L = \sum_{i=1}^{p}J_i\left(\frac{n_i}{n_m}\right)^2 + \sum_{j=1}^{q}m_j\left(\frac{v_j}{2\pi n_m}\right)^2 \tag{6-12}$$

式中 n_i——各回转件的转速（r/s），$n_i=\dfrac{\omega_i}{2\pi}$；

n_m——电动机轴的转速（r/s），$n_m=\dfrac{\omega_m}{2\pi}$。

2. 电动机轴上的等效负载转矩

设某进给系统包含 p 个回转件和 q 个移动件，根据系统总输入功率和输出功率相等，有：

$$M_L\omega_m = \sum_{i-1}^{p}M_i\omega_i + \sum_{j=1}^{q}F_jv_j \tag{6-13}$$

式中 M_L——电动机轴上的等效负载转矩（N·m）；

M_i——回转件所受转矩（N·m）；

F_j——移动件所受的力（N）。

可求得电动机轴上的等效负载转矩为：

$$M_L = \sum_{i=1}^{p} M_i \frac{n_i}{n_m} + \frac{1}{2\pi}\sum_{j=1}^{q} F_j \frac{v_j}{n_m} \tag{6-14}$$

6.4.2 机床进给系统负载转矩与负载惯量计算

1. 负载转矩计算

机床工作过程中的负载转矩，主要有切削转矩、摩擦转矩和重力转矩。电动机轴的等效负载转矩 M_L 为：

$$M_L = M_F + M_f + M_G \tag{6-15}$$

式中 M_F——切削力折算到电动机轴上的转矩（N·m）；

M_f——摩擦力折算到电动机轴上的转矩（N·m）；

M_G——移动件重力折算到电动机轴上的转矩（N·m）。

对于垂直轴或倾斜轴，要考虑移动件的重力转矩 M_G；对于水平安装的轴，则不用考虑 M_G。

（1）切削力折算到电动机轴上的转矩

如图6-28所示，滚珠丝杠螺母副将旋转运动转换为直线运动，设经过时间 t，丝杠转一周，工作台移动一个导程，由于：

$$\frac{S}{v} = \frac{2\pi}{\omega_S},\quad \omega_S = 2\pi n_S$$

则
$$v = S n_S$$

式中 ω_S——滚珠丝杠的角速度（rad/s）；

n_S——滚珠丝杠的转速（r/s）；

S——滚珠丝杠的导程（m）；

v——工作台的移动速度（m/s）。

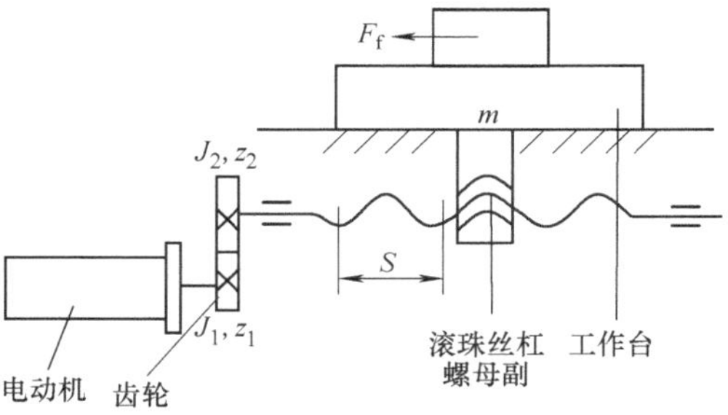

图6-28 进给传动系统示意图

设进给方向切削力为 F_f，计算切削力折算到电动机轴上的转矩 M_F（单位为N·m）为：

$$M_F = \frac{F_f S}{2\pi\eta_1\eta_2 i} \tag{6-16}$$

式中 F_f——进给方向的切削力（N）；

η_1——同步带（齿轮）的传动效率；

η_2——滚珠丝杠的传动效率；

i——同步带（齿轮）的传动比（$i = z_2/z_1$）。

（2）摩擦转矩 进给系统的摩擦转矩通常包括导轨摩擦力折算到电动机轴上的转矩 M_μ、滚珠丝杠螺母副预紧力折算到电动机轴上的转矩 M_p，以及机械传动装置的摩擦阻力产生的转矩等。其中，滚珠丝杠螺母副和齿轮等机械传动装置的摩擦阻力以传动效率的形式等效。

1）导轨摩擦力折算到电动机轴上的转矩 M_μ 可用下式计算：

$$M_\mu = \frac{mg\mu S}{2\pi\eta_1\eta_2 i} \tag{6-17}$$

式中 M_μ——导轨摩擦力折算到电动机轴上的转矩（N·m）；

m——零件和工作台的总质量（kg）；

g——重力加速度，$g=9.8\mathrm{m/s^2}$；

μ——摩擦系数。

2）滚珠丝杠螺母副预紧力折算到电动机轴上的转矩 M_p 可用下式计算：

$$M_p=\frac{F_pS}{2\pi\eta_1\eta_2 i}(1-\eta_2^2) \tag{6-18}$$

式中 M_p——滚珠丝杠螺母副预紧力折算到电动机轴上的转矩（N·m）；

F_p——滚珠丝杠螺母副的预紧力（N）。

滚珠丝杠螺母副的传动效率 η_2 很高，一般取0.9。根据式（6-18）可知，M_p 相对于 M_F 和 M_μ 很小，可以忽略不计。

2. 负载惯量计算

由电动机驱动的所有运动部件，无论是做旋转运动的回转件，还是做直线运动的移动件，都成为电动机的负载惯量。

（1）回转体惯量计算 滚珠丝杠、联轴器、齿轮、同步带轮等均属于回转体，回转体围绕其中心轴线旋转时，惯量的计算公式如下：

$$J=\frac{\pi\gamma}{32}D^4L \tag{6-19}$$

式中 J——转动惯量（kg·m²）；

γ——回转体材料的密度（kg/m³）；

D——回转体直径（m）；

L——回转体长度（m）。

对于有 n 个台阶的回转体，可按每个台阶分别计算后相加，得下式：

$$J=\frac{\pi\gamma}{32}(D_1^4L_1+D_2^4L_2+\cdots+D_i^4L_i+\cdots D_n^4L_n) \tag{6-20}$$

（2）移动件惯量计算 工作台、工件等移动件质量折算到滚珠丝杠轴上的惯量，按下述公式计算：

$$J=m\left(\frac{S}{2\pi}\right)^2 \tag{6-21}$$

式中 m——移动件的质量（kg）；

S——滚珠丝杠导程（m）。

（3）回转中心不在回转体轴线上时（见图6-29）的回转体转动惯量计算 计算公式为：

$$J=J_0+mR^2 \tag{6-22}$$

式中 J_0——以回转体的轴心作为回转轴而回转时的转动惯量（kg·m²）；

m——回转体的质量（kg）；

R——回转体几何中心到回转中心的距离（m）。

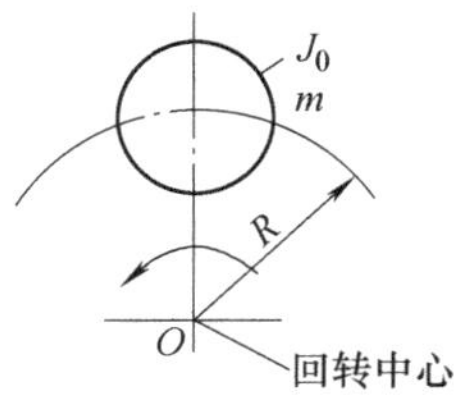

图6-29 回转体的回转中心

（4）等效负载惯量 根据前述惯量基本公式，以图6-28所示的进给传动系统为例，计算折算到电动机轴上的等效负载惯量 J_L 为：

$$J_L = J_1 + \frac{J_2 + J_S}{i^2} + m\left(\frac{S}{2\pi i}\right)^2 \tag{6-23}$$

式中　J_L——折算到电动机轴上的等效负载惯量（$kg \cdot m^2$）；

J_1、J_2——同步带轮（齿轮）的转动惯量（$kg \cdot m^2$）；

J_S——滚珠丝杠的转动惯量（$kg \cdot m^2$）。

这样，电动机轴上的系统总惯量 J_r 为：

$$J_r = J_L + J_m \tag{6-24}$$

式中　J_m——电动机转子转动惯量（$kg \cdot m^2$）。

6.4.3　数控机床进给伺服系统电动机的选择

数控机床进给伺服系统常用的驱动电动机有步进电动机、交流伺服电动机、直流伺服电动机和直线电动机。其中，步进电动机结构简单、价格低廉、维护方便，但低速时有振动、高速时输出转矩减小，主要用于开环控制进给系统中。交流伺服电动机具有响应快、精度和效率高、负载能力大、控制性能优越等优点，被广泛应用于闭环和半闭环控制进给系统中。直流伺服电动机具有优良的调速性能，但由于在结构上采用了易磨损的电刷和换向器，目前已逐渐被交流伺服电动机所取代。

高速、高精度的数控机床进给系统，采用直线电动机直接驱动方式，与旋转电动机驱动相比，取消了旋转运动变直线运动的传动机构，减小了机械传动误差，提高了系统的速度、加速度、传动刚度和加工精度。直线电动机作为一种新的传动方式，在数控机床中得到越来越广泛的应用。

1. 步进电动机的选择

（1）步距角 α 的选择　步距角的计算公式为：

$$\alpha = \frac{360\delta i}{S} \tag{6-25}$$

式中　α——步进电动机的步距角（°）；

δ——开环数控系统的脉冲当量（mm/p）；

i——同步带（齿轮）的传动比。

步距角是影响加工精度的重要因素，因此，主要根据数控机床所要求的脉冲当量来选择。步进电动机驱动系统采用同步带轮或减速齿轮传动，可以调节速度、增大转矩，还能满足给定的脉冲当量要求。

（2）最大静转矩 M_{jmax} 的选择　最大静转矩体现了步进电动机驱动负载的能力，主要根据进给系统的载荷来选择。考虑进给方向切削力 F_f 和工作台运动时的导轨摩擦阻力（见图6-28），负载转矩 M_z 可按下式求出：

$$M_z = \frac{(F_f + mg\mu)S}{2\pi\eta_1\eta_2 i} \tag{6-26}$$

然后依下式选择步进电动机的最大静转矩 M_{jmax}：

$$M_z \leqslant (0.2 \sim 0.4)M_{jmax} \tag{6-27}$$

当步进电动机的相数较多、起动频率要求不高时，式（6-27）中的系数取较大值，反之取较小值。

(3) 起动频率 f_q　由于步进电动机带负载起动时，其起动频率会进一步降低，因此，起动频率应满足：

$$f_q = f_{q0}\sqrt{\frac{1-\dfrac{M_z}{M_q}}{1+\dfrac{J_L}{J_m}}} \tag{6-28}$$

式中　f_{q0}——空载起动频率（Hz）；

M_q——起动频率下，由矩频特性决定的电动机输出转矩（N·m）。

(4) 最大加速转矩 M_a 的选择　步进电动机的选择还要满足加速特性要求。快速空载起动时折算到电动机轴上的最大加速转矩可按下式计算：

$$M_a = J_r\varepsilon = J_r\frac{2\pi n_m}{60t} \tag{6-29}$$

式中　M_a——电动机起动加速转矩（N·m）；

ε——电动机轴的角加速度（rad/s^2）；

n_m——电动机所需达到的转速（r/min）；

t——电动机加速时间（s）。

电动机空载起动时的转矩平衡方程为：

$$M_m = M_a + M_f \tag{6-30}$$

式中　M_m——电动机输出的最大转矩（N·m）；

M_f——摩擦力折算到电动机轴上的转矩（N·m）。

2. 交流伺服电动机的选择

(1) 对交流伺服电动机的要求

1) 从最低进给速度到最高进给速度的范围内，电动机均能平滑运转，转矩波动小，特别是在低速时，速度平稳、无爬行现象。

2) 应具有较长时间的大过载能力，以抵御切削过程中负载的波动。

3) 应有较小的转动惯量和大的堵转转矩，并具有尽可能小的时间常数和起动电压。

4) 能承受频繁起动、制动和反转。

根据以上要求，数控机床进给伺服系统一般采用高速、中小惯量的永磁式交流同步伺服电动机。伺服电动机的选择主要考虑静态负载、动态负载和转动惯量的匹配等问题。

(2) 负载转矩计算　以图6-30所示的进给传动系统为例，伺服电动机通过联轴器与滚珠丝杠螺母副直接相连（$i=1$），电动机轴上的等效负载转矩 M_z 可用下式表示：

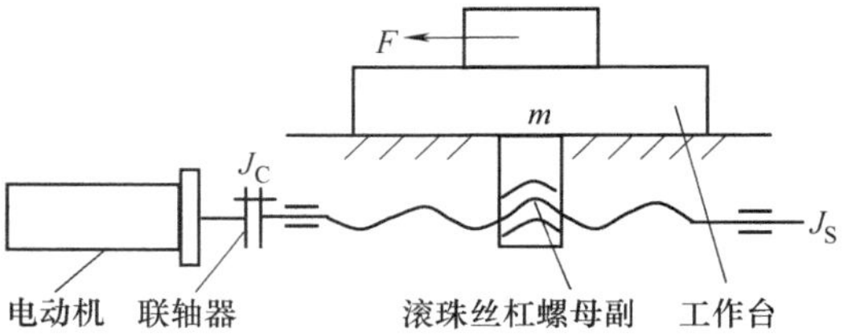

图6-30　伺服电动机驱动进给传动系统示意图

$$M_z = \frac{(F_f + mg\mu)S}{2\pi\eta} \tag{6-31}$$

式中　M_z——折算到电动机轴上的等效负载转矩（N·m）；

η——传动系统总效率。

(3) 负载惯量计算 采用伺服电动机和滚珠丝杠螺母副直连方式时，折算到电动机轴上的等效负载惯量 J_L为：

$$J_L = J_C + J_S + m\left(\frac{S}{2\pi}\right)^2 \tag{6-32}$$

式中 J_C——联轴器的转动惯量（$kg \cdot m^2$）。

同样，电动机轴上的系统总惯量 J_r为：

$$J_r = J_L + J_m \tag{6-33}$$

(4) 电动机的加减速转矩 电动机除连续稳定运行过程外，还有动态运行过程，即电动机加速或减速时的运行状态。处于动态时，系统中必然存在一个加减速（动态）转矩 M_a，使运动状态发生变化。其计算公式为：

$$M_a = J_r \frac{2\pi n_m}{60t} \tag{6-34}$$

式中 M_a——电动机的加减速转矩（N · m）；

n_m——电动机轴的转速（r/min）；

t——电动机的加减速时间（s）。

电动机产生的最大转矩 M_m为：

$$M_m = M_a + M_z \tag{6-35}$$

式中 M_m——电动机的最大输出转矩（N · m）。

(5) 伺服电动机惯量与负载惯量的匹配 在数控机床进给伺服系统的设计中，折算到电动机轴上的负载惯量与电动机转子转动惯量的比值，应控制在一定的范围内，既不能太大，也不能太小，称为惯量匹配问题。如果这个比值太大，则进给伺服系统的动态特性主要取决于负载特性，此时，工作条件（如工作台位置、切削参数）的变化将引起负载质量、刚度、阻尼等的变化，从而导致系统的动态特性也随之产生较大变化，会使整个系统的综合性能变差。如果这个比值太小，所消耗的电能不是为了带动负载，而是消耗在了电动机本身上，其加速特性得不到充分发挥，则表明电动机的选择或进给传动系统的设计不太合理，经济性较差。为了使系统的负载惯量达到较合理的匹配，通常推荐电动机惯量 J_m与负载惯量 J_L（折算至电动机轴上）之间的匹配关系为：

$$\frac{1}{4} \leqslant \frac{J_L}{J_m} \leqslant 1$$

具体的惯量匹配按所选电动机的说明书确定。

数控机床伺服电动机的选择，主要考虑负载转矩小于或等于电动机额定转矩；负载转矩加上加速转矩应小于或等于所选择电动机的最大转矩；要考虑负载惯量和电动机惯量的匹配，同时还应考虑加速时间在允许的范围内。

6.4.4 进给伺服系统的固有频率和传动刚度

1. 固有频率

当外界的激振频率接近或等于系统的固有频率时，系统将产生谐振，而不能正常工作。为了保证系统的稳定性，必须使进给伺服系统的固有频率远离激振频率。固有频率可按下式计算：

$$\omega = \sqrt{\frac{K}{m}} \tag{6-36}$$

式中　ω——进给伺服系统的固有频率（Hz）；

K——进给伺服系统的传动刚度（N/m）；

m——执行部件的质量（kg）。

由式（6-36）可知，进给伺服系统的固有频率主要由传动刚度决定，因此在结构上应采取相应措施，以提高系统的传动刚度。

2. 传动刚度

滚珠丝杠主要承受轴向载荷，除丝杠本身的自重以外，一般不承受径向外载荷，因而，进给系统的轴向传动刚度就可视为与滚珠丝杠相关联的零部件刚度的串联总和。进给系统的传动刚度 K 可用下式求得：

$$\frac{1}{K} = \frac{1}{K_{s1}} + \frac{1}{K_B} + \frac{1}{K_C} + \frac{1}{K_R} + \frac{1}{K_{BR}} + \frac{1}{K_{NR}} + \frac{1}{K_{\Phi 1}} \tag{6-37}$$

式中　K_{s1}——丝杠轴拉压刚度（N/m）；

K_B——支承轴承的轴向接触刚度（N/m）；

K_C——滚珠丝杠螺母副的轴向接触刚度（N/m）；

K_R——折合到滚珠丝杠螺母副上的伺服刚度（N/m）；

K_{BR}——轴承座的刚度（N/m）；

K_{NR}——螺母座的刚度（N/m）；

$K_{\Phi 1}$——滚珠丝杠螺母副扭转刚度折合到执行部件上的直线刚度（N/m）。

部件的刚度可由样本查得，其中前三项的影响较大，而拉压刚度又占总量的1/3～1/2。一般校核可按下式计算：

$$\frac{1}{K} = \frac{1}{K_{s1}} + \frac{1}{K_B} + \frac{1}{K_C} \tag{6-38}$$

机械装置中移动部件处于不同位置时，系统的刚度是不同的。

（1）丝杠轴拉压刚度 K_{s1}　丝杠轴的拉压刚度与丝杠的支承方式有关，当丝杠一端轴向固定，另一端轴向自由时，有：

$$K_{s1} = \frac{\pi d_r^2 E}{4a} \tag{6-39}$$

当丝杠为两端支承或两端轴向固定时，有：

$$K_{s1} = \frac{\pi d_r^2 E L_1}{4a(L_1 - a)} \tag{6-40}$$

式中　K_{s1}——拉压刚度（N/m）；

d_r——丝杠底径（m）；

a——从固定支承到滚珠螺母中央的距离（m）；

L_1——两支承间的距离（m）；

E——丝杠材料的弹性模量（MPa）。

滚珠丝杠轴的拉压刚度在行程范围内是变化的，根据不同的支承方式，可以计算出最大和最小刚度。

（2）支承轴承的轴向接触刚度 K_B　支承轴承的轴向接触刚度 K_B，可以从轴承样本资料中查得。支承滚珠丝杠的轴承，应选用刚性比较高的专用角接触球轴承，其接触角为60°。当丝杠经过适当预拉伸时，这种轴承的轴向接触刚度可提高一倍。

（3）滚珠丝杠螺母副的轴向接触刚度 K_{C1}　K_{C1} 主要是指螺旋槽与钢球之间的接触刚度。产品样本上的接触刚度值是以额定动载荷 C_a 的10%作为预加载荷时的接触刚度。如果预加载荷 F_{a0} 的值不是 $0.1C_a$，则 K_{C1} 应按下式计算：

$$K_{C1} = K_C \left(\frac{F_{a0}}{0.1C_a}\right)^{\frac{1}{3}} \tag{6-41}$$

式中　K_C——由样本查到的接触刚度（N/m）；

F_{a0}——预加载荷（N）；

C_a——额定动载荷（N）。

折合到滚珠丝杠螺母副上的伺服刚度 K_R、轴承座的刚度 K_{BR}、螺母座的刚度 K_{NR} 和扭转刚度 $K_{\Phi 1}$ 一般情况下可忽略，要求精确计算时可查阅相关资料。

6.5　进给伺服系统的性能对加工精度的影响

进给伺服系统的性能在很大程度上决定了数控机床的加工精度。对于轮廓控制机床，不仅要精确地控制每个坐标轴运动的位置与速度，还要求在多轴联动时，各坐标轴的动态特性能够良好地配合，使系统有一个较小的位置误差，以保证零件的加工精度。本节从控制理论的角度，分析数控机床进给伺服系统的动态特性对加工精度的影响。

1. 跟随误差对单坐标直线加工的影响

图6-31所示为数控机床的闭环进给伺服系统框图。系统被简化成一个开环增益 K_v 的比例环节和积分环节，积分环节描述了滚珠丝杠螺母副将电动机的转速转换成工作台的位移。

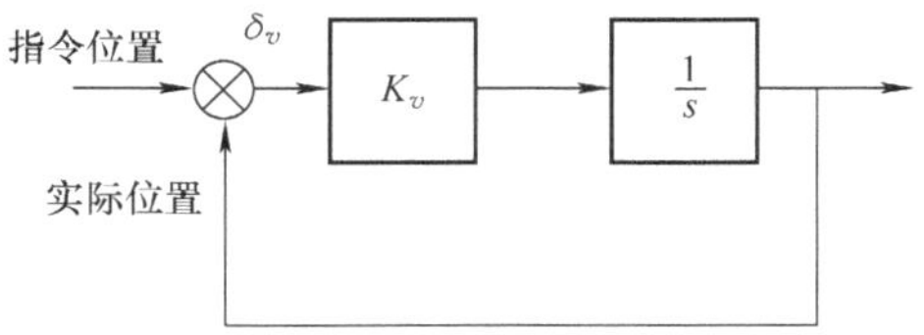

图6-31　闭环进给伺服系统框图

由自动控制理论可知，这是含有一个积分环节的I型系统，该系统的特点是它对阶跃信号输入的响应没有稳态误差；对于斜坡（速度）输入信号，虽然能跟踪斜坡（速度）输入信号，但存在稳态误差。在稳态时，系统的输出量与输入信号虽以同一个速度在变化，但前者在位置上要落后于后者一个常量，如图6-32所示。

图6-32a中的指令位置是以阶跃函数给出的，图中表示了工作台从实际位置到达指令位置的过程。图6-32b中的指令位置是以斜坡函数的形式给出的，1为指令位置曲线，2为实际位置曲线，实际位置总是滞后指令位置一个 δ_v 值。指令位置与实际位置的偏差 δ_v 称为跟随误差，也叫速度误差。速度误差并不是速度上的误差，而是由斜坡输入引起的位置误差。跟随误差可按下式计算：

$$\delta_v = \frac{v}{K_v} \tag{6-42}$$

式中　δ_v——跟随误差（m）；

v——进给速度（m/s）；

K_v——系统开环增益（1/s）；

上述控制过程表现在数控机床上就是，若指令位置是以斜坡函数的形式给出的，当指令位置已到达 A 点，且没有新的位置指令发出时，由于跟随误差的存在，工作台仍继续运动，直到 B 点偏差等于零才停止。这时，跟随误差并不影响定位运动或直线加工时终点位置的准确性，只是在时间上实际位置较指令位置有所滞后。

对于点位控制的数控机床，跟随误差与制动过程中运行的位移相等，因此，当定位精度要求较高时，在一个程序段结束的时候，要留有适当的暂停时间，以确保刀具精确到达指令位置。

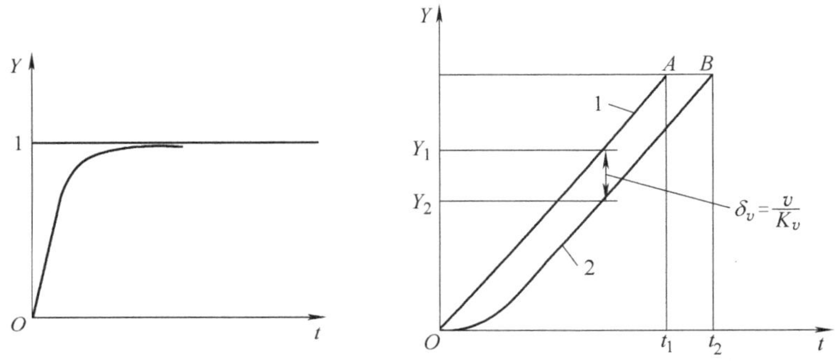

a) 阶跃响应　　b) 斜坡响应

图 6-32　I 型系统的阶跃和斜坡响应

2. 跟随误差对直线轮廓加工的影响

对于两轴控制的平面直线加工，除了要考虑每个控制轴的动态特性之外，还要考虑两个控制轴间动态特性的协调问题。如图 6-33 所示，假设加工平面直线时，直线程序段的起点位置为 O 点，终点指令位置为 A 点，刀具沿 X、Y 向的分速度 v_X、v_Y 为：

$$\begin{cases} v_X = v\cos\varphi \\ v_Y = v\sin\varphi \end{cases}$$

式中　φ——OA 与 X 轴的夹角（°）。

工作台沿着两个坐标轴方向的跟随误差可由下式求出：

$$\begin{cases} \delta_X = \dfrac{v_X}{K_X} = \dfrac{v\cos\varphi}{K_X} \\ \delta_Y = \dfrac{v_Y}{K_Y} = \dfrac{v\sin\varphi}{K_Y} \end{cases} \tag{6-43}$$

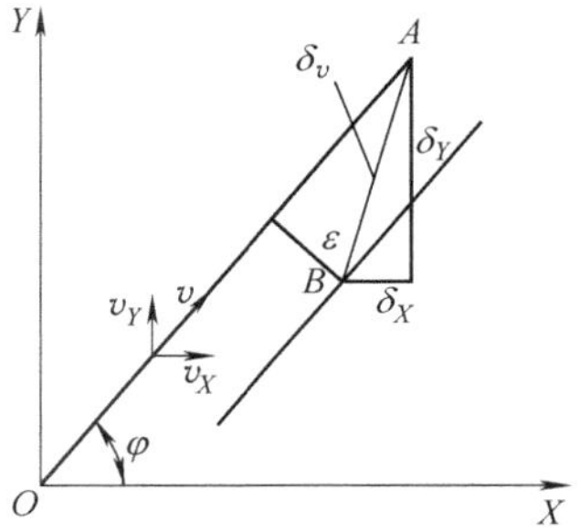

图 6-33　直线轮廓误差与跟随误差的关系

式中　K_X、K_Y——X、Y 轴系统开环增益（1/s）；

δ_X、δ_Y——X、Y 轴跟随误差（m）。

由于两个方向跟随误差的影响，将产生轮廓误差 ε，它是实际轨迹与要求轨迹之间的最短距离（见图 6-33）。其计算公式为：

$$\varepsilon=\delta_Y\cos\varphi-\delta_X\sin\varphi=\frac{v\sin\varphi}{K_Y}\cos\varphi-\frac{v\cos\varphi}{K_X}\sin\varphi$$

$$=\frac{v\sin2\varphi}{2}\left(\frac{1}{K_Y}-\frac{1}{K_X}\right)\tag{6-44}$$

式中　ε——轮廓误差（m）。

由式（6-44）可知，当 $K_X=K_Y$，即两轴位置增益相同时，虽然两个进给轴都有跟随误差，但不会产生轮廓误差；当 $\varphi=0°$或 $\varphi=90°$时，即使两个进给轴的位置增益不同，也不会产生轮廓误差；当 $K_X\neq K_Y$时，只要 K_X和 K_Y足够大，所产生的轮廓误差就很小。

因此，在数控机床设计中，应尽量提高每个坐标轴的增益，并尽量使多个联动坐标轴的增益相近；加工中应尽量保持直线度要求比较高的轮廓与机床的进给轴平行，同时应尽可能选择较低的进给速度。

3. 跟随误差对圆弧轮廓加工的影响

图6-34所示为加工圆弧轮廓时，跟随误差对轮廓精度的影响。加工半径为 R 的圆形轨迹时，设某一时刻理论刀位点在 A 点，由于存在跟随误差，实际刀位点在 B 点。由此形成的轮廓误差是理论刀具中心轨迹和实际刀具中心轨迹的半径差。在三角形 AOB 中，由余弦定理可求得轮廓误差 ε：

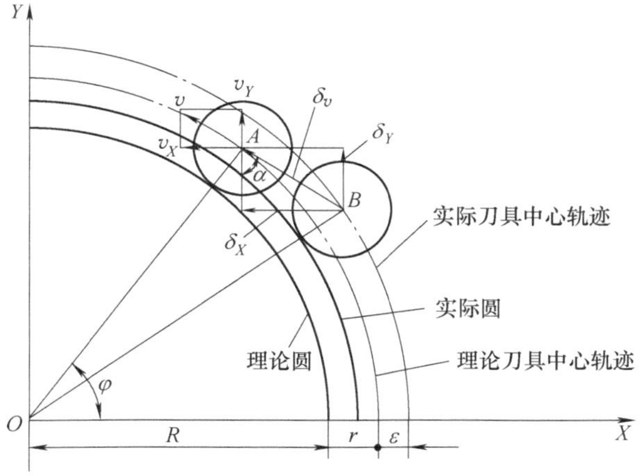

图6-34　加工圆形轨迹误差示意图

$$(R+r+\varepsilon)^2=(R+r)^2+\delta_v^2-2(R+r)\delta_v\cos(90°-\varphi+\alpha)$$

式中　R——加工圆弧半径（m）；

r——刀具半径（m）；

ε——圆弧轮廓误差（m）；

α——δ_v 与 δ_Y 的夹角（°）；

φ——OA 与 X 轴的夹角（°）。

因　$\delta_V^2=\delta_X^2+\delta_Y^2=\left(\frac{v\sin\varphi}{K_X}\right)^2+\left(\frac{v\cos\varphi}{K_Y}\right)^2$

式中　v——进给速度（m/s）；

K_X、K_Y——X、Y 轴系统开环增益（1/s）；

δ_X、δ_Y——X、Y 轴跟随误差（m）。

又因 ε 很小，ε^2 为高级小量可略去，故：

$$\varepsilon \approx \frac{v^2\left[\left(\frac{\sin\varphi}{K_X}\right)^2+\left(\frac{\cos\varphi}{K_Y}\right)^2\right]}{2(R+r)}+\frac{v\sin(2\varphi)}{2}\left(\frac{1}{K_X}-\frac{1}{K_Y}\right) \tag{6-45}$$

根据式（6-45），可得两种结果：

1）当 $K_X=K_Y$时，式（6-45）可简化成：

$$\varepsilon=\frac{v^2}{2(R+r)K_s^2} \tag{6-46}$$

其中，$K_s=K_X=K_Y$。

简化后的公式表明，当 X、Y 两坐标方向增益相同时，δ_v 与 ε 在同一条直线上，ε 随工件半径 R 的变化而变化，当圆弧半径 R 不变时，ε 是一个恒定值，它只影响尺寸偏差，而不影响形状精度。

由式（6-46）可以看出，ε 与进给速度的二次方成正比，与系统增益的二次方成反比。因此，降低进给速度、提高增益对减小圆弧加工误差是很重要的。同时可以看出，加工圆弧的半径越大，加工误差 ε 越小。

2）当 $K_X\neq K_Y$时，ε 随 φ 角发生变化，这个变化的误差值是不能消除的，这个误差就是由速度误差引起的几何形状误差。因此，要求各联动轴的系统增益值尽量接近。提高 K_X与 K_Y对减小误差 ε 是有益处的。

了解这些结论，对于数控机床的设计和圆弧轮廓加工的编程都是有益的。

4. 加工拐角时的误差

由于跟随误差的存在，在两段轮廓的过渡处会出现拐角误差，拐角误差可能造成被加工零件的过切和欠切。如图 6-35 所示，铣削拐角为直角的零件时，工作台先沿 X 轴方向运动，当指令信号到达 O 点时，由于有跟随误差 δ_X，工作台实际到达 B 点，实际位置相对指令位置有一滞后量，此时 Y 轴已接收位置指令信号开始运动，而 X 轴还要继续从 B 点移至 O 点，两个轴都在运动。当系统增益较低时，拐角处为一小圆弧，产生了欠切现象，如图 6-35a 所示。欠切可通过以下措施控制：降低切削速度，减小拐角误差；通过编程，用 G04 指令在拐角处停留 30～50ms；选取具有较高增益的控制系统，提高系统的动态性能。

当系统增益较高时，会由于超调而产生过切现象，如图 6-35b 所示。可采取以下措施来控制过切：编程时对 X 轴安排分级降速指令；程序段转段时，使用自动减速和加速功能。超程现象引起的过切对零件质量影响较大，应尽量避免。

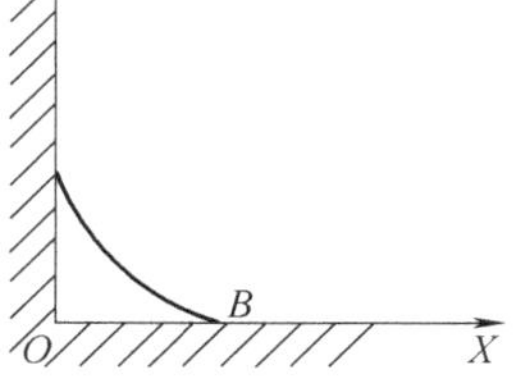

a) 欠切

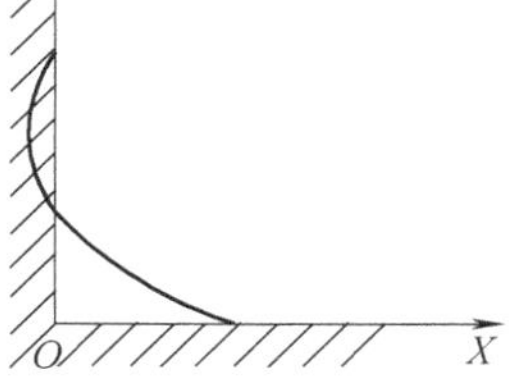
b) 过切

图 6-35　加工拐角时的轮廓误差

复习思考题

1. 数控机床进给伺服系统有哪几种分类方式?
2. 进给伺服系统的作用是什么?
3. 试述闭环控制伺服系统的工作过程。
4. 数控机床对进给伺服系统的要求有哪些?
5. 试述开环控制步进伺服系统的工作原理。
6. 步进电动机的主要性能指标有哪些?
7. 步进电动机驱动控制电路由哪些部分组成? 各部分有何功用?
8. 某开环控制数控机床的进给系统，采用步进电动机经齿轮副减速后，带动滚珠丝杠螺母副驱动工作台移动。已知系统脉冲当量为 0.005mm/p，齿轮传动比是 2.5，滚珠丝杠基本导程为 6mm，试问三相步进电动机的步距角为多少? 若步进电动机转子有 80 个齿，应该采用怎样的通电方式? 写出通电顺序。
9. 某数控机床纵向进给系统，采用步进电动机经同步带轮减速后驱动滚珠丝杠螺母副，实现工作台纵向移动。已知步进电动机转子齿数为 80，步进电动机按三相六拍通电方式工作，其最高工作频率为 2000Hz，滚珠丝杠基本导程为 10mm，要求脉冲当量为 0.01mm/p，工作台、零件和夹具的总重量为 8000N，导轨摩擦系数为 0.15，若进给方向的切削力为 1000N，传动系统总效率为 0.9，试计算步距角 α、同步带传动比 i ($i>1$)、作用在电动机轴上的负载转矩 M_z (单位为 N · m)、工作台的最大快进速度 v_{max} (单位为 m/min)。
10. 某四相反应式步进电动机，其步距角为 1.8°/0.9°，求转子齿数。
11. 如果步进电动机的负载转矩大于起动转矩，步进电动机还会转动吗? 为什么?
12. 试述交流电动机的调速原理。
13. 变频调速有哪几种控制方式?
14. 解释 SPWM 的含义，并绘出 SPWM 波形图。
15. 试述用正弦波控制、三角波调制的 SPWM 变频器的工作原理。
16. 如何选择步进电动机?
17. 选择交流伺服电动机时应注意哪些问题?
18. 跟随误差对加工精度有何影响?

第 7 章 机床的数控化改造

本章提要

普通机床的数控化改造是数控技术应用的一个重要方面，对于数控技术的推广应用具有积极意义。本章主要介绍机床数控化改造的内容与步骤、机械部分改造的内容、数控系统的选型，最后给出一个普通车床数控化改造的实例。

7.1 机床数控化改造的意义

随着数控机床成为机械加工设备的主流，机床数控化率已成为衡量一个国家机械制造业发展水平的重要指标。近年来，国内机床企业在国家的支持下，加大了自主创新力度，数控机床发展很快，高档数控机床产品如五轴联动机床、龙门加工中心等也不断推出。我国机床的数控化率呈逐年提高趋势：2002 年，我国机床产量数控化率为 8%，2017 年则达到了 35% 的较高水平。

提高机床数控化率的重要途径之一，就是将现有的普通机床改造成数控机床。与购置新机床相比，普通机床的数控化改造具有以下优点：

1）减少投资。与购置新机床相比，数控化改造一般可以节省 60% ~80% 的费用，特别是大型、特殊机床尤其明显。一般大型机床数控化改造所需费用为购置新机床的 1/3，交货期也短。但有些特殊的附加装置，如高速主轴、托盘自动交换装置的制造与安装成本较高。综合考虑这些因素，与购置新机床相比，进行数控化改造一般能节省投资 50% 左右。

2）主要部件力学性能稳定可靠。机床的床身、立柱等基础件都是重而坚固的铸造构件，经过长期使用后，内应力充分消除，力学性能稳定，可以继续使用。受原来机械结构的限制，不宜对基础件做重大改造。

3）可以采用最新的控制技术。可随着数控新技术的发展，及时地提高生产设备的自动化水平和效率，使用最新的机械部件和控制组件，提高设备的性能，将旧机床改成高水平的数控机床。

由于机床及控制技术的快速进步，原来的数控机床也面临更新换代问题。因此，机床的数控化改造有两方面的含义：一方面是将普通机床改造成数控机床；另一方面是对于旧的数控机床，可以更换数控系统，提高机床的性能。

7.2 数控化改造的内容与改造方案

7.2.1 机床数控化改造的内容

机床与生产线数控化改造的主要内容如下：

1）恢复原功能。对机床、生产线存在的故障进行诊断并修复。

2）数控化。在普通机床上加装数控系统，将其改造成数控机床。

3）旧机床的翻新。为提高加工精度、效率和自动化程度，对机械部分进行修复，恢复原精度；对不满足生产要求的 CNC 系统，以新的 CNC 系统进行更新。

4）技术更新或技术创新。为提高机床的性能，或为了使用新工艺、新技术，在原有基础上进行较大规模的技术更新或技术改造。

7.2.2 数控化改造方案的设计

设计机床数控化改造方案时，主要应考虑以下几方面的问题。

1. 机械维修与电气改造相结合

一般来说，需要进行电气改造的机床，都需要进行机械维修。要确定维修的范围、内容和要求；也要确定因电气改造而需要进行机械结构改造的内容和要求。机械部分力学性能的完好是电气改造成功的基础。

2. 先易后难、先局部后全局

确定改造步骤时，应把整个电气部分改造分成若干个子系统进行，如数控装置、测量系统、主轴、进给系统、面板控制与强电部分等，待各系统基本成型后再互联完成全系统工作。在每个子系统工作中，应先做技术性较低、工作量较大的工作，然后做技术性高、要求精细的工作，使人的注意力能集中到关键地方。

3. 根据使用条件选择控制系统

确认机床的环境温度、湿度、灰尘、电源、光线，甚至是否有鼠害等外界使用条件，这可为选择电气系统的防护性能、抗干扰性能、自冷却性能、空气过滤性能提供正确的依据。电气系统的选择应当优先考虑成熟产品，且性能应合理、实用，有备件及维修支持，功能满足当前和今后若干年内的发展要求。

4. 落实参与改造人员和责任

机床的数控化改造是一个系统工程，人员配备十分重要。根据各个划分开的子系统，确定人员职责，有主有次，以便于组织与协调。如果项目采用对外合作形式，则更需在目标明确的前提下，界定分工，确定技术协调人。

5. 改造范围与周期的确定

有时数控机床电气系统改造，并不一定包含该机床的全部电气系统，应根据科学的测定和分析决定其改造范围。

7.2.3 改造的实施

机床的数控化改造不是单纯的技术问题，还涉及项目管理和质量控制等方面，是一个系统工程。实施阶段内容按时间顺序分为：

1）原机床的全面保养。机床经长期使用后，在机械、液压、润滑、清洁等方面会存在不同程度的缺陷，所以首先要进行全面保养。其次，应对机床做一次改造前的几何精度、尺寸精度测量，并记录在案。这样既可对改造工作起指导参考作用，又可在改造结束时进行对比分析用。

2）原系统的拆除。原系统的拆除必须对照原图样仔细进行，及时在图样上做出标记，防止遗漏或过拆。

3）合理安排新系统位置及布线。根据新系统设计，合理进行新系统配置，包括箱体固定、面板安放、线路走向和固定、元器件位置调整、密封及必要装饰等。连线工作必须分工明确，有人复查检验，以确保连线正确无误、工艺规范、线径合适、可靠美观。

4）调试。调试须按事先确定的步骤和要求进行。调试时首先测试安全保护系统的灵敏度，防止发生人身、设备事故。各运动轴拖板处于全行程中心位置；能空载试验的，先空载后加载；能模拟试验的，先模拟后实动；能手动的，先手动后自动。

5）机床验收。经过机械维修和电气改造以及全面保养后，机床的各项性能应达到要求，几何精度应在规定的范围内。验收内容包括电气控制功能和控制精度验收、试件切削验收以及图样和资料验收。

电气控制的各项功能必须达到动作正常、灵敏可靠。控制精度应用系统本身的测量结果（如步进尺寸等）与标准计量器具（如激光干涉仪、坐标测量仪等）的测量结果对照检查，达到精度范围要求。同时，还应与改造前机床的各项功能和精度进行对比，获得量化的指标差。

试件切削验收可以参照有关数控机床切削试件标准，在操作人员、编程人员的配合下进行试件切削。试件切削可验收机床刚度、切削力、噪声、运动轨迹、关联动作等。

机床改造完后，应及时将图样（包括原理图、配置图、接线图、梯形图等）、资料（包括各类说明书）、改造档案（包括改造前、后的各种记录）汇总、整理、移交入档，保持资料的完整、有效、连续，这对该设备今后的稳定运行和维护是十分重要的。

7.3 机械部分改造设计

数控机床的机械传动环节要求有高的静、动态刚度；运动副之间的摩擦系数小，传动无间隙；还要便于操作和维修。因此，对普通机床进行数控化改造时，也要对其机械部分做适当的改造。机床主要功能部件已经实现标准化生产，因此，机床数控化改造时是要根据其功能和参数的要求选择功能部件，并进行必要的验算。有关数控机床机械部分设计的详细内容请参照金属切削机床设计的相关内容。

7.3.1 丝杠的选择

丝杠传动直接关系到传动链精度，丝杠的选用主要取决于被加工件的精度要求和进给运动的驱动转矩要求。被加工工件精度要求不高时可采用滑动丝杠，但应检查原丝杠磨损情况，包括螺距误差、螺距累积误差和相配螺母间隙。一般情况下，滑动丝杠的精度应不低于6级，螺母间隙过大时须更换螺母。采用滑动丝杠相对滚珠丝杠价格较低，但难以满足精度较高零件的加工要求。

滚珠丝杠摩擦损失小，效率高，其传动效率可达90%以上；精度高，寿命长；起动转矩和运动时的转矩相接近，从而可以降低电机起动转矩。如果要求机床改造后的加工精度较高，则应优先选用滚珠丝杠。滚珠丝杠安装时一般需要设计预紧机构，用来调整丝杠螺母间的预紧力，图7-1所示为三种常用的预紧机构。图7-1a所示为用调整垫片实现预紧；图7-1b所示为用两个锁紧螺母实现预紧；图7-1c所示为利用两对齿轮的错齿实现预紧。

选择滚珠丝杠时，首先根据机床的定位精度和进给速度要求预选丝杠的精度等级、支承形式和几何尺寸，待机械部分的其他结构尺寸确定后，进行精度、承载能力和寿命的验算，以确认或修改初选的结果。

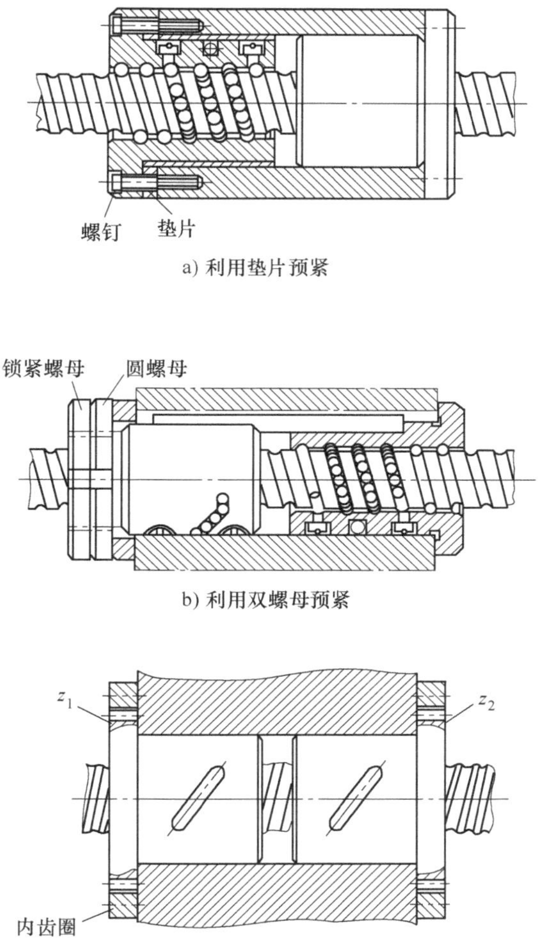

a) 利用垫片预紧

b) 利用双螺母预紧

c) 利用错齿实现预紧

图7-1　滚珠丝杠的预紧机构

7.3.2　导轨的选择

对数控机床来说，导轨除应具有普通机床导轨的导向精度和工艺性外，还要有良好的耐磨损特性，并应减少因摩擦阻力而导致的爬行现象。同时要有足够的刚度，以减少导轨变形对加工精度的影响，而且要有合理的防护和润滑措施。数控机床上常用的导轨有贴塑导轨、滚动导轨和静压导轨。静压导轨一般用于低速重载机床，机床数控化改造中常用的是贴塑导轨和滚动导轨。

滚动导轨的选择主要考虑导轨的精度和承载能力，普通机床多选3级或4级精度的导轨，高精度机床可选2级精度的滚动导轨。图7-2所示为滚动导轨在数控机床上的常用固定方式。

滚珠丝杠副和导轨是精密元件，工作时要严防灰尘特别是切屑及硬砂粒进入滚道。在丝杠上应加防护罩。拖板与滚动导轨接触的两端面要密封好，以防止硬质颗粒状异物进入滑动面而损伤导轨。

7.3.3　传动齿轮的设计

在数控机床进给系统中，考虑到转动惯量、转矩和脉冲当量的要求，有时需要在电动机与丝杠之间加入齿轮传动副，而齿轮传动的间隙会影响传动精度和稳定性。因此，对于数控机床进给系统中的齿轮传动，必须采取消除间隙的措施。图7-3所示为常用的消除齿轮间隙

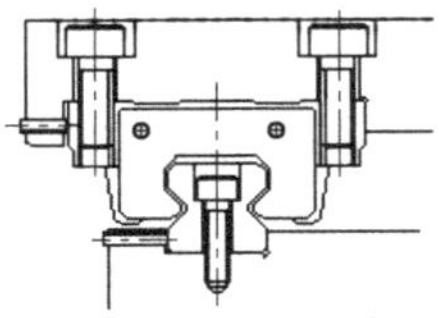
a)用紧定螺钉固定

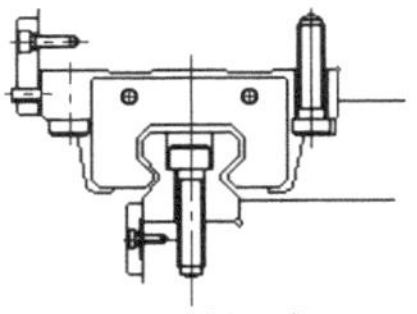
b) 用压板固定

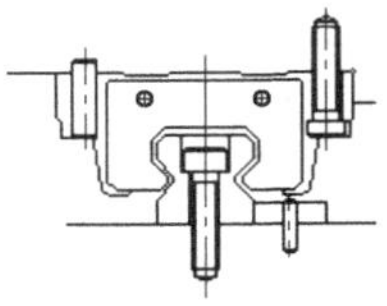
c) 用定位销固定

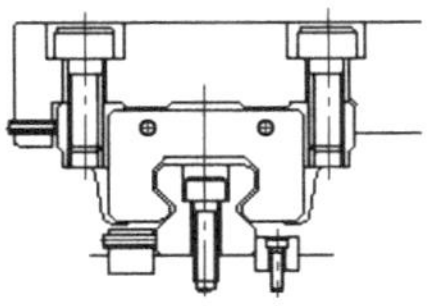
d) 用紧定螺钉和键固定

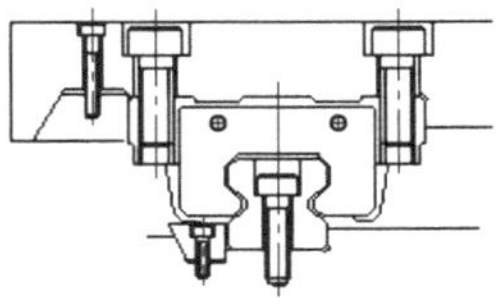
e) 用楔块固定

图 7-2　滚动导轨的固定方式

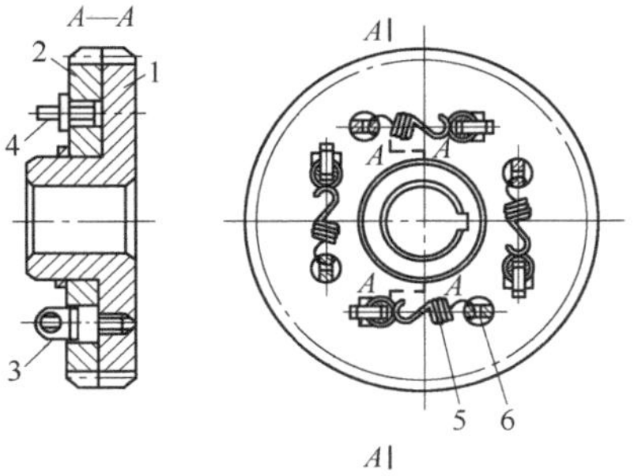

a) 利用错齿结构消除间隙

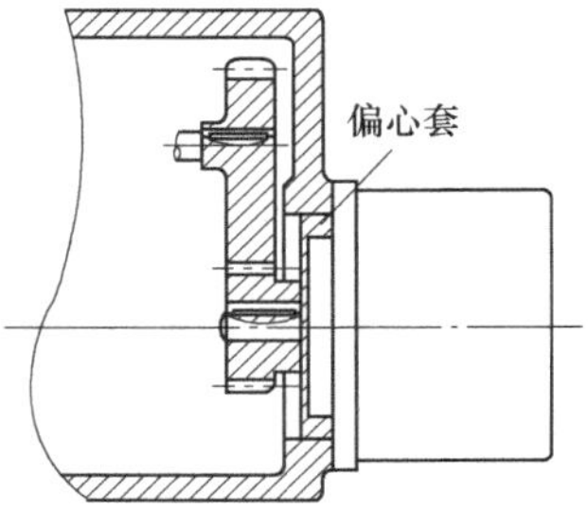

b) 利用偏心套消除间隙

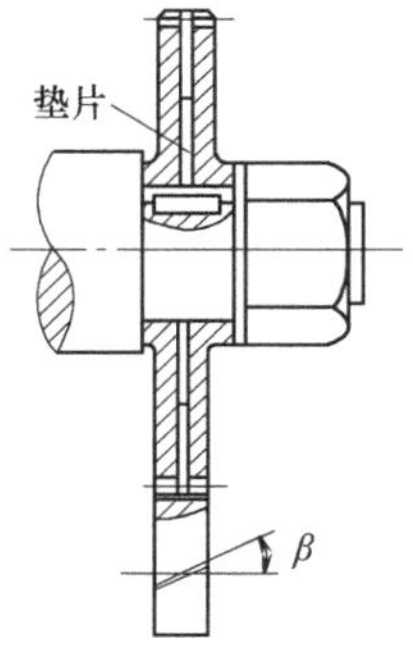

c) 利用垫片消除斜齿轮间隙

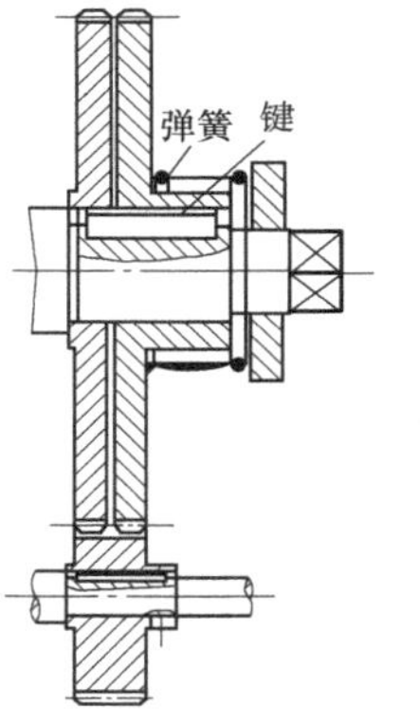

d) 利用弹簧消除斜齿轮间隙

图 7-3　数控机床中常用的消除齿轮间隙的机构

1、2—齿轮　3、4、6—销钉　5—弹簧

的机构。图 7-3a 所示为用弹簧 5 消除薄片直齿轮 1 和 2 之间间隙的机构，弹簧的一端通过销钉 4 和 6 固定在齿轮 2 上，另一端通过销钉 3 固定在齿轮 1 上，弹簧的拉力使两片齿轮周向错位，增加了有效齿厚；图 7-3b 所示为用偏心套改变齿轮的中心距，以达到消除间隙的目的；图 7-3c 所示为利用垫片改变两片斜齿轮的轴向位置，以达到消除间隙的目的；图 7-3d所示为用弹簧改变两片斜齿轮的轴向位置，从而消除间隙。不管使用哪一种消除间隙的机构，由于齿侧间隙减小了，齿轮的加工精度要求均有所提高。

7.3.4 同步带的设计

同步带传动是介于带传动和链传动之间的一种传动方式（见图7-4a），具有传递运动准确、运动平稳、传动效率高、结构紧凑等优点，是数控机械中较理想的运动传递方式。同步带由强力层、带齿和带背组成（见图7-4b）。强力层的作用是提高同步带的强度，消除传动过程中带的伸长。常用的同步带齿形有梯形和圆弧两种。和梯形齿廓相比，圆弧齿廓在传动过程中的应力分布更合理，因而在减小噪声、提高同步带的寿命和提高承载能力方面更具优势。带背使同步带具有良好的柔韧性。同步带应用中，需要选择的参数主要有齿距、带长和模数。

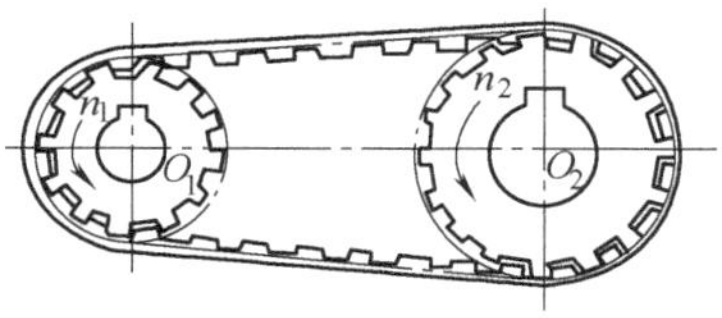

a) 同步带传动

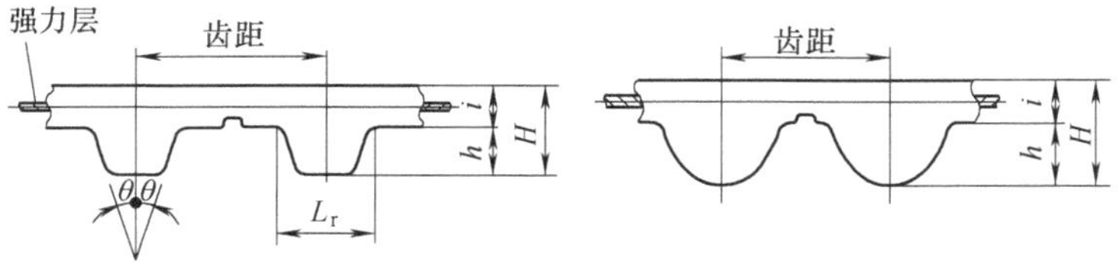

b) 同步带

图7-4 同步带传动装置

1. 齿距和带长

齿距是指相邻两齿在节线上的距离（也称节距）。由于强力层在工作时的长度不变，因此，强力层的中心线被定义为同步带的节线，并将节线的长度作为同步带的公称长度。

2. 模数

同步带的模数是指其节距与 π 之比，模数是同步带尺寸计算的一个主要依据，主要影响同步带的传动能力，一般取值范围为1～10mm。

7.4 数控系统的选型

当前生产数控系统的厂家较多，国外公司有德国SIEMENS公司、日本FANUC公司；国内公司有北京航天机床数控系统集团公司、华中数控股份有限公司、沈阳高档数控国家工程研究中心、广州数控设备有限公司、北京凯恩帝数控技术有限责任公司等。在可供选择的数控系统中，性能高低差别很大，直接影响到设备性能和价格构成，因此，不能片面地追求高技术水平、新系统，而应以满足主机性能为主，对系统性能和价格等进行综合分析，选用合适的系统。选择数控系统的基本原则：可达到加工精度和效率的要求、性能价格比高、购后的使用维护方便、系统的市场寿命长（不能选择淘汰系统，否则使用几年后将找不到维修备件）等。国产数控系统近年来技术水平提高得很快，基本能够满足中档数控机床的要求，具有较高的性能价格比。

数控系统除基本功能以外，还有很多可供选择的功能。对配在机床上的数控系统，一般机床所需的基本功能已由制造商选配，用户可以根据自己的生产管理、测量、刀具管理、程序编制等要求，额外再选择一些功能，如 DNC 接口或联网功能等。数控系统的选型可参考本书第 1 章。

7.5 普通车床数控化改造实例

对普通车床进行数控化改造，主要是将纵向和横向进给系统改造成由数控装置控制的、能独立运动或同时协调动作的进给伺服系统；将刀架改造成能自动换刀的回转刀架。改造后的车床能够加工复杂回转面，实现多刀、多工步自动加工，能够通过程序控制切削用量，从而实现多品种、小批量复杂零件的加工。本节给出了一台 CW6180 型普通车床的数控化改造实例，其改造方法可用于其他机械设备。

1. 改造方案设计

根据机床改造的具体要求，确定改造方案为：拆除进给箱部分，在原进给箱部位安装纵向进给电动机和减速箱；拆除溜板箱，在原溜板箱部位安装滚珠丝杠螺母座，纵向导轨改为贴塑导轨；横溜板燕尾导轨改为贴塑导轨，丝杠改为滚珠丝杠；拆除原来的刀架，改为电动回转四方刀架；拆除交换齿轮架，在原交换齿轮架主动轴上安装光电编码器。横向进给运动和纵向进给运动均选用一级减速，主轴保留手动变速，改造方案如图 7-5 所示。

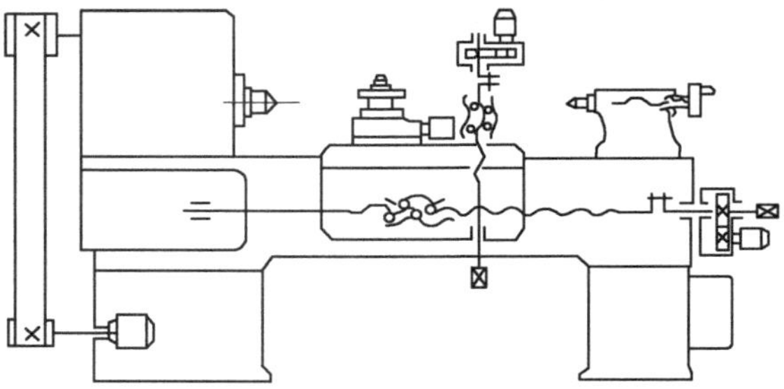

图 7-5 CW6180 型普通车床的数控化改造方案

2. 驱动部件选择计算

基于交流伺服电动机在数控机床中的广泛应用，为了有效地保证加工精度，纵、横向进给选择交流伺服电动机驱动，电动机的选择应满足最大切削力矩小于电动机额定转矩、符合惯量匹配要求等条件。为了满足这些条件，需要进行负载转矩及转动惯量计算。负载转矩可按下列公式近似求得：

$$M = \frac{FS}{2\pi\eta i} \tag{7-1}$$

式中 M——负载转矩（N · m）；

F——进给力（kN）；

S——滚珠丝杠导程（mm）；

i——传动比（$i>1$）；

η——传动系统总效率。

对于图 7-5 所示机构，横向和纵向传动系统折算到电动机轴上的转动惯量按下式计算：

$$[J] = J_1 + \frac{J_2 + J_S + J_T}{i^2} + J_C \tag{7-2}$$

式中 $[J]$——折算到电动机轴上的转动惯量（$kg \cdot m^2$）；

J_C——联轴器的惯量（$kg \cdot m^2$）（若无联轴器，$J_C=0$）；

J_S——滚珠丝杠的惯量（kg·m^2）；

J_T——工作台折算到丝杠轴上的惯量（kg·m^2）；

J_1——小齿形带轮的惯量（kg·m^2）；

J_2——大齿形带轮的惯量（kg·m^2）。

对需要改造的机械部分进行初步设计后，就可以进行与选择电动机有关的计算。对于径向进给系统，已知 $F_X=8000\text{N}$，$S=10\text{mm}$，$\eta=0.85$，$i=1.5$，$J_C=2.4\times10^{-4}\text{kg}\cdot\text{m}^2$，$J_S=50\times10^{-4}\text{kg}\cdot\text{m}^2$，$J_T=5\times10^{4}\text{kg}\cdot\text{m}^2$，$J_1=5.4\times10^{-4}\text{kg}\cdot\text{m}^2$，$J_2=22\times10^{-4}\text{kg}\cdot\text{m}^2$，可求得负载转矩为 $M_X=10.00\text{N}\cdot\text{m}$，等效转动惯量 $[J]_X=61.62\times10^{-4}\text{kg}\cdot\text{m}^2$。对于纵向进给系统，若进给抗力已知 $F_Z=10000\text{N}$，$L=10\text{mm}$，$\eta=0.85$，$i=1.5$，$J_C=24\times10^{-4}\text{kg}\cdot\text{m}^2$，$J_S=112\times10^{-4}\text{kg}\cdot\text{m}^2$，$J_T=11\times10^{-4}\text{kg}\cdot\text{m}^2$，$J_1=5.4\times10^{-4}\text{kg}\cdot\text{m}^2$，$J_2=22\times10^{-4}\text{kg}\cdot\text{m}^2$，可求得 $M_Z=12.48\text{N}\cdot\text{m}$，$[J]_Z=142\times10^{-4}\text{kg}\cdot\text{m}^2$。

根据负载转矩和转动惯量的计算结果，分别选择功率为2.4kW和3.0kW的中惯量交流伺服电动机为 X 向和 Z 向的驱动电动机，经验算，其额定转矩和转动惯量满足第6章关于交流伺服电动机转矩和转动惯量的要求。

电动机通过减速装置与丝杠相连，若采用齿轮副减速，则应采取减小齿轮间隙的措施，否则，会因产生反向间隙而影响传动精度。利用同步带减速时，可自由调节传动比，没有传动间隙，工作中没有冲击。这种结构的传动比 $i>1$，转动惯量计算公式表明，减速后的传动件，其转动惯量对电动机的影响随传动比的二次方减少，而使等效转动惯量降低。另外，电动机额定转矩减小，使电动机尺寸缩小、价格降低。本设计中考虑到工作台的惯量较大，为了得到较高的进给速度，采用了同步带减速方案。

3. 机械部分的改造

在保持原有机床刚度不被破坏的情况下，综合考虑技术先进性与经济合理性，纵向进给系统选择同步带减速比较合适。采用减速装置后，可将滚珠丝杠安装到原丝杠位置。否则，会因电动机尺寸较大，使丝杠远离床身，而导致受力状态变差。

为便于同步带的安装调整并防止产生间隙，带轮的中心距应可调，或者安装张紧轮。图7-6所示为齿形带中心距调整机构，电动机安装在连接板上，连接板与进给箱箱体用螺栓紧固连接，箱体上的螺栓孔加工成长槽孔，紧固螺栓松开后，移动连接板可将同步带拉紧。图7-7所示为同步带张紧机构，箱体上加工出长槽孔，螺母松开后，张紧轴沿长槽孔移动，使张紧轮（滚动轴承）压紧同步带，然后锁紧螺母。

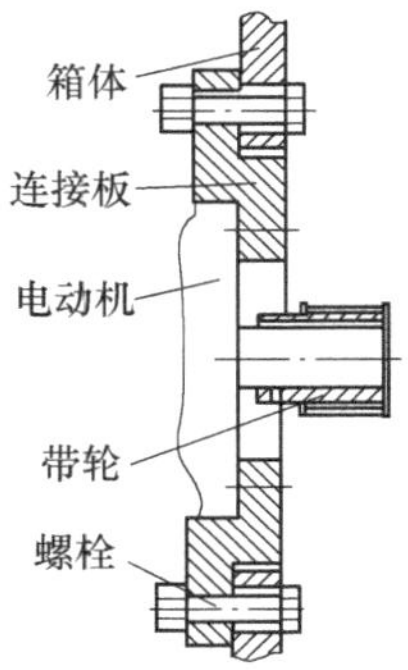

图7-6 齿形带中心距调整机构

4. 数控装置的选型

根据对所改造机床的加工要求，综合考虑性能价格比，选择了国产KND1型数控系统。该系统具有的功能与改造的车床所要达到的功能相匹配，可实现纵向 Z 轴和横向 X 轴两轴联动。通过操作面板输入加工程序。配置的控制装置由两部分组成，电动机驱动器、变压器等放在立式柜中，操作面板放在台式柜中，操作方便。

CW6180型普通车床经数控化改造后，解决了球面、圆弧形零件加工的问题，X、Z 轴最小移动量为0.005mm。改装完成后，以图2-48所示零件为试切件进行检验，完全达到了质量要求。改造后的机床在工作中运行状况良好，加工精度高，加工质量稳定。实践证明，数控化改造是可行的，是提高我国机床数控化率的有效途径，适应了现代制造业的需求。

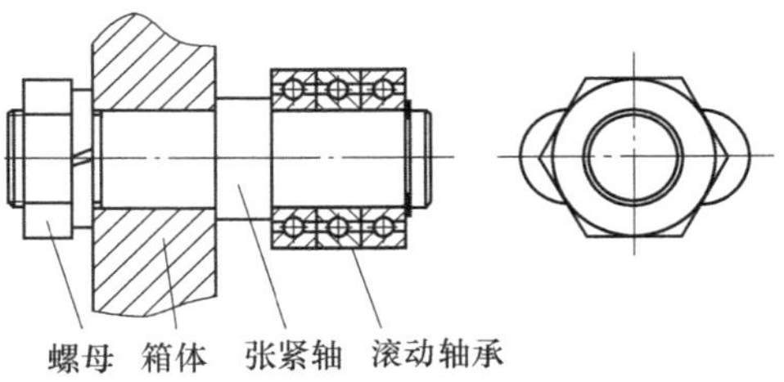

图 7-7 同步带张紧机构

图 7-8 所示为数控化改造后的车床总图，图 7-9所示为改造后的纵向进给系统结构图，图 7-10所示为改造后的横向进给系统结构图。

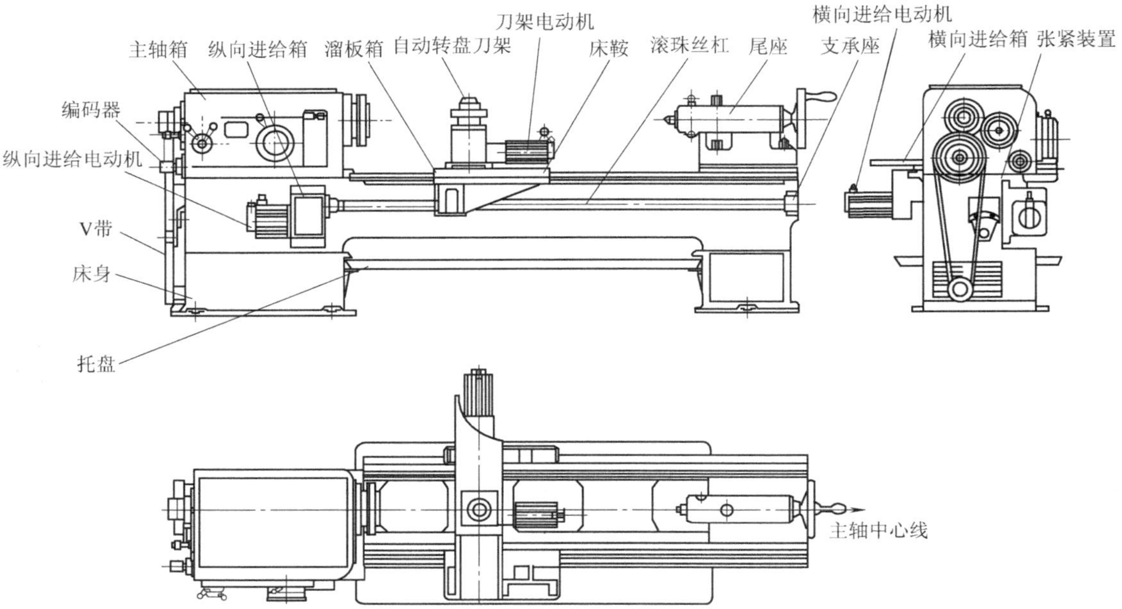

图 7-8 改造后的车床总图

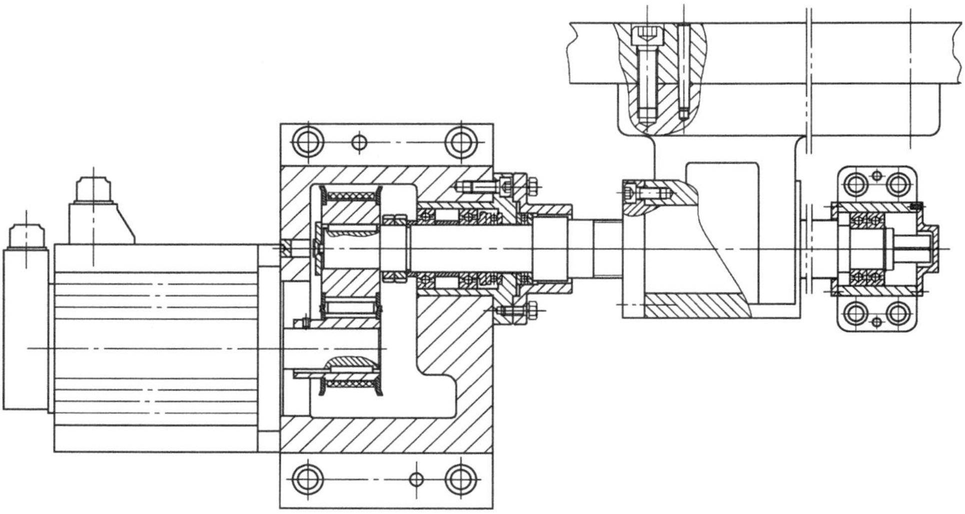
图 7-9 改造后的纵向进给系统结构图

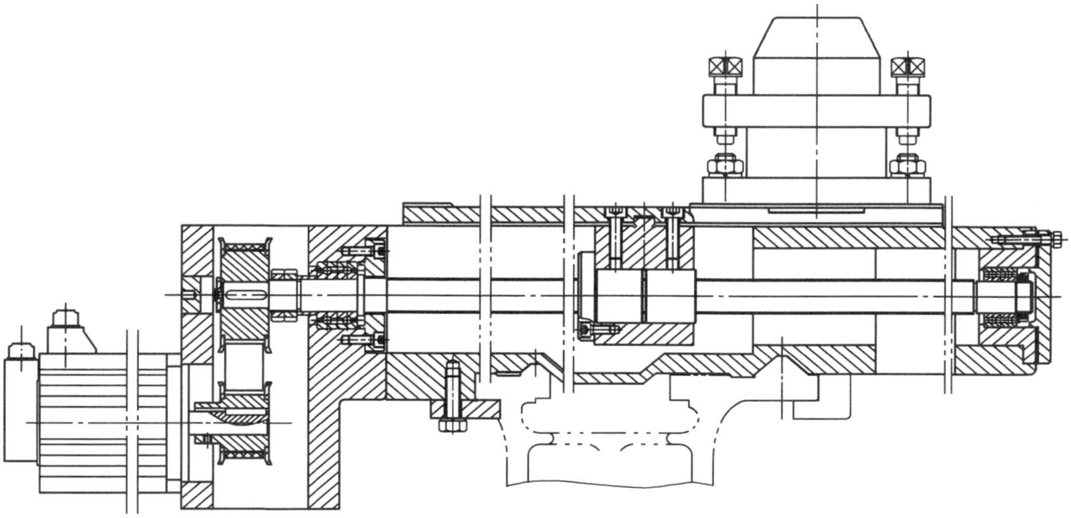

图 7-10　改造后的横向进给系统结构图

复习思考题

1. 机床数控化改造有何意义?
2. 机床数控化改造的内容与步骤是什么?
3. 机械部分与电气部分改造包括哪些主要内容?

附录

数控技术常用词汇中英文对照

absolute dimension	绝对尺寸
absolute programming	绝对坐标编程
Automatically Programming Tools （APT）	自动编程系统
auxiliary functions	辅助功能
Automatic Tool Changer （ATC）	自动换刀装置
align	v. & n. 定位
axis	n. （数控机床的） 轴
Linear axis	直线轴
Rotate axis	旋转轴
Basic axis	基本轴
Auxiliary axis	附加轴
auxiliary control cell	辅助控制单元
axial	a. 轴向的
analogue	a. 模拟的
assembly	v. 装配，组合
adjacent	a. 临近的，接近的
architecture	n. 结构
approximation	n. 近似值
block	n. 程序段（指一行加工程序）
boring	n. 镗孔
bend	v. 弯曲
bolt	n. 螺栓
ballscrew	n. 滚珠丝杠
bearing	n. 轴承
backlash	n. 齿间隙，反向间隙
be peculiar to	为……所特有
break through	突破
batch	n. 批
convert	v. 转换

cubic	a. 立方的，三次的
considerably	ad. 显著地
continuous path control	连续轮廓控制
closed-loop	闭环
Cathode-Ray Tube（CRT）	阴极射线管
Computer-Aided Design（CAD）	计算机辅助设计
Computer-Aided Manufacturing（CAM）	计算机辅助制造
Computer Numerical Control（CNC）	计算机数字控制
closed-loop system	闭环系统
cutter compensation	刀具补偿
circular interpolation	圆弧插补
Computer Integrated Manufacturing System（CIMS）	计算机集成制造系统
closed architecture	封闭式结构
compensation function	补偿功能
tool length compensation	刀具长度补偿
cutter radius compensation	刀具半径补偿
tool nose radius compensation	刀尖圆弧半径补偿
Computer Numerical Control Unit（CNC Unit）	计算机数控装置
correction data	校正数据
classification	n. 分类
conform	v. 使一致，使遵守
compensate	v. 偿还，补偿
coordinate	n. 坐标（用复数）
coefficient	n. 系数，率
configuration	n. 设置
compatibility	n. 相容性
contour	n. 轮廓
ceramal	n. 金属（合金）陶瓷

die	n. 模具
drill	v. 钻削
deviation	n. 偏差
discrete	a. 分离的，离散的
diode	n. 二极管
denote	v. 表示，指示
designated	v. 指定，指明
distribute	v. 使分布，分配
dedicated	a. 专用的
dispatcher	n. 调度程序

demonstrate	v. （用实验）表明
dynamic	a. 动力（学）的
derivative	n. 导数 a. 导出的
degree of freedom	自由度
extremity	n. 末端，极端
encoder	n. 编码器
expansion	n. 膨胀，扩充
elasticity	n. 弹力，弹性力学
feederate	n. 进给速度
Fast Ethernet Board	高速以太网卡
feed motion	进给运动
Flexible Manufacturing System （FMS）	柔性制造系统
fundamental	a. 基础的，基本的
fuzzy	a. 模糊的
fabricate	v. 制造，装配
fixed cycle	固定循环
forging	n. 锻造
hierarchy	n. 体系，分层
hydrostatic	a. 流体静力学的
hydrodynamic	a. 水动力的，水压力的
helical	a. 螺旋的
half-closed-loop	半闭环
Human-Machine Interface （HMI）	人机界面
grind	v. 磨削
G-codes	（数控加工程序中的）G代码
interface	n. 连接，界面
interconnect	v. 相互连接
inertia	n. 惯量，惯性
instaneous	a. 瞬时的
inverter	n. 逆变器，变换器
interpolation calculation	插补计算
interpolation function	插补功能
interruption architecture	中断结构
independent	a. 独立的
interpolate	v. 插补

intelligent terminal	智能终端
incremental dimension	增量尺寸
identical	a. 相同的
in terms of	根据……，按照……，在……方面
Liquid-Crystal Display（LCD）	液晶显示
line interpolation	直线插补
lead-screw	n. 丝杠
lubricant	n. 润滑剂，润滑油
lubricate	v. 润滑
miniature	a. 小型的
macro	a. 宏的
mill	v. 铣削
machining center	加工中心
machine tool	机床
manual programming	手工编程
mainframe	n. 主机
handwheels	n. 手轮
master-and-servant system	主从式系统
manually	ad. 手动地
manual control	手动控制
manipulator	n. 操作装置
mount	v. 安装
modulation	n. 调制，调节，调整
modulus	n. 模数，模量
Manufacturing Automation Protocol（MAP）	制造自动化协议
neutral	a. 中立的，不确定的
oscillate	v. 振荡
Open Modular Architecture Controller（OMAC）	开式模块结构控制器
open architecture CNC systems	开放式数控系统
operation panel	操作面板
operation sequences	操作顺序
open-loop system	开环系统
optimal	a. 最佳的，最优的
parametric	a. 参数的

parallel	a. 平行的
parabolic	a. 抛物线的
panel	n. 面板
point-to-point control	点位控制
polar coordinate	n. 极坐标
punch	n. 冲压
postprocessor	后置处理程序
preparatory functions	准备功能
part progfam	零件加工程序
Programmable Logical Controller (PLC)	可编程序控制器
stand-alone type PLC	独立型 PLC
built-in type PLC	内装型 PLC
plug-and-play	即插即用
Programmable Multi-Axis Control (PMAC) card	可编程序多轴控制卡
position control module	位置控制模块
mainpower	n. 电源
parameter	n. 参数，参量
proportional	a. 成比例的，相称的
polarity	n. 极性
periodic	a. 周期性的
peculiar	a. 独特的
prototype	n. 原型，样机
pallet	n. 托盘
preload	v. 预加载
quadrupler	n. 四倍（频）器
recommend	v. 推荐
revision	n. 修改
reliability	n. 可靠性
represent	v. 描述，描绘
reference point	参考点
ratio	n. 比，比率
relay	n. 继电器
resonance	n. 共振，共鸣
revolution	n. 旋转，回转
rotor	n. 转子，回转体，转动体
rectifier	n. 整流器
rated	a. 额定的，标称的

right-handed	a. 右旋的
replicate	v. 重复，复制
substantial	n. 本质
slide lead-screw	滑动丝杠
simultaneous	a. 同步的
submission	n. 提交
spindle speed	主轴转速
self-diagnosis function	自诊断功能
servo amplifier	伺服放大器
servo driver	伺服驱动器
servo motor	伺服电动机
spindle servo subsystem	主轴伺服子系统
spindle	n. 主轴
synchronous	a. 同步的，同时的
salient	a. 易见的，突出的
simultaneously	ad. 同时地
switch	v. 转换，转变
	n. 开关
strategy	n. 策略
sinusoidal	a. 正弦（曲线）的
stiffness	n. 刚度，刚性
screw nut	n. 螺母
substantial	a. 实质的
shearing	n. 剪切
screw	n. 螺钉，螺旋，螺栓
tandem	a. 串联的
tool-slide	刀台
transfer function	传递函数
transistor	n. 晶体管
torque	n. 转矩
thrust	n. 推力
torsional	a. 扭转的
tool length offset	刀具长度偏置
turn	v. 车削
transducer	n. 换能器，变换器
trimming	v. 去毛刺，修剪
thermal	a. 热的

utilize	v. 利用，运用
viscous	a. 黏滞的，黏稠的
velocity	n. 速度，速率
workhead	n. 工作头
workpart	n. 工件
weld	v. 焊接
word	n. 字（在数控技术中，字是由表示地址的英文字母和数字组成的，表示某种功能的代码符号）
yield	v. 出产，生长，产生

参考文献

[1] 李茂月. 数控机床运动控制及应用实例 [M]. 北京：科学出版社，2016.

[2] 国家自然科学基金委员会工程与材料科学部. 机械工程学科发展战略报告（2011～2020）[M]. 北京：科学出版社，2010.

[3] 中国机械工业联合会科技工作部. “十五”我国数控技术及装备发展情况 [J]. 中国制造业信息化 2005（3）：41-43.

[4] 盛伯浩. 数控机床的现状与发展 [J]. 数控机床市场. 2006（1）：40-49.

[5] 吴义荣，林雨. 我国数控技术与产业的现状、发展趋势及对策 [J]. CMET 锻压装备与制造技术 2005（2）：22-25.

[6] 王爱玲，张吉堂，吴雁. 现代数控原理及控制系统 [M]. 北京：国防工业出版社，2002.

[7] 刘飞. 制造自动化的广义内涵、研究现状和发展趋势 [J]. 机械工程学报，1999，35（1）：163.

[8] 胡占齐，郑魁敬. 基于图像数据的平面图形加工数控编程方法 [J]. 工具技术，2001，35（8）：20－22.

[9] 杨莉，胡占齐. 数控加工中的工件自动定位 [J]. 制造技术与机床，2001（4）：24-25.

[10] 吴凤和，施法中，胡占齐. 面向数控加工的图像处理方法研究 [J]. 中国机械工程，2004，15（13）：1163-1166.

[11] HU Z Q. Image Based NC Programming of Plane Contour Machining [J]. CADDM，2000（2）：41－44.

[12] 胡占齐. 开放式 CNC 指令系统的研究 [J]. 武汉理工大学学报，2001（2）：4－6.

[13] HU Z Q，ZHANG Y T，SONG S J. The Research on Key Technologies of Numerical Control CAM Grinding Machine Tool [J]. Key Engineering Material，2004，256-260：746-750.

[14] HU Z Q，et al. Research on Intelligent Planer Cams CNC Grinding System [C]. Proceeding of ITIC，2006：24.

[15] HU Z Q，ZHANG Y T，KONG X D，et al. Research on Integrated System of CAD/CAM/CNC for Planer Cams Grinding [C]. Proceedings of ICSFT，2006：429- 432.

[16] HU Z Q，ZHENG K J. Research on Manufacturing Technology Based on Machine Vision [C]. The 1st International Symposium on Digital Manufacturing，2006：402- 406.

[17] 王爱玲，沈兴全，吴淑琴，等. 现代数控编程技术及应用 [M]. 北京：国防工业出版社，2002.

[18] 冯勇，等. 现代计算机数控系统 [M]. 北京：机械工业出版社，1999.

[19] 胡占齐，杨莉. 线切割图形自动编程系统 [J]. 燕山大学学报，2001，25（2）：147-149.

[20] 胡占齐，杨莉. 数控技术课程实验教学改革实践 [J]. 教学研究，2001，24（2）：120-121.

[21] 胡占齐. 四坐标线切割机切丝位置计算 [J]. 燕山大学学报，2001，25（4）：322-324.

[22] 谢汉龙，沈奕辉. CATIAV5 数控加工 [M]. 北京：清华大学出版社，2005.

[23] 胡占齐，张一同，武琳璞，等. 基于计算机视觉的凸轮磨削自动定位及在线检测 [J]. 中国机械工程，2007，18（19）：2195－2197.

[24] 胡占齐，王明海，刘志艳. 基于可编程运动控制器的开放式数控系统 [J]. 齐齐哈尔大学学报，2001，17（4）：42- 44.

[25] 杨景明，刘泽，胡占齐，等. 开放式数控系统的研究 [J]. 燕山大学学报，2003，27（2）：114-117.

[26] 齐占庆. 机床电气控制技术 [M]. 4 版. 北京：机械工业出版社，2008.

[27] 周凯. PC 数控原理、系统与应用 [M]. 北京：机械工业出版社，2006.

[28] 王兆义. 可编程控制器教程 [M]. 北京：机械工业出版社，1998.

[29] 杨莉，贲宏艳. 车床进给系统数控改造 [J]. 机床与液压，2006 (9)：247-249.

[30] 胡占齐，董长双，常兴. Numerical Control Technology：双语教材 [M]. 武汉：武汉理工大学出版社，2004.

[31] 陈蔚芳，王宏涛. 数控机床及应用 [M]. 北京：科学出版社，2008.

[32] 任玉田，包杰，喻逸君. 新编机床数控技术 [M]. 北京：北京理工大学出版社，2005.

[33] 郑魁敬，高建设. 运动控制技术及工程实践 [M]. 北京：中国电力出版社，2009.

[34] 范超毅，赵天婵，吴斌方. 数控技术课程设计 [M]. 武汉：华中科技大学出版社，2006.

[35] QIN S J，YANG L，YANG B. Blank Holder Force Control System Driven by Servo-Motor [J]. Intelligent Control and Automation，2011，2 (4)：450－455.

[36] 陈子银. 数控机床电气控制 [M]. 北京：北京理工大学出版社，2016.

[37] 李虹霖. 机床数控技术 [M]. 上海：上海科学技术出版社，2012.

[38] 张曙，张炳生，卫汉华，等. 机床产品创新与设计 [M]. 南京：东南大学出版社，2016.

[39] 宾鸿赞. 加工过程数控 [M]. 武汉：华中科技大学出版社，2004.

[40] 冯志刚. 数控宏程序编程方法、技巧与实例 [M]. 北京：机械工业出版社，2007.

[41] JAMES V，JOSEPH G. 数控技术导论 [M]. 5版. 梁桥康，等译. 北京：清华大学出版社，2016.

[42] 乔立红，郑联语. 计算机辅助设计与制造 [M]. 北京：机械工业出版社，2014.

[43] 郭年琴，陈爽，刘静. 计算机辅助设计与制造实例教程 [M]. 北京：冶金工业出版社，2016.

[44] 沈兴全，赵丽琴，马清艳，等. 现代数控编程技术及应用 [M]. 4版. 北京：国防工业出版社，2016.